Edition Centaurus - Perspektiven Sozialer Arbeit in Theorie und Praxis

Herausgegeben von

J. Burmeister, Heidenheim, Deutschland

S. Gögercin, Villingen-Schwenningen, Deutschland

R. Gründer, Heidenheim, Deutschland

K. Grunwald, Stuttgart, Deutschland

U. Koch, Stuttgart, Deutschland

K.E. Sauer, Villingen-Schwenningen, Deutschland

Soziale Arbeit als wissenschaftliche Disziplin hat die Aufgabe, für vielfältige Fragen und Gegenstandsbereiche aus Disziplin, Profession und Praxis jeweils spezifische theoriegestützte Angebote zu machen und die je nach Feld, Fragestellung, Bezugswissenschaften usw. verschiedenen wissenschaftlichen Diskurse weiter zu entwickeln. Die vorliegende Schriftenreihe „Edition Centaurus - Perspektiven Sozialer Arbeit in Theorie und Praxis" ist dieser Aufgabe verpflichtet. Sie entsteht vor dem Hintergrund eigener Lehr- und Praxiserfahrungen der Herausgeberinnen und Herausgeber insbesondere an der Dualen Hochschule Baden-Württemberg und verfolgt das Ziel, Disziplin und Profession der Sozialen Arbeit mit unterschiedlichen Beiträgen zu befruchten.

Die Herausgeberinnen und Herausgeber, Dezember 2015

Prof. Dr. Jürgen Burmeister, Heidenheim; Prof. Dr. Süleyman Gögercin, Villingen-Schwenningen; Prof. Dr. René Gründer, Heidenheim; Prof. Dr. Klaus Grunwald, Stuttgart; Prof. Dr. Ute Koch, Stuttgart und Prof. Dr. Karin E. Sauer, Villingen-Schwenningen

Die Reihe ist zuvor unter dem Titel „Perspektiven Sozialer Arbeit in Theorie und Praxis" im Centaurus Verlag erschienen.

Susanne Schäfer-Walkmann
Franziska Traub

(Hrsg.)

Evolution durch Vernetzung

Beiträge zur interdisziplinären Versorgungsforschung

Mit einem Vorwort der Reihenherausgeber
und -herausgeberinnen Prof. Dr. Jürgen Burmeister,
Heidenheim; Prof. Dr. Süleyman Gögercin,
Villingen-Schwenningen; Prof. Dr. René Gründer,
Heidenheim; Prof. Dr. Klaus Grunwald, Stuttgart;
Prof. Dr. Ute Koch, Stuttgart und Prof. Dr. Karin E. Sauer,
Villingen-Schwenningen

Herausgeber
Susanne Schäfer-Walkmann
Duale Hochschule Baden-Württemberg
Stuttgart, Deutschland

Franziska Traub
Duale Hochschule Baden-Württemberg
Stuttgart, Deutschland

Edition Centaurus - Perspektiven Sozialer Arbeit in Theorie und Praxis
ISBN 978-3-658-14808-9   ISBN 978-3-658-14809-6 (eBook)
DOI 10.1007/978-3-658-14809-6

Die Deutsche Nationalbibliothek verzeichnet diese Publikation in der Deutschen National-
bibliografie; detaillierte bibliografische Daten sind im Internet über http://dnb.d-nb.de abrufbar.

Springer VS
© Springer Fachmedien Wiesbaden 2017

Gedruckt auf säurefreiem und chlorfrei gebleichtem Papier

Springer VS ist Teil von Springer Nature
Die eingetragene Gesellschaft ist Springer Fachmedien Wiesbaden GmbH

Vorwort der Herausgeberinnen und Herausgeber der Schriftenreihe

In der Schriftenreihe „Perspektiven Sozialer Arbeit in Theorie und Praxis" werden Monographien und Sammelbände veröffentlicht, die im Kontext der Weiterentwicklung von Disziplin und Profession der Sozialen Arbeit stehen. Dabei soll durch die Auswahl der Fragestellungen, Themenfelder und Autorinnen und Autoren der Fachbereiche Sozialwesen der Dualen Hochschule Baden-Württemberg als Ort von Forschung und Theoriebildung sichtbar(er) gemacht werden.

Die Soziale Arbeit als wissenschaftliche Disziplin ist heute durch vielfältige wissenschaftliche Diskurse gekennzeichnet, die in ihren Forschungsanstrengungen teils stärker theoretisch, teils stärker empirisch ausgerichtet sein können oder auch beide Perspektiven auf spezifische Weise miteinander verbinden. Soziale Arbeit als Disziplin differenziert sich dabei hinsichtlich ihrer Arbeitsfelder, methodischen Zugänge, bezugswissenschaftlichen Kontexte usw. ständig weiter aus.

Soziale Arbeit als Profession bezeichnet eine besondere Form eines Berufs. Sie verfolgt insbesondere seit Ende der 60er Jahre das Ziel einer nachhaltigen Professionalisierung und ist durch die damit verbundenen Diskussionen über Berufsbilder, Kompetenzen und gesellschaftlichen Status von Sozialarbeiterinnen und Sozialpädagogen gekennzeichnet. Damit in Verbindung stehen Anstrengungen, die Ausbildung der Fachkräfte wissenschaftlich zu fundieren (vgl. Dewe & Otto 2015, S. 1233).

Disziplin und Profession der Sozialen Arbeit sind aufeinander bezogen und stehen in Wechselwirkung zueinander, auch wenn sie durch unterschiedliche Logiken geprägt sind. Pointiert gesagt: Die Profession benötigt einen Wissenschaftsbezug, um fundiert, kritisch und reflektiert agieren zu können, die Disziplin braucht einen Praxisbezug, will sie sich nicht im Elfenbeinturm der Wissenschaft an Prägekraft für die Praxis verlieren.

Die Profession ‚Soziale Arbeit' ist jedoch nicht gleich zu setzen mit der Praxis der Sozialen Arbeit, sondern steht *zwischen* der wissenschaftlichen Disziplin, die „wissenschaftliches Erklärungswissen" liefert (Kriterium: „Wahrheit") und der Praxis, die „praktisches Entscheidungswissen" bereitstellt (Kriterium „Angemessenheit") (Dewe & Otto 2005, S. 1966). Die Profession bedient sich sowohl des „wissenschaftlichen Erklärungswissens" als auch des „praktischen Entscheidungswissens" und verbindet die beiden Kriterien „Wahrheit" und „Angemessenheit" miteinander (ebd.). Ihr geht es – im Sinne eines permanenten Lernprozesses – darum, mit wissenschaftlichem Wissen fachliche Entscheidungen sorgfältiger und stichhaltiger begründen zu können und gleichzeitig auf der Basis von praktischem Können die eigene Handlungskompetenz weiter zu verbessern. Die Erklärung oder Deutung von Situationen und Strukturen sowie die Bereitstellung einer Maßnahme oder eines

Angebotes sind aus dieser Sicht aufeinander bezogen. Sie ergänzen und befruchten sich im besten Fall gegenseitig (vgl. ebd.).

Soziale Arbeit als wissenschaftliche Disziplin – und damit auch diese Schriftenreihe – hat insofern die Aufgabe, für vielfältige Fragen und Gegenstandsbereiche aus Disziplin, Profession und Praxis jeweils spezifische theoriegestützte Angebote zu machen und die je nach Feld, Fragestellung, Bezugswissenschaften usw. verschiedenen wissenschaftlichen Diskurse weiter zu entwickeln. Die Disziplin Soziale Arbeit stellt theoretische Rahmungen und Bezugspunkte zur Verfügung, an denen sich die Profession teils orientieren, teils reiben kann und die Herausforderungen für professionelles Handeln in der Sozialen Arbeit darstellen können. Dies kann jedoch nur gelingen, wenn die Disziplin einerseits offen und sensibel ist für Themen- und Fragestellungen von Profession und Praxis Sozialer Arbeit und andererseits sich von diesen immer wieder selbst ‚verunsichern‘ bzw. in Frage stellen lässt.

Die vorliegende Schriftenreihe „Perspektiven Sozialer Arbeit in Theorie und Praxis" ist dieser Aufgabe verpflichtet. Sie entsteht vor dem Hintergrund eigener Lehr- und Praxiserfahrungen der Herausgeber und Herausgeberinnen insbesondere an der Dualen Hochschule Baden-Württemberg und verfolgt das Ziel, Disziplin und Profession der Sozialen Arbeit mit unterschiedlichen Beiträgen zu befruchten.

Die Herausgeberinnen und Herausgeber, Februar 2016

Prof. Dr. Jürgen Burmeister, Heidenheim; Prof. Dr. Süleyman Gögercin, Villingen-Schwenningen; Prof. Dr. René Gründer, Heidenheim; Prof. Dr. Klaus Grunwald, Stuttgart; Prof. Dr. Ute Koch, Stuttgart und Prof. Dr. Karin E. Sauer, Villingen-Schwenningen

Literatur

Dewe, B., & Otto, H.-U. (2005). Wissenschaftstheorie. In: H.-U. Otto & H. Thiersch (Hrsg.). *Handbuch Sozialarbeit/Sozialpädagogik* (3., unveränderte Neuaufl.) (S. 1966-1979). München: Reinhardt.
Dewe, B., & Otto, H.-U. (2015). Profession. In: H.-U. Otto & H. Thiersch (Hrsg.). Handbuch Soziale Arbeit (5., erweiterte Aufl.) (S. 1233-1244). München: Reinhardt.

Inhaltsverzeichnis

Evolution durch Vernetzung

Susanne Schäfer-Walkmann und Franziska Traub

Unter dem Stichwort „demographischer Wandel" zeichnen Bevölkerungswissenschaftler und Ökonomen meistens ein düsteres Bild: „Eine schrumpfende, alternde Bevölkerung bedeutet weniger Wachstum, mehr Ausgaben für die Sozialsysteme und geradezu tektonische Verschiebungen in fast allen Bereichen des gesellschaftlichen Zusammenseins" (Beck/FAZ. 2003, Nr. 115, S. 16). Und egal, ob man das Alter positiv konnotiert, *,den Jahren Leben gibt'*, die *,fitten, aktiven Senioren von heute'* anspricht und die *,best ager'* als zahlungskräftige Konsumenten umwirbt oder aber die *,Gesellschaft des langen Lebens'* in der *,Demografiefalle'* wähnt, die von alten Menschen nahezu *,überrollt'* wird - mit dem demographischen Wandel sieht sich unsere Gesellschaft einem Phänomen gegenüber, für das sie keinerlei historische Erfahrungswerte hat, kein kollektives Gedächtnis und keine kulturellen, ökonomischen, politischen oder sozialen Handlungsmuster.

In einer postmodernen alternden Gesellschaft ist die Versorgung im Falle von Krankheit und Pflege einer der großen gesellschaftlichen Diskursstränge: altersinduzierte Krankheiten (vor allem Demenzen) und Begleiteffekte, wie zunehmende Multimorbidität und ein Anstieg chronischer Erkrankungen rücken in den Fokus, die Nachfrage nach Gesundheits(dienst-)leistungen wächst. Der Gewinn an Lebensjahren hängt nicht nur mit einer sehr geringen Säuglingssterblichkeit, besserer Hygiene und einem gestiegenen Lebensstandard zusammen, sondern vor allem mit dem medizinisch-technischen Fortschritt bzw. Innovationen im Arzneimittelbereich und der Medizintechnik, an denen möglichst Viele partizipieren wollen. Die Dynamik der Entwicklung hat unmittelbare Auswirkungen auf die Sozialversicherungssysteme, und es stellen sich Verteilungsfragen: „Aus diesem Grund muss bei begrenzten Mitteln sichergestellt sein, dass Innovationen auch tatsächlich mit einem zusätzlichen Nutzen für die Gesundheitsversorgung verbunden sind und damit den erhöhten Mittelaufwand rechtfertigen" (Beske 2011, S. 33).

Der demographische Wandel erzeugt vielfachen gesellschaftlichen und politischen Handlungsdruck. „Bevölkerungsentwicklung, Krankheitshäufigkeit und Versorgungsbedarf bei Krankheit, Versorgung Pflegebedürftiger und Finanzsituation der Gesetzlichen Krankenversicherung sprechen eine deutliche Sprache. Das Gesundheitswesen steht vor einschneidenden Veränderungen. (…) Die Schere zwischen Bedarf und Möglichkeiten der Bedarfsdeckung geht so weit auseinander, dass der heutige Leistungsumfang nicht mehr finanziert werden kann und das Fachpersonal fehlt. Dies wird vielfältige Maßnahmen erfordern" (Beske 2016, S. 22).

„Effiziente und wirkungsvolle Krankenversorgung sowie Schutz vor überflüssigen, überteuerten oder mangelhaften Angeboten und die Förderung des psychischen Befindens werden in einer rohstoffarmen, alternden Hochleistungsgesellschaft immer bedeutsamer für die Innovationskraft der Bevölkerung" (Badura 2011, S. VII). So führten denn auch die „tektonischen Verschiebungen" in jüngster Zeit zu vier großen Gesetzgebungsvorhaben, die weitreichende Veränderungen in der Gesundheitsversorgung erwarten lassen:

1. Die *Pflegesicherungsgesetze 1 und 2*, die mit der Einführung eines neuen, erweiterten Pflegebegriffs, einer Umwandlung der Pflegestufen in Pflegegrade, einem neuen Begutachtungsverfahren sowie einer Ausweitung der Ansprüche an Begleitung, Beratung und Case Management einen Paradigmenwandel abbilden und eine Vernetzung der relevanten Versorger und Leistungserbringer in den Kommunen einfordern.

2. Das *Gesetz zur Stärkung der Gesundheitsförderung und Prävention*, das die Grundlagen für eine stärkere Zusammenarbeit der Sozialversicherungsträger, Länder und Kommunen in den Bereichen Prävention und Gesundheitsförderung beschreibt und unter anderem wichtige Weichenstellungen für die Zukunft der Pflegeversicherung enthält. So bekommt beispielsweise die Soziale Pflegeversicherung einen neuen Präventionsauftrag, um künftig auch Menschen in stationären Pflegeeinrichtungen mit gesundheitsfördernden Angeboten erreichen zu können.

3. Das *Gesetz zur Verbesserung der Hospiz- und Palliativversorgung* in Deutschland, das darauf abzielt, schwer kranke und alte Menschen am Ende ihres Lebens besser und individueller zu betreuen, um ihre Schmerzen zu lindern und ihnen Ängste zu nehmen. Wichtige Inhalte sind der flächendeckende Ausbau der Hospiz- und Palliativversorgung, die Begleitung Sterbender als Bestandteil des Versorgungsauftrags der gesetzlichen Pflegeversicherung und die Palliativversorgung als Bestandteil der Regelversorgung in der Gesetzlichen Krankenversicherung.

4. In diese Aufzählung einreihen lässt sich außerdem der *Gesetzentwurf für eine generalistische Pflegeausbildung*, der eine, von heftigen Diskussionen begleitete Reform der Pflegeberufe vorsieht, mit dem Ziel, den Pflegeberuf attraktiver zu machen und dem bundesweiten Pflegefachkräftemangel entgegen zu treten.

Versorgung im Falle von Krankheit und Pflegebedürftigkeit ist eine komplexe Aufgabe, die in einem vielpoligen Spannungsfeld aus sich ausdifferenzierenden Lebens- und Bedarfslagen der Klientel, Markt- und Wettbewerbsorientierung, kommunal und staatlich gesetzten Rahmenbedingungen sowie der notwendigen sozialräumlichen Verankerung und einer zivilgesellschaftlichen Rückbindung stattfindet. Komplexe Hilfen werden immer dann geleistet, wenn verschiedene Sozialleistungsträger zur Deckung des individuellen Hilfebedarfs benötigt und diese Hilfen multiprofessionell erbracht werden. Der komplexe Hilfebedarf älterer Menschen erfordert „grundsätzlich das Zusammenwirken aller Institutionen und Organisationen, die über entsprechende Hilfeangebote verfügen. Von besonderer Bedeutung ist dabei die Einbeziehung und Aktivierung des sozialen Umfeldes der älteren Menschen sowie ehrenamtlicher Helferinnen und Helfer" (BMFSFJ 2000, S. 123).

Komplexe Versorgungsnotwendigkeiten tangieren sehr schnell das Thema der Finanzierungslogik im bundesdeutschen Sozialrecht. Die unterschiedlichen, für ein komplexes Versorgungsarrangement notwendigen Helferinnen und Helfer sind in unterschiedlichen Sektoren tätig: Ärztinnen und Ärzte im SGB V, die Pflege im SGB V bzw. SGB XI, Sozialarbeiterinnen und Sozialarbeiter in der Eingliederungshilfe (Stichwort: Teilhabe). Versorgende Angehörige schultern häusliche Pflege und professionelle und ehrenamtliche Helfer/-innen unterstützen sie dabei. Stationärer, teilstationärer und ambulanter Bereich haben unterschiedliche strukturelle Rahmenbedingungen. Je nachdem, welcher Kostenträger hinter der Leistung steht, unterscheiden sich Versorgungsauftrag, Versorgungsziele und Versorgungsumfang. „Der Gesundheitsversorgung stellt sich damit die in integrativer Hinsicht anspruchsvolle Aufgabe, hausärztliche und fachärztliche, ambulante und stationäre sowie pflegerische Behandlungsleistungen im Rahmen einer interdisziplinären Kooperation mit Präventionsmaßnahmen, der Rehabilitation, der Arzneimitteltherapie sowie mit Leistungen von sozialen Einrichtungen und Patientenorganisationen ziel- und funktionsgerecht zu verzahnen" (Sachverständigenrat zur Begutachtung der Entwicklung im Gesundheitswesen 2009, S. 27).

Vor diesem Hintergrund zeigt sich die Notwendigkeit der Konzeptionierung und Implementierung neuer Versorgungsarrangements, -konzepte und -strukturen (vgl. Schäfer-Walkmann 2011). Dass diese interdisziplinär und nicht intrasektoral gedacht werden müssen, lässt sich dabei in zweierlei Hinsicht begründen: Steigt die Komplexität des Hilfebedarfs, macht dies einerseits häufig verschiedene Hilfeleistungen aus unterschiedlichen Bereichen wie Pflege, Medizin, Rehabilitation oder Hauswirtschaft erforderlich – vor allem dann, wenn die angegliederten sozialen Netze und Systeme den Hilfebedarf nicht (mehr) vollständig abdecken können. Insbesondere im Hinblick auf (chronisch) mehrfacherkrankte ältere Menschen zeigen sich in der Regel komplexe, berufsgruppen- und institutionenübergreifende Hilfebedarfe, denn je „komplexer der Hilfe- und Pflegebedarf einer Person ist, umso erforderlicher ist eine zielgeführte koordinierte Abstimmung der unterschiedlichen Hilfeleistungen, um mögliche belastende Folgen von Schnittstellenproblemen zu reduzieren" (Hokema & Sulmann 2009, S. 208). Andererseits sind diese koordinierten und abgestimmten Hilfe- und Versorgungsprozesse für die Gesellschaft bedeutsam, denn in unserer modernen, ausdifferenzierten Gesellschaft als „prekärem Gefüge aus verschiedenen Teilsystemen mit unterschiedlichen rivalisierenden und konkurrierenden Ordnungsprinzipien" (Evers 2004, S. 5) sind die Sektoren Staat, Markt, Assoziationen (Dritter Sektor) und Primäre Netze (Informeller Sektor) an der Produktion von Wohlfahrt – hier: der gesundheitlichen Versorgung – beteiligt.

Diese Überlegungen führen zu geeigneten Formen der Ausgestaltung moderner Versorgungsarrangements, die zuverlässig und nachhaltig sind. Dabei gehören Kooperationsmodelle schon seit einiger Zeit zu denjenigen gesundheitspolitischen Strategien und Instrumenten, die als Königsweg zur Lösung gesundheitsökonomischer Problemlagen und Fehlallokationen gehandelt werden (vgl. Greuèl & Mennemann 2006). Sie stehen für eine sektorenübergreifende, zumeist indikations- und regionenbezogene Gesundheits- und Pflegeversorgung in aufeinander bezogenen bis hin zu ineinander greifenden bzw. vernetzten Strukturen. „Gelungene Kooperation ist für die Qualität komplexer Versorgungsketten ebenso ausschlaggebend wie für die Qualität der Arzt-Patient-Beziehung. (…) Mangelhafte Kooperation wird zu einem zentralen Entwicklungshemmnis der Versorgung" (Badura 2011, S. VII).

‚Kooperation' ist strategisch angelegt und basiert auf Zusammenarbeit und Austausch mit anderen. Modelle von Kooperation beruhen somit auf der Grundlage gemeinsamer Interessen mit dem Ziel, für alle Beteiligten nutzenbringend zu sein. Hieraus leiten sich Absprachen über Rechte und Pflichten sowie organisationale Strukturen ab. ‚Netzwerke' wiederum können als organisierte Formen kooperierenden Handelns bezeichnet werden, in denen eigene Zusammenhänge, formelle und informelle Beziehungen und spezifische Kommunikationsprozesse wirken. „Das Netzwerk bildet ein *Potenzial* zukünftiger Zusammenarbeit und dieses personenbezogene Beziehungsgeflecht fungiert als kooperationsermöglichende soziale Infrastruktur" (Duschek, Wetzel & Aderhold 2005, S. 148).

Dieses Potenzial wird beispielsweise in ‚Versorgungsverbünden' nutzbar gemacht. Versorgungsverbünde als „strukturell gebahnte und gesellschaftlich legitimierte Problemlösungsversuche abgestimmten und koordinierten Handelns verschiedener Akteure über sektorale Grenzen hinweg" (Schäfer-Walkmann 2009, S. 297) sind sozialwirtschaftliche Arrangements, „in denen Menschen in Fürsorge, als Selbstsorgende und als Umsorgte aufeinander bezogen sind" (Wendt & Wöhrle 2007, S. 70). Ein Beispiel hierfür ist die Integrierte Versorgung (§ 140a ff SGB V), wo Leistungsanbieter der gesundheitlichen Versorgung (z. B. Kliniken, Medizinische Versorgungszentren, niedergelassene Ärzte etc.) mit den Krankenkassen einen Versorgungsvertrag über die Erbringung eines definierten Leistungspakets im Fall von Krankheit oder Pflege schließen. Unter der Federführung eines der assoziierten Vertragspartner arbeiten verschiedene Leistungsanbieter eng zusammen und kooperieren miteinander. Basierend auf definierten Behandlungs- und Versorgungspfaden werden entlang eines Versorgungskontinuums aufeinander abgestimmte Versorgungsleistungen von Angehörigen verschiedener Berufsgruppen diverser Leistungsanbieter erbracht. Zu den zentralen Aufgaben des Trägers der integrierten Versorgung gehören sowohl die Koordination und Sicherstellung der im Einzelfall benötigten Leistungen als auch das Verbundmanagement, die Vernetzung der Verbund- bzw. Kooperationspartner und das Hinwirken auf eine verbindliche Leistungserbringung im Sinne des integrierten Versorgungsvertrages. Idealerweise sind integrierte Versorgungsmodelle außerdem in regionale Strukturen eingebettet.

Auch im Gesundheitswesen wirken Netzwerke „als systembildende, -verändernde und -überdauernde *Strukturen*. Sie verfügen dazu nicht über fest gefügte Kommunikationswege und formale Zuständigkeitsregelungen wie etwa Organisationen, sondern liefern stattdessen eine weitestgehende Offenheit, Fluidität und Unverbindlichkeit in ihren Koordinationsbeziehungen" (Duschek, Wetzel & Aderhold S. 147). Das Potenzial von Netzwerken liegt in den aktivierbaren Kontakten, die beobachtbar und handlungsleitend werden, „wenn *Personen* in Form einer konkreten *Kooperations*handlung darauf Bezug nehmen" (ebd., S. 148). In Versorgungsnetzwerken oder Versorgungsverbünden zielt diese Kooperationshandlung auf eine bessere Versorgungsqualität ab.

Akteure in Netzwerken kooperieren miteinander, wodurch Evolution geschieht. Denn in einem stark fragmentierten und segmentierten Gesundheitssystem ermöglicht Vernetzung strukturelle Kopplung verschiedener Akteure aus den Sektoren Markt, Staat, Dritter Sektor und Informeller Sektor. In einer Innenperspektive ist der Auf- und Ausbau von Versorgungsnetzen beispielsweise gekennzeichnet durch spezifische Variationen der miteinander verbundenen und interagierenden Teile des Systems: Das Netzwerk bildet eine eigene Struktur und Organisation ebenso aus wie einen eigenen „Modus Operandi". Auch wird immer selektiert: Wer gehört zum Netzwerk? Wer soll unbedingt dabei sein? Wer soll außen vor bleiben? Und wer sind die relevanten Stakeholder?

Evolution durch Vernetzung wird auch in der Außenperspektive ersichtlich. Durch strukturelle Kopplung verbindet sich das Versorgungsnetzwerk mit seiner Umwelt und kann auf unterschiedliche Bedarfe flexibel reagieren. Man findet eine gemeinsame Sprache, um mit dem jeweils anderen Sektor zu kommunizieren. Und man entwickelt gemeinsame Strategien, um Hürden und Barrieren zu überwinden. Die Evolutionsgeschichte eines Versorgungsnetzwerkes ist deshalb immer auch gekennzeichnet durch strukturelle Kopplung zwischen dem Netzwerk und anderen gesellschaftlichen Funktionssystemen, allen voran Politik und Wirtschaft. Besonders deutlich wird das auf lokaler Ebene: „Der Vernetzung im regionalen Kontext wird Impulsgebung und Innovationskraft (…) sowie ein Beitrag zur Erhöhung regionaler Anpassungsfähigkeit unterstellt" (Wöllert & Jutzi 2005, S. 57).

Wie der vorliegende Band belegt, liegt die Stärke der Versorgungsforschung in ihrer Interdisziplinarität. Die Beiträge wurden mit der festen Überzeugung zusammengestellt, dass es multiprofessioneller Analysen bedarf, um sich der Komplexität des Versorgungsgeschehens anzunähern und notwendige Verbesserungen für die Menschen anzuregen.

Zum Einstieg ordnet Paul-Stefan Roß mit seinem Beitrag *„Governance als Steuerungskonzept für Versorgungsgestaltung im Alter"* die interdisziplinäre Gesundheitsversorgung in das wohlfahrtstheoretische Modell der gemischten Wohlfahrtsproduktion ein. Zunächst wird dabei der theoretische Hintergrund der Governance Sozialer Arbeit erläutert, wobei insbesondere die Konzepte des Welfare-Mix, der Governance und der Hybridisierung sozialwirtschaftlicher Organisationen beleuchtet werden. In einem nächsten Schritt zeigt Paul-Stefan Roß analytische, normative, strategische und operative Perspektiven zur Governance von Versorgungsnetzwerken im Alter auf. Der Autor identifiziert die Gewährleistung und Steuerung der Versorgung älterer Menschen durch Versorgungsverbünde mit Netzwerkstruktur als adäquate Antwort auf die demografischen Entwicklungen der Gesellschaft.

Im Beitrag *„Die hohe Kunst der Steuerung von Demenznetzwerken in Deutschland – Ergebnisse der DemNet-D-Studie"* entwickeln Susanne Schäfer-Walkmann, Franziska Traub und Alessa Peitz vor dem theoretischen Hintergrund des Konzepts der Governance anhand der differenzierenden Hauptvariablen „Stakeholder", „Steuerung", „Hybridität" und „Ziele/Auftrag" vier analytische Netzwerktypen von Demenznetzwerken. Dafür werden Erkenntnisse aus den Netzwerkanalysen des DemNet-D-Projekts betrachtet. Unter Anwendung der Netzwerktypologie kategorisieren sie die Kernaufgaben der 13 im Projekt untersuchten Netzwerke und weisen abschließend auf das Potential dieser gemischten Wohlfahrtsarrangements hin.

Das Kapitel *„Typenbildung als Beitrag zur Weiterentwicklung von Versorgungsstrukturen für Menschen mit Demenz und ihren versorgenden Angehörigen. Ergebnisse einer Tandem-Studie im Rahmen des Modellprojekts „DemenzNetz StädteRegion Aachen"* stellt die zentrale

Rolle der Angehörigen bei der häuslichen Versorgung von Menschen mit Demenz in den Vordergrund. Liane Schirra-Weirich und Hendrik Wiegelmann entwickeln auf Grundlage der Ergebnisse des Modellprojekts eine Typologie, anhand welcher drei typische Konstellationen von Menschen mit Demenz und ihren versorgenden Angehörigen identifiziert werden können. Hierdurch soll die Entwicklung einer bedarfsgerechten, zielgruppenspezifischen Unterstützung der beiden Personengruppen ermöglicht werden.

Karin Wolf-Ostermann, Annika Schmidt und Johannes Gräske stellen in ihrem Beitrag *„Ambulant betreute Wohngemeinschaften – Entwicklungen und Perspektiven"* das Konzept dieser Wohn- und Versorgungsform für Menschen mit Demenz vor, mit welcher dem Wunsch nach Selbstbestimmung im Alter in den Bereichen Wohnen und pflegerische Versorgung entsprochen werden soll. Anhand der Auswertung des aktuellen Forschungsstandes kommen die Autoren zu dem Ergebnis, dass sich eine generell bessere Versorgungssituation in den vom Modell- zum Regelangebot avancierten ambulant betreuten Wohngemeinschaften gegenüber stationären Einrichtungen nicht belegen lässt.

Der Beitrag *„Versorgung von Menschen mit Demenz in der Häuslichkeit"* von Jochen René Thyrian, Adina Dreier, Tilly Eichler und Wolfgang Hoffmann widmet sich dem Dementia Care Management. Dieses Konzept zur optimierten Versorgung von Menschen mit Demenz in ambulanten Settings wurde im Zuge der Studie „Demenz: lebenswelt- und personenzentrierte Hilfen in Mecklenburg-Vorpommern (DelpHi)" definiert, operationalisiert und evaluiert. Die Autoren schildern den inhaltlichen Fokus, die Voraussetzungen für die Durchführung sowie den Prozess des Dementia Care Management und präsentieren erste Erkenntnisse der Evaluierung des Konzepts.

Im Kapitel *„Demenz bei ‚Menschen mit Lernschwierigkeiten' – Ergebnisse eines Forschungsprojekts und Herausforderungen für die Versorgungsgestaltung"* werten Klaus Grunwald, Christina Kuhn und Thomas Meyer nationale und internationale Erfahrungen zur adäquaten Begleitung und Betreuung von dementiell erkrankten Personen mit Lernschwierigkeiten aus. Abgeleitet aus den Ergebnissen des Forschungsprojekts werden Empfehlungen für die medizinische Forschung und Diagnostik, die Versorgung und Betreuung von Betroffenen, sowie für die Politik ausgesprochen und Herausforderungen für Fachkräfte, Angehörige und Betroffene hervorgehoben. Zur Bewältigung der Herausforderungen im Umgang mit Menschen mit Lernschwierigkeiten und Demenz betonen die Autoren die Notwendigkeit einer interdisziplinären Perspektive, welche demenz- und pflegewissenschaftliche Wissensbestände mit behindertenpädagogischen Sichtweisen vereint.

Unter dem Titel „*Versorgungsforschung zur vernetzten ambulanten Versorgung von Menschen mit Demenz – Strategien und Empfehlungen anhand von Praxiserfahrungen*" zeigen Karin Wolf-Ostermann, Katja Dierich, Annika Schmidt und Johannes Gräske zunächst potentielle Schwierigkeiten bei Forschungsvorhaben im Bereich der Versorgungsforschung bei Menschen mit Demenz in nicht-stationären Settings auf. Dass unter Berücksichtigung gewisser Empfehlungen bezüglich der Rekrutierung der Studienteilnehmer, der Auswahl der Erhebungsinstrumente sowie der Dissemination und Implementation der Ergebnisse eine erfolgreiche Durchführung eines solchen Projektes möglich ist, wird exemplarisch anhand von Erkenntnissen aus der Teilnahme des Qualitätsverbund Netzwerk im Alter e.V. an der DemNet-D Studie verdeutlicht.

Im Abschnitt „*Inklusion durch interdisziplinäre Netzwerkarbeit im Quartier*" werden die Entstehung, die Organisationsstruktur, die inhaltliche Ausrichtung sowie die involvierten und kooperierenden Netzwerkakteure des Demenznetzes Düsseldorf in den Blick genommen. Sandra Verhülsdonk und Barbara Höft gehen zudem auf die Bedeutsamkeit von Betreuungsgruppen für die Arbeit im Quartier und für die Inklusion dementiell erkrankter Menschen ein. Neben der Identifikation der Nutzung von Synergieeffekten als Chance der Netzwerkarbeit werden Ratschläge zur erfolgreichen interdisziplinären Netzwerkarbeit gegeben, durch die insbesondere ein Beitrag zum Erhalt einer hohen Lebensqualität und zur sozialen Teilhabe von Menschen mit Demenz geleistet werden soll.

Der neunte Beitrag „*Auf dem Weg in eine inklusive Gemeinde – Veränderte Versorgungsarrangements im ländlichen Bereich am Beispiel des Modellprojekts ‚Wir daheim in Graben – Ein Inklusions- und Sozialraumprojekt'*" basiert auf einem erweiterten Inklusionsverständnis, welches darauf abzielt, auf Grundlage eines Welfare-Mix auch unter den Herausforderungen des demografischen Wandels den Verbleib aller Bürger in ihrer Heimatgemeinde zu ermöglichen. Annette Plankensteiner legt die Erkenntnisse aus dem Modellprojekt, in dem die Implementierung eines Inklusionsbüros und die Einführung eines Helferpools und einer Themengruppe als Instrumente zur Umsetzung einer inklusiven Gemeinwesenarbeit wissenschaftlich begleitet wurden, dar. Hierbei wird die Relevanz der gleichrangigen Bewertung von professionellen Dienstleistern, nebenamtlich erbrachten Unterstützungsleistungen und ehrenamtlicher Hilfe sowie eines reziproken Gebens und Nehmens der Bürgerinnen und Bürger betont.

Geraldine Höbel geht in ihrem Beitrag „*Zwei Seiten einer Medaille – Erfahrungen aus der Praxis aktivierender Bürgerbeteiligung*" der Frage nach, ob das Instrument der Bürgerbeteiligung einen geeigneten Beitrag zur Versorgungsgestaltung im Alter leisten kann. Hierfür werden Erfahrungen aus der wissenschaftlichen Begleitung des Projekts „Gut und aktiv älter werden in Schorndorf" reflektiert. Anhand dieses Beispiels eines langfristig angelegten komplexen Beteiligungsprojekts zeigt die Autorin den positiven Effekt von Bürgerbeteiligung auf, weist jedoch gleichzeitig auf hinderliche Faktoren bei der Fortsetzung hierdurch angestoßener Prozesse hin.

Literatur

Badura, B. (2011). Geleitwort II. In: H. Pfaff, E. Neugebauer, G. Glaeske & M. Schrappe (Hrsg.), *Lehrbuch Versorgungsforschung. Systematik - Methodik – Anwendung* (S. VII-VIII). Stuttgart: Schattauer.

Beck, H. (2013). *Frankfurter Allgemeine Zeitung (19.05.2003) Nr. 115*, 16.

Beske, F. (2011). *Sechs Entwicklungslinien in Gesundheit und Pflege – Analyse und Lösungsansätze*. Kiel: Fritz Beske Institut für Gesundheits-System-Forschung.

Beske, F. (2016). *Perspektiven des Gesundheitswesens. Geregelte Gesundheitsversorgung im Rahmen der sozialen Marktwirtschaft*. Berlin, Heidelberg: Springer.

Bundesministerium für Familie, Senioren, Frauen und Jugend (Hrsg.) (2000). *Case Management in verschiedenen nationalen Altenhilfesystemen*. Stuttgart, Berlin, Köln: Kohlhammer.

Duschek, S., Wetzel, R., & Aderhold, J. (2005). Probleme mit dem Netzwerk und Probleme mit dem Management. In: J. Aderhold, M. Meyer & R. Wetzel (Hrsg.), *Modernes Netzwerkmanagement. Anforderungen – Methoden – Anwendungsfelder* (S. 143-164). Wiesbaden: Gabler.

Evers, A. (2004). Sektor und Spannungsfeld. Zur Politik und Theorie des Dritten Sektor. Diskussionspapiere zum Nonprofit-Sektor 27. Berlin. http://www.dritte-sektor-forschung.de.

Greuèl, M., & Mennemann, H. (2006). *Soziale Arbeit in der Integrierten Versorgung*. München, Basel: Ernst Reinhardt.

Hokema, A., & Sulmann, D. (2009). Vernetzung in der gesundheitlichen und pflegerischen Versorgung: Wem nützt sie? In: K. Böhm, C. Tesch-Römer, & T. Ziese (Hrsg.), *Gesundheit und Krankheit im Alter. Beiträge zur Gesundheitsberichterstattung des Bundes* (S. 207-215). https://www.destatis.de/ GPStatistik/servlets/MCRFileNodeServlet/DEMonografie_derivate_00000153/Gesundheit_ und_Krankheit_im_Alter.pdf%3Bjsessionid=756BDD3B1DEDADFFE9C237CA17413B89

Sachverständigenrat zur Begutachtung im Gesundheitswesen (2009). *Koordination und Integration – Gesundheitsversorgung in einer Gesellschaft des längeren Lebens. Sondergutachten 2009*. Berlin.

Schäfer-Walkmann, S. (2009). Soziale Arbeit in Integrierten Versorgungsverbünden. In: A. Mühlum, & G. Rieger (Hg.), *Soziale Arbeit in Wissenschaft und Praxis. Festschrift für Wolf Rainer Wendt* (S. 295-305). Lage: Jacobs.

Schäfer-Walkmann, S. (2011). Koordinierung der ambulanten Versorgung – Netzwerke und andere Möglichkeiten. Einführung. In: Bundesministerium für Gesundheit (Hrsg.), *Leuchtturmprojekte Demenz* (S. 69-71). http://www.bundesgesundheitsministerium.de.

Wendt, W. R., & Wöhrle, A. (2007). *Sozialwirtschaft und Sozialmanagement in der Entwicklung ihrer Theorie. Sozialwirtschaft Diskurs. Augsburg: ZIEL.*

Wöllert, K, & Jutzi, K. (2005). Regionale Netzwerke. Zur besonderen Rolle von Intermediären. In: J. Aderhold, M. Meyer, & R. Wetzel (Hrsg.), *Modernes Netzwerkmanagement* (S. 53-71). Wiesbaden: Gabler.

Governance als Steuerungskonzept für Versorgungsgestaltung im Alter

Paul-Stefan Roß, Stuttgart

„Demografischer Wandel", „Differenzierung", „Individualisierung" und „Selbstbestimmungswille" - mit diesen Stichworten wurde einleitend die aktuelle gesellschaftliche Entwicklung skizziert. Vor diesem Hintergrund erweist sich die Gewährleistung von Versorgung älterer Menschen als zunehmend komplexe Herausforderung. Dabei geht es auch, aber keineswegs allein um gesundheitliche Versorgung. Hinzu kommen die Bereiche Wohnen, Freizeitgestaltung usw.

Der vorliegende Band geht von der Basisannahme aus (s.o. Einleitung, S. 13f), dass diese Herausforderung nicht nur nach einem interdisziplinären Vorgehen verlangt (vgl. Stricker et al. 2015, S. 17), sondern auch spezifische Organisationsformen erfordert (nämlich Versorgungs*netzwerke* bzw. Versorgungs*verbünde*) und spezifische Konzepte der Steuerung solcher Netzwerke (nämlich *Governance* als Steuerung im „mix of modes" - s.u. den Beitrag Schäfer-Walkmann u.a., S. 53ff).[1]

Der folgende Beitrag rekapituliert in einem ersten Schritt die Ausgangssituation im Bereich sozial(wirtschaftlich)er Dienste. Er entfaltet sodann zweitens die Grundannahmen des seit einigen Jahren intensiv und durchaus kontrovers diskutierten Governance-Ansatzes und strebt damit auch eine begriffliche Klärung dieses recht schillernden Terminus an. Im Kern entwickelt er dabei die These, Versorgungsverbünde für ältere Menschen seien als Formen „gemischter Wohlfahrtsproduktion" mit „governentieller Steuerung" sowie als stark „hybridisierte" Gebilde zu interpretieren. In solchen Verbünden kooperieren Organisationen miteinander, die ihrerseits unterschiedliche Grade der Hybridisierung aufweisen. Auf dieser Grundlage skizziert der Beitrag in einem dritten Schritt Perspektiven für die Analyse, Kon-

---

1   Eine sehr ähnliche Analyse ließe sich übrigens in einem ganz anderen Politikfeld durchführen: dem der Energieversorgung. Auch hier geht im Kontext der sog. „Energiewende" die Tendenz eindeutig hin zu (Energie)Versorgungsverbünden, in denen versucht wird, nicht nur verschiedene Energieträger zu mischen, sondern auch unterschiedliche Energieproduzenten mit einander zu vernetzen: Von großen Produktionsanlagen wie klassische Kraftwerke oder Windparks über lokale Bürger-Energiegenossenschaften bis hin zu dezentrale von Privatpersonen betriebenen Kleinstanlagen. Diese Parallele zeigt, dass der Trend hin zu immer stärker „gemischter Produktion" und „gemischter Steuerung" keineswegs ein Phänomen ist, das sich auf den sozialen Bereich der Wohlfahrt beschränken, sondern gesamtgesellschaftliche Entwicklungen reflektiert.

zeptionierung und Realisierung von Verbünden bzw. Netzwerken für eine angemessene Versorgung älterer Menschen gewinnen lassen.

1 Ausgangssituation

Den Ausgangspunkt der Reflexion bilden folgende Beobachtungen im Bereich der Erbringung sozialer Dienst- und Unterstützungsleistungen:

- Soziale Dienstleistungen (zum Begriff vgl. Grunwald 2012) werden immer stärker in einem Mix erbracht aus: Eigeninitiative der primär Betroffenen, privaten Unterstützungsleistungen informeller Netze (Familie, Freundeskreis usw.), staatlichen Unterstützungsleistungen, beruflich erbrachten Dienstleistungen öffentlicher, freier oder privat-gewerblicher Träger sowie freiwilligem Engagement.
- Die politische Steuerung der Erbringung sozialer Dienstleitungen erfolgt immer stärker in Verhandlungsnetzwerken, in denen sich die Steuerungslogiken von Staat, Markt und Assoziationen mischen, bzw. im Sinne von Kontextsteuerung. Damit einher geht ein sukzessiver Ausstieg aus dem für Deutschland über Jahrzehnte prägenden Modell des Korporatismus (vgl. Eyßell 2015, S. 32-36).
- Die Steuerung von sozialwirtschaftlichen Diensten und Einrichtungen stellt sich immer mehr als Organisationsgestaltung dar, die mit Hilfe zirkulärer, nichtdeterministischer und dezentralisierter Ansätze versucht, der wachsenden Komplexität sowohl der Organisationen als auch ihrer Umweltbedingungen gerecht zu werden.
- Insgesamt folgen sozialwirtschaftliche Organisationen in ihrem Agieren nach außen wie nach innen zunehmend einer Mischung staatlicher, ökonomischer und zivilgesellschaftlicher Logiken.

Eine Antwort auf diese Entwicklung ist - bezogen auf die *Individualebene* der personenbezogenen Versorgungsregie - Case Management als Fachkonzept methodischen Handelns (vgl. Wendt 2014).

Bezogen auf die politische Steuerung der *Kontextbedingungen* sozialer Dienstleistungen, aber auch auf die Gestaltung sozial(wirtschaftlich)er Organisationen ist in jüngerer Zeit die Chiffre „Governance" diskutiert worden (vgl. Nullmeier 2011; Grunwald & Roß 2014; Roß & Rieger 2015). Durch die kritische Rezeption der Diskurse zu Wohlfahrtsmix und Governance sowie auf Basis eines spezifischen Verständnisses von Organisationen und ihrer Steuerung lassen sich, so die These, ebenso theoriebasierte wie handlungsorientierte Perspektiven für den Aufbau bzw.

für die Gestaltung von Versorgungsverbünden bzw. -netzwerken entwickeln (ähnlich Eyßell 2015, S 51-68).[2]

2 Theoretischer Hintergrund: Governance Sozialer Arbeit[3]

2.1 Welfare-Mix: Gewährleistung von Wohlfahrt in gemischten Arrangements

Seit Anfang der 1990er Jahre (vgl. Evers & Olk 1996a) werden auch in der bundesdeutschen Fachdiskussion unter dem Begriff Welfare-Mix (oder Wohlfahrtsmix) das Zusammenwirken verschiedener gesellschaftlicher Sektoren bei der Erbringung von Wohlfahrtsleistungen sowie Veränderungen in diesem Zusammenwirken in analytischer und strategischer Absicht thematisiert. Zentral sind folgende Grundannahmen.

In modernen ausdifferenzierten Gesellschaften, von denen gesprochen werden kann als „prekärem Gefüge aus verschiedenen Teilsystemen mit unterschiedlichen rivalisierenden und konkurrierenden Ordnungsprinzipien" (Evers 2004a, S. 5), sind an der Erbringung von Wohlfahrt – in unterschiedlichen Mischungsverhältnissen – verschiedene gesellschaftliche Sektoren beteiligt (Evers 2011; Klie & Roß 2007; Roß 2012, S. 312-341): Der Informelle Sektor, der Assoziative (Dritte) Sektor, der Staat sowie der Markt.[4] Diesen Sektoren lassen sich bestimmte Institutionen bzw. „kollektive Akteure" zuordnen. Vor allem aber sind sie gekennzeichnet durch je eigene Systemlogiken, Zugangsregeln und Zentralwerte (vgl. Abb. 1.1).

---

2   Das Rahmenkonzept „Governance Sozialer Arbeit" ist an der Dualen Hochschule Baden-Württemberg Grundlage für einen Masterstudiengang zu Leitungs-, Führungs- und Steuerungsaufgaben in sozial(wirtschaftlich)en Organisationen (vgl. http://www.cas.dhbw.de/ masterstudiengaenge/fakultaet-sozialwesen/governance-sozialer-arbeit/) sowie für Governance-Analysen im Rahmen von Forschungsprojekten.
An dieser Stelle muss unmissverständlich darauf hingewiesen werden, dass die hier rezipierten Diskurse zwar eine sinnvolle, aber keineswegs eine hinreichende Grundlage für eine wissenschaftliche Reflexion des Phänomens „Versorgungsverbünde" liefern. Für die analytische Perspektive wäre in jedem Fall auch auf aktuelle Netzwerktheorien (vgl. Windeler 2007) sowie Organisationstheorien zurück zu greifen (insbesondere auf ein institutionelles Management- und Organisationsverständnis; vgl. Grunwald & Roß 2014, S. 38-42 und Grunwald 2015), für die normative Perspektive etwa auf den Diskurs zur Zivilgesellschaft (vgl. Roß 2012, S. 82-152).
3   Die folgenden Ausführungen basieren im Wesentlichen auf Roß 2012, S. 312-391 und Grunwald & Roß 2014, S. 19-33 bzw. S. 43-51.
4   Für ausführliche Begründung zur Festlegung auf dieses Modell bzw. der für die Sektorenbezeichnungen (insbesondere den „Dritten Sektor") gewählten Terminologie vgl. Roß (2012, S. 315f. sowie S. 191-193). Dieses Grundmodell wurde zunächst im Kontext des Diskurses zum Welfaremix skizziert. Es steht aber – insbesondere was die Unterscheidung von Sektor-Logiken und deren Zusammenspiel betrifft – ebenso im Hintergrund des Governance-Konzepts.

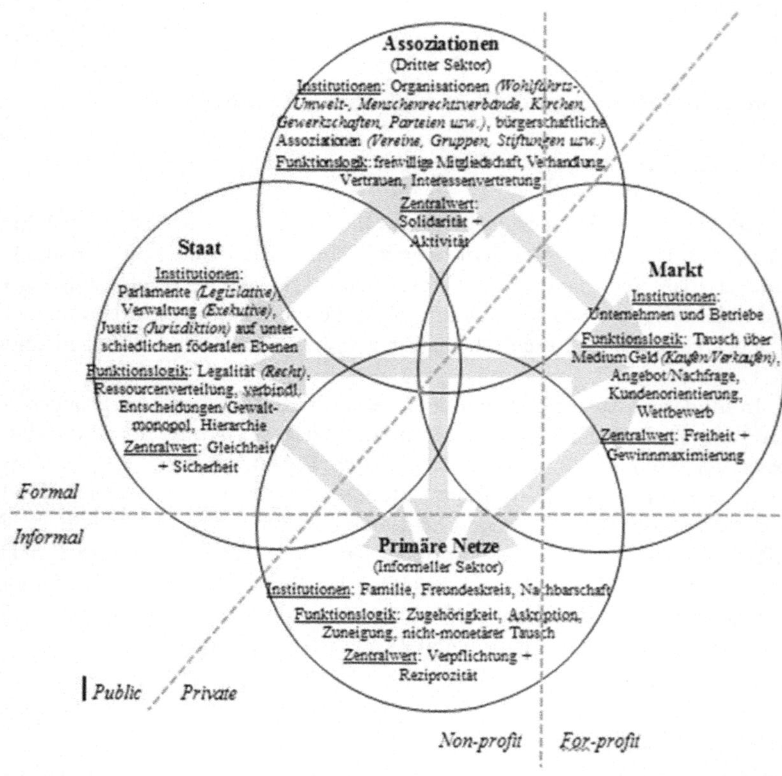

Abb. 1.1: Gesellschaftliche Sektoren von gemischter Wohlfahrtsproduktion und Politiksteuerung (vgl. Roß 2012, S. 317).

Die genannten Sektoren sind jedoch in sich *keineswegs homogen* und lassen sich nicht – im Sinne klar zu umreißender „Territorien" – völlig trennscharf durch „starre Demarkationslinien" (Evers & Ewert 2010, S. 103) voneinander abgrenzen, sondern *überlappen einander* teilweise: Jeder Sektor verfügt gewissermaßen über eine „Stammlogik", weist aber auch (unterschiedlich stark ausgeprägte) Anteile der jeweiligen Grundlogiken der übrigen Bereiche auf.

Die vier Sektoren setzen sich wechselseitig *Kontextbedingungen*. Zugleich ist jeder Sektor *angewiesen* auf Kontextbedingungen, die er selbst nicht gewährleisten kann, sondern die seitens der jeweils anderen Sektoren gesetzt werden. Der Staat reguliert (bzw. de-reguliert) durch seine Gesetzgebung das Marktgeschehen ebenso wie die Handlungsspielräume freier Assoziationen. Die Leistungsfähigkeit einer Volkswirtschaft beeinflusst den Handlungsspielraum des Staates. Staat und Markt wiederum sind für ihr Funktionieren darauf angewiesen, dass in der Gesellschaft zwischenmenschliche Werte wie Solidarität, Verlässlichkeit und Vertrauen wirkmächtig sind; dass „Soziales Kapital" vorhanden ist, das in hohem Maße in primären Netzen und bürgerschaftlichen Assoziationen gebildet wird.

In Bezug auf die Erbringung von Wohlfahrt hat jeder dieser Sektoren einerseits *spezifische Leistungsfähigkeiten*, andererseits spezifische *systemimmanente Leistungsgrenzen* (vgl. Offe 2000; Evers & Olk 2006, S. 24f). Daher ist keiner der gesellschaftlichen Teilbereiche in der Lage, allein mittels seiner „eigenen" Institutionen und Funktionslogiken Wohlfahrt zu gewährleisten. „In einer wohlfahrtspluralistischen Perspektive geht es also um den rechten `Mix´ verschiedener Logiken und Beiträge von Teilsystemen, in der Hoffnung, dabei `synergetische´ Effekte erzielen und die Nachteile der jeweiligen Teillogiken und -systeme ausgleichen zu können" (Evers 2004b, S. 3). Die konkreten *Mischungsverhältnisse*, in denen Sektorlogiken miteinander kombiniert werden, sind dabei nicht statisch, sondern unterliegen dynamischen historischen Entwicklungen (vgl. Tab. 1.1).

Tab. 1.1: Idealtypik spezifischer Systemstärken und -schwächen der Sektoren (vgl. Roß 2012, S. 319)

	spezifische Systemstärken	spezifische Systemschwächen
Primäre Netze	+ emotionale Nähe + direkte wechselseitige Unterstützung im Alltag + keine monetären Voraussetzungen oder Erwartungen	- Überforderung/mangelnde Verlässlichkeit - komplizierte Dynamiken (Bevormundung, soziale Verstrickungen usw.) - unsichere Fachlichkeit
Assoziationen	+ Freiwilligkeit von Ein- und Austritt + Abbildung und Bündelung pluraler Interessen/Werte, freie Meinungsbildung + Identifizierung von Handlungsbedarfen, Umsetzung in Aktion + Ermöglichung persönlicher Solidarität	- voraussetzungsreich hinsichtlich Entstehung und Bestand - hohe Heterogenität - eingeschränkte Durchsetzungsmacht - aufwändige Ressourcengewinnung
Staat	+ Durchsetzung verbindlicher Regelungen + Gewährleistung von Sicherheit, Legalität und Rechtsansprüchen + Umverteilung von Ressourcen entsprechend legitimierter Prioritätensetzungen	- langsame Reaktion auf Veränderungen bzw. Innovationsanforderungen - Tendenz zu Bürokratie/Abkoppelung - Angewiesenheit auf politische Mehrheiten
Markt	+ Versorgung mit nachgefragten Gütern + Wertschöpfung + Innovationskraft/Anpassungsfähigkeit an veränderte Bedarfe + Produktverbesserung und/oder Kostensenkung durch Wettbewerb	- Abhängigkeit von zahlungskräftiger Nachfrage, Verschwinden wenig nachgefragter Produkte - ungleiche Verteilung von Gütern - Einebnung spezifischer Werten

Eine *stete latente Tendenz* besteht darin, dass die spezifische Funktionslogik eines der Sektoren die anderen Bereiche dominiert. Die Funktionslogiken überschreiten gewissermaßen die Sektorgrenzen, und ihre wechselseitige Balance gerät in Schieflage. Galt die Erbringung von Wohlfahrt lange Zeit als stark staatlich reguliert, so wird in den letzten Jahren eine einseitige Dominanz der Marktlogik beklagt, die die anderen Bereiche zu kolonialisieren droht (so bereits Evers 2004b, S. 3).

Versuche, „*Wohlfahrts-Mixturen*", die aus Beiträgen der genannten Sektoren bestehen, *zu arrangieren, auszubalancieren und zu steuern,* lassen sich auf verschiedenen Ebenen identifizieren: auf der individuellen Ebene im Sinne personalisierter Unterstützungs- oder Hilfemixe, auf staatlicher Ebene im Sinne der Etablierung eines bestimmten wohlfahrtsstaatlichen Regimes, auf organisationaler Ebene im Sinne der Ausprägung einer hybriden, unterschiedliche Systemlogiken integrierenden Organisationskultur bzw. -struktur sowie auf Ebene der Gestaltung, von auf bestimmte Sozialräume bezogenen Versorgungsarrangements, -netzwerken oder -verbünden.

Innerhalb dieses Wohlfahrtsmixes lassen sich für die zurückliegenden zwei Jahrzehnte *fünf zentrale Trends* identifizieren (vgl. bereits Evers 1992, Klie & Roß 2007):

- Der informelle Sektor wird zunehmend gezielt und systematisch in Wohlfahrtsmixturen einbezogen (z.B. Mitwirkung von Familienangehörigen).
- Die Landschaft der Anbieter sozialer Dienstleistungen diversifiziert sich immer mehr, insbesondere werden verstärkt privat-gewerbliche Anbieter in Wohlfahrtsmixturen einbezogen.
- Der Staat wird mehr und mehr in der Rolle eines Initiators, Regulators und Moderators von Wohlfahrtsmixturen gesehen. Ihm wird eine (überwiegend durch Kontextsteuerung wahrzunehmende) Gewährleistungsfunktion für Wohlfahrt zugewiesen.
- Individualisierte und „personalisierte Versorgungsgestaltung" (Wendt 2010, S. 10) im Sinne „maßgeschneiderter" personen- und situationsbezogener Hilfe-Pakete gewinnt in allen Feldern sozialer Dienste an Bedeutung.
- Systematisch wird versucht, freiwilliges bürgerschaftliches Engagement als festen Bestandteil in gemischte Wohlfahrtsarrangements einzubeziehen (vgl. Steinbacher 2004).

Die strategische Ebene erreicht die Theorie des Wohlfahrtsmix dort, wo sie zu der Aussage gelangt, ein Mix in der Erbringung von Wohlfahrt sei nicht nur eine faktisch *vorzufindende* Tatsache, sondern ein *anzustrebender* Zustand: Es komme auf die richtige Mischung an. Für diese Forderung gibt es eine „schwache" und eine „starke" Argumentation. Die schwache verweist die je spezifischen Systemschwächen der beteiligten Sektoren und folgert daraus, nur ein Zusammenwirken bzw. ein Mix von Handlungslogiken führe zu tragfähigen Lösungen in der Erbringung von Wohlfahrt. Die starke Argumentation verweist auf empirisch feststellbare positive Effekte wohlfahrtspluralistischer Arrangements. Wie eine gemischte Wohlfahrtsproduktion konkret aussehen kann und welchen konkreten „Mehrwert" sie erbringt, ist mittlerweile insbesondere für verschiedene Felder des sozialen Hilfesystems durchbuchstabiert worden, gerade auch für verschiedene Bereiche der gesundheitlichen, pflegerischen oder gerontopsychiatrischen Versorgung älterer Menschen (vgl. Bubolz-Lutz & Kricheldorff 2006, Schäfer-Walkmann & Vater 2006, Fink 2007, Samariterstiftung und Stiftung Liebenau 2007, Strasser & Stricker 2007, Hämel 2011; zusammenfassend Roß 2012, S. 335f).[5]

2.2 Governance: Politische Steuerung im mix of modes

„*Governance*" als Begriff und Konzept hat Konjunktur in den Sozial- und Wirtschaftswissenschaften und findet zunehmend Eingang in die Praxis politischen und unternehmerischen Handelns (vgl. Benz et al. 2007, Benz & Dose 2010a, Roß & Rieger 2015). Dabei wird der Terminus, für den es keine exakte deutsche Übersetzung gibt, keineswegs einheitlich verwendet (vgl. Lahner & Zimmermann 2005, S. 223). *Grundmotiv des Governance-Diskurses* ist die Frage, wie unterschiedliche Steuerungsmechanismen bzw. -logiken ineinander greifen (müssen), um ein bestimmtes Ergebnis zu erreichen. Dabei sind eine *analytische* und eine *normative* bzw. *strategische* Perspektive (Good Governance, Corporate Governance) zu unterscheiden. Mit Blick auf Soziale Arbeit und Sozialwirtschaft leisten Governance-Analysen einen wichtigen Beitrag, um Organisation und Verfassung des Sozialstaats (welfare governance) sowie „der einzelnen Bereiche sozialer Dienste zu erfassen, analytisch aufzuschlüsseln und dadurch auch genauer zu bestimmen, welche Reformen welche Folgen nach sich ziehen" (Nullmeier 2011, S. 292).

Insbesondere in der Politikwissenschaft, aber auch in der Verwaltungswissenschaft steht Governance zunächst „für eine analytische Perspektive, die angesichts scheinbar undurchschaubarer und überkomplex gewordener Strukturen und Verfahren kollektiven Handelns in Staat, Wirtschaft und Gesellschaft für Übersicht sorgen soll" (Benz & Dose 2010b; S. 32). Dabei geht es im Wesentlichen um zwei Phänomene.

Erstens werden *zunehmende – und zunehmend komplexere – gesellschaftliche Verflechtungen bzw. Interdependenzen* in den Blick genommen. Analysiert wird die stärkere Verflüssigung der Grenzen zwischen

    a)   kommunaler, nationaler und internationaler Ebene,
    b)   verschiedenen Funktionssystemen,
    c)   Staat, Markt und Assoziationen sowie
    d)   Politikfeldern.

Dabei handelt es sich bei den unter b) und c) genannten Punkten um jene Phänomene, bei denen auch die Theorie des Wohlfahrtspluralismus ansetzt.

---

5   Zu den Stärken und Schwächen des Wohlfahrtsmix-Konzepts vgl. Grunwald & Roß (2014, S. 26).

26

Zweitens und vor allem geht es um das Phänomen vor. *Veränderungen bei der Steuerung solcher komplexen Interdependenzen.* Dieses Phänomen weist mehrere Aspekte auf, für deren Darstellung das oben im Kontext des Welfaremix-Diskurses vorgestellte Grundmodell gesellschaftlicher Sektoren (s.o. Abb. 1.1) hilfreich ist.

(1) Politische Steuerung erfolgt *immer weniger allein durch den (vermeintlich souveränen) Staat* und seinen Steuerungsmodus „Hierarchie", also zunehmend weniger durch „goverment". „Man erkannte, dass Regierungen und Verwaltungen ihre Aufgaben meistens nicht autonom, sondern nur im Zusammenwirken mit anderen Akteuren erfüllen können. Auch wurde offenbar, dass zahlreiche kollektiv verbindliche Regeln auch ohne den Staat gesetzt und durchgesetzt werden" (Benz & Dose 2010b, S. 21).

(2) Politische Steuerung kann offenbar auch *nicht allein über den Markt* und seinen zentralen Steuerungsmodus „Wettbewerb" bzw., „Konkurrenz" erfolgen. Insbesondere mit der in den 1990er Jahren auf allen föderalen Ebenen unter dem Leitbegriff der Neuen Steuerung bzw. des New Public Managements vorangetriebenen Verwaltungsreform hatte sich die Hoffnung verbunden, Steuerungs- und Effizienzprobleme staatlicher Lenkung durch die Übernahme (betriebs-)wirtschaftlicher Denkweisen und Instrumente zu lösen (vgl. Grunwald 2001, S 57ff.). Jedoch erwies sich bald, „dass … eine Verlagerung von Aufgaben auf den Markt nur für Teilaspekte der öffentlichen Leistungen möglich ist" (Benz & Dose 2010b, S. 29).

(3) Politische Steuerung erfolgt also nicht mehr exklusiv durch den Staat, lässt sich aber auch nur sehr begrenzt den Mechanismen des Marktes anheimstellen. Vielmehr erfolgt sie *zunehmend in einem Mix verschiedener Steuerungsmechanismen,* d.h. in komplexen „Kombinationen aus unterschiedlichen Regelsystemen (Vertragsregeln, Kompetenzregeln und Kontrollbefugnisse, Mehrheitsregeln, Verhandlungsregeln)" (Benz & Dose 2010b, S. 25). Im Vordergrund stehen dabei Aushandlungen, innerhalb derer „Entscheidungen […] nicht oktroyiert, sondern in direkter Interaktion der Beteiligten vereinbart" werden (Mayntz 2010, S. 41). Damit unterscheiden sich Governance-Strukturen sowohl von staatlichen (hierarchie-basierten) und marktförmigen (konkurrenz-basierten) Systemen. „An die Stelle eines dirigistischen Politikstils tritt ein eher ‚horizontaler' Modus kollektiven Entscheidens in Politiknetzwerken. Diese Netzwerke umfassen Akteure aus dem öffentlichen Sektor, aus Regierungen und insbesondere Verwaltungen ebenso wie Experten und Vertreter gesellschaftlicher Interessen, die durch öffentliche Politiken betroffen sind (stakeholders)." (Papadopoulos 2010, S. 225).

Die damit skizzierten Veränderungen der politischen Steuerung werden in der Governancedebatte überwiegend als *adäquate Antwort auf gesellschaftliche Komplexität* gedeutet. So spricht Y. Papadopoulos in diesem Zusammenhang von einer „Reaktion auf funktionale Erfordernisse komplexer Gesellschaften" (2010, S. 227). Damit wird die analytische Perspektive überschritten.

Im Sinne eines normativen Reformkonzepts ist „Governance" zunächst in den Wirtschaftswissenschaften verwendet worden (vgl. Benz & Dose 2010b, S. 17). Ebenso taucht er im Sinne von „*Good* Governance" in politischen Kontexten auf. Schließlich beziehen sich Diskussionen unter dem Stichwort *„Corporate Governance"* auf die konkrete Ausgestaltung einer angemessenen Steuerung (und damit auch Beaufsichtigung) privatwirtschaftlicher Unternehmen, aber auch gemeinnütziger und öffentlicher Organisationen (vgl. etwa den Deutschen Corporate Governance Kodex: Regierungskommission 2012).[6]

In den drei gerade genannten Kontexten ist von Governance eher allgemein die Rede. Demgegenüber wird in Politik- und Verwaltungswissenschaft auf Basis der oben skizzierten Governance-Analysen *Governance explizit als Reformkonzept* formuliert und als ein „neuartiges Konzept des Regierens" (Jann & Wegrich 2010, S. 175) verhandelt. Governance sei nicht nur ein faktisch gegebenes Phänomen, sondern scheine *„unabdingbar* für das Regieren moderner Gesellschaften zu sein" (Papadopoulos 2010, S. 227; Hervorh. R.). In dieser Weise als Leitbild und „Reformkonzept der Verwaltungspolitik" (Jann & Wegrich 2010, S. 176) verstanden, sehen die Autoren „Governance" zugleich als konzeptionelle Alternative „zu dem die 80er und 90er Jahre prägenden Reformmodell des New Public Management (NPM)" (ebd., S. 176), das eine „übertrieben binnenorientierte und manageralistische Ausrichtung der Verwaltungspolitik" impliziert habe (ebd., S. 182). In *Abgrenzung zum Neuen Steuerungsmodell* müsse jetzt der Weg „von Management zu Governance" beschritten werden (vgl. ebd., S. 183–185).[7] Damit wäre – sicher stark typisierend – ein Paradigmenwechsel von ‚Politiksteuerung im Sinne von *Government*‘ über ‚*(New Public) Management*‘ hin zu ‚*Governance*‘ skizziert.[8]

Mit Blick auf die wesentlichen Inhalte von *„Governance als Reformkonzept"* sind insbesondere *folgende Aspekte zentral:*

---

6   „Corporate Governance" wird im Zusammenhang der Nonprofit-Forschung und des Nonprofit-Managements ebenfalls diskutiert unter den Bezeichnungen „Nonprofit Governance" oder „Nonprofit Corporate Governance" (Helmig & Boenigk 2012, S. 61ff.). „Nonprofit Governance" wird hier definiert als „ein übergeordneter Prinzipienkatalog zur langfristigen Steuerung einer Nonprofit-Organisation bzw. des Nonprofit-Sektors (...), in dem grundlegende Aufgaben und Verhaltensweisen des Vorstands mit dem Ziel festgehalten sind, Transparenz, Vertrauen sowie die Effizienz und Effektivität zu erhöhen" (2012, S. 62; vgl. auch Eberle 2010, 2007; v. Werder 2007, 2004; Bachert 2006; Stricker et al. 2015, S. 22f).

7   „Governance als Reformkonzept" werde allerdings, so fügen die Autoren sogleich hinzu, nie „die Kohärenz des Managementmodells" erreichen: „was weniger am Entwicklungsstadium der Debatte, sondern in dem Charakter das Konzepts liegt, das sich einer versimplifizierenden Vermarktungsstrategie ... systematisch entzieht" (Jann & Wegrich 2010, S. 195).

8   Zur Kritik an dem Steuerungsverständnis und insbesondere dem Neuigkeitscharakter des Neuen Steuerungsmodells vgl. Kegelmann (2007).

(1) Governance als (normativ begründetes) strategisches Konzept fokussiert v.a. auf die inter-organisatorische Perspektive, also auf die Beziehungen und Prozesse zwischen Organisationen und Akteursgruppen (vgl. Jann & Wegrich 2010, S. 186f.). Demgegenüber hat das Neue Steuerungsmodell einen starken Akzent auf die intraorganisatorische Perspektive (v.a. bezogen auf die öffentliche Verwaltung) gelegt.

(2) Governance als strategisches Konzept setzt auf die gezielte Bildung und Pflege von sektorübergreifenden Politiknetzwerken als neuen Institutionalisierungsformen politischer Steuerung – im Unterschied zu einer primär staatlich-hierarchischen und einer primär ökonomisch-wettbewerblich orientierten Steuerung (vgl. Jann & Wegrich 2010, S. 187f.; Brocke 2005, S. 244).

(3) Governance als normatives Konzept zielt damit explizit auf eine Kombination von Steuerungsformen (mix of modes) aus den verschiedenen gesellschaftlichen Teilbereichen Staat, Markt und Assoziationen. „Stichworte in diesem Zusammenhang sind Public-Private-Partnerships oder Koproduktion" (Jann & Wegrich 2010, S. 188; Hervorh. im Orig.). Insbesondere die Bürger erscheinen explizit „als Ko-Produzenten öffentlicher Güter" (ebd., S. 193).

(4) Eine wichtige normative Begründung sowohl für die Forderung, Politiknetzwerke aufzubauen, als auch für die Forderung nach gemischter Steuerung ist das Stakeholder-Prinzip: „ausgehend von der einfachen Überlegung, dass soziale Probleme auch durch eine noch so effiziente Verwaltung nicht grundlegend zu lösen sind" (Jann & Wegrich 2010, S. 184), gehe es darum, „gesellschaftliche Akteure in die Problembewältigung einzubinden, sie zu motivieren und zu aktivieren, um sie nicht länger von oben herab, top down, zu steuern oder zu versorgen" (a.a.O.). Anders ausgedrückt: Das Governance-Leitbild fragt, inwieweit Stakeholder gemeinwohlorientierter Aufgaben systematisch mit einbezogen werden können (zur Perspektive des Stakeholder-Managments in Nonprofit Organisationen vgl. Theuvsen et al. 2010 und Speckbacher 2007).

(5) Im Kontext eines strategischen Governance-Konzepts erfolgt Entscheidungsfindung wesentlich durch Verhandlung und Beratung, jedenfalls nicht allein auf dem Wege von an der Mehrheitsregel orientierten Abstimmungen. Insofern wird hier ein konsens-demokratisches Modell gegenüber einem konkurrenz-demokratischen in den Vordergrund gestellt. Dementsprechend basiert die Umsetzung der Ergebnisse der Entscheidung auf einer gemeinsam getroffenen Vereinbarung, weniger auf einer hierarchischen Durchsetzung top down.

(6) Dienstleistungsorientierung und Effizienz – Kernziele des New Public Managements – werden nicht aufgegeben, aber durch ein weiteres, letztlich zivilgesellschaftliches Zielbündel ergänzt und v.a. balanciert: „Die neuen Ziele lauten also … Stärkung von sozialer, politischer und administrativer Kohäsion, von politischer und gesellschaftlicher Beteiligung, von bürgerschaftlichem und politischem Engagement" (Jann & Wegrich 2010, S. 184). Die mit Governance-Strukturen tendenziell verbundene Exklusion bestimmter gesellschaftlicher Gruppen (vgl. a.a.O.) zu über-

winden, wird damit zu einer wichtigen Herausforderung normativer Konzepte von Governance.

(7) Zentrales Ergebnis von Governance-Analysen ist, dass von einer exklusiven Verantwortung des Staates für politische Steuerung und Koordination zunehmend weniger ausgegangen werden kann. Wo versucht wird Governance als normatives Konzept zu formulieren, wird der Staat dennoch nicht schlicht als „Gleicher unter Gleichen" aufgefasst: Ihm wird sehr wohl eine besondere Funktion zugewiesen, die u.a. mit den Begriffen „Systemverantwortung", „Interdependenzmanagement", „Gewährleistungsverpflichtung" und „Aktivierung" beschrieben wird. Renate Mayntz geht davon aus, dass auch im Kontext von Governance-Strukturen eine Instanz nötig ist, „die wenigstens dem Anspruch nach Verantwortung für das Ganze, eine Art Systemverantwortung trägt. Auch in einem demokratischen Gemeinwesen ist und bleibt diese Verantwortung die grundsätzliche Staatsfunktion" (2010, S. 44). Ihre nüchterne Begründung: Die gesellschaftliche Selbstregelung funktioniert dann, „wenn hinter der verbandlichen Selbstdisziplinierung oder der freiwilligen Einigung von Verbänden mit unterschiedlichen Interessen die Drohung staatlicher Intervention steht [...]" (Mayntz 2010, S. 44). Anders gesagt: die Verantwortung für das, was im weitesten Sinne als „Allgemeinwohl" (im Unterschied zu Partikularinteressen) bezeichnet werden kann, wird letztlich nur beim Staat in guten Händen gesehen. Eine weitere Begründung, weshalb der Staat eine Systemverantwortung übernehmen müsse, wird darin gesehen, dass allein er in der Lage sei, Grundrechte zu gewährleisten (vgl. Meyer 2009).

Wird Governance auch als strategisches, letztlich normativ aufgeladenes Reformkonzept verstanden, tauchen auch etliche kritische Fragen auf.
Zu nennen ist hier erstens die Frage nach der demokratischen Legitimation von Governance-Strukturen bzw. -prozessen (vgl. Roß 2012, S. 374-377; Roß & Rieger 2015): Die für Governance-Regime typischen Verhandlungssysteme und Kooperationsnetzwerke drohen repräsentativdemokratische Institutionen zu umgehen und tendieren dazu, ein Eigenleben gegenüber parlamentarischen Strukturen und damit auch gegenüber parlamentarischer Kontrolle zu führen.

Zweitens – und mit dem ersten Kritikpunkt unmittelbar verbunden – stellt sich die Frage nach der Exklusion schwacher Interessen aus Governance-Strukturen bzw. -Prozessen (vgl. Rieger 2012): Einiges deutet „darauf hin, dass in Governance-Arrangements die besser organisierten und besser finanziell ausgestatteten Akteure beziehungsweise solche, die einen besseren Zugang zum politischen System haben, eher beteiligt werden als andere Interessengruppen" (Walk 2009, S. 25).

Schließlich gibt es grundlegende Zweifel an der Leistungsfähigkeit von Governance-Regimen, die dort postuliert wird, wo von Governance als (Reform)Konzept die Rede ist. Konkrete Forschungsergebnisse würden, so Edgar

Grande, darauf hindeuten, „dass wir nicht allzu große Erwartungen in die Leistungsfähigkeit von Governance haben sollten" (Grande 2012, S. 576).

Zusammenfassend (und um immer wieder auftretenden Verwechselungen vorzubeugen) ist festzuhalten: Wenn im Folgenden der Begriff „Governance" verwendet wird, erfolgt dies nicht in einem allgemeinen Sinn von „Steuerung" oder im Sinne des Diskurses um „Corporate Governance" (so etwa die Verwendung in Stricker et al. 2015). Der Terminus dient vielmehr zur Bezeichnung einer bestimmten Weise von (von politischer oder organisationaler) Steuerung: nämlich einer Steuerung im „mix of modes", d.h. einer Steuerung, die verschiedene Logiken miteinander kombiniert.

2.3 Hybridisierung und Ausbildung organisationaler Governance auf Ebene sozialwirtschaftlicher Organisationen

Der gerade skizzierte Wandel der Governance of Welfare bzw. das parallele Phänomen einer grundlegenden Pluralisierung der Erbringung von Wohlfahrt (Welfaremix) bleiben nicht ohne *Auswirkungen auf sozialwirtschaftliche Organisationen.*

Innerhalb des deutschen Sozialstaatregimes ist es für soziale Dienste und Einrichtungen lange Zeit selbstverständlich gewesen, sich primär *einem* gesellschaftlichen Teilbereich, seiner Handlungslogik und seinen Leitzielen zuzuordnen. Die Organisationen haben sich also z.B. entweder als „öffentlicher" (= staatlicher) oder als „freier" Träger verstanden und sind dementsprechend im Wesentlichen entweder der Handlungslogik des Staates (hierarchische Steuerung) oder der des Bereichs der Assoziationen (Steuerung über Meinungsbildung der Mitglieder) gefolgt. Auch die Finanzierung von Wohlfahrtsdienstleistungen hat sich – abgesehen von Spenden – aus wenigen zumeist staatlichen Quellen gespeist (Leistungsentgelte, Zuschüsse).
Spätestens seit Mitte der 1980er Jahre sehen sich sozialwirtschaftliche Einrichtungen und Dienste im Kontext eines Wandels des Wohlfahrtsregimes zunehmend mit der Anforderung konfrontiert, Ressourcen, Zielvorgaben und Entscheidungsmodi verschiedener gesellschaftlicher Teilbereiche in unterschiedlichsten Mixturen miteinander zu kombinieren (zum Begriff der Sozialwirtschaft vgl. Grunwald 2014). Dabei geht es erstens um die Forderung, sich verstärkt ökonomischen Denkweisen und Instrumentarien zu öffnen, zweitens um die (u.a. im Kontext sozialraum- und teilhabeorientierter Fachkonzepte forcierte) verstärkte Einbeziehung lokaler Ressourcen und insbesondere bürgerschaftlichen Engagements sowie drittens um eine verstärkte Orientierung an den sich immer stärker individualisierenden Bedarfen potentieller Adressat/-innen. Hinzu kommt, dass immer mehr privat-gewerbliche Anbieter sozialer Dienstleistungen entstehen.

Politiksteuerung erfolgt zunehmend in Governance-Strukturen, Wohlfahrt wird zunehmend in einem pluralen Mix von Beiträgen, die unterschiedlichen Logiken folgen, erbracht. Diese Phänomene bilden sich auf Ebene sozial(wirtschaftlich)er Organisationen ab in der Entstehung „hybrider Organisation" bzw. „hybrider sozialer Unternehmen" (Billis 2010; Evers & Ewert 2010; Evers 2013; Wasel & Haas 2012). Oder prozessbezogen formuliert: in Phänomenen der „Hybridisierung" (Evers et al. 2002; Heinze et al. 2011) bzw. in der Ausprägung einer „organisationalen Hybridität" (Glänzel & Schmitz 2012, S. 183) oder „organisationaler Governance" (vgl. Schubert 2010). Abgehoben wird auf „Verschränkungsmöglichkeiten" von Einflussfaktoren, „die nicht nur die von außen einwirkenden Kräfte im Spannungsfeld von Staat, Markt und Gesellschaft/Gemeinschaft, sondern die *internen Organisationsstrukturen selbst betreffen*" (Evers et al. 2002, S. 22f.; Hervorh. im Orig.). „Hybride Organisationen" sind, kurz gesagt, Organisationen, „die in ihren Strategien und Dienstleistungen Merkmale kombinieren, die normalerweise eindeutig dem Staat, dem Markt oder dem dritten Sektor zugeschrieben werden" (Wasel & Haas 2012, S. 588).[9]

Die als „Hybridisierung" bezeichneten Veränderungen lassen sich präzisieren mit Blick auf die vier Dimensionen „Ressourcen", „Zielvorgaben", „Einfluss- bzw. Entscheidungsstrukturen" und „Identitäten" (vgl. Evers et al. 2002, S. 23-44; Evers 2013; Glänzel & Schmitz 2012).

(1) Sozialwirtschaftliche Organisationen versuchen Strategien zu entwickeln, um *Ressourcen* nicht nur im Sinne staatlicher Finanzierungslogik – dem bei Organisationen des staatlichen und des assoziativen Sektors bislang dominierenden Weg – einzuwerben, also in Form von Zuschüssen, Leistungsvergütungen und geldwerten Vergünstigungen. Hinzu kommen Strategien, die auf ökonomisches Handeln setzen (also durch den Verkauf von Dienstleistungen auf einem mehr oder weniger freien Markt) und durch die Erschließung von Sozialem Kapital (Spenden, Sponsoring und freiwilliges Engagement), aber auch durch Vernetzung, informelle Kontakte und erworbenes Vertrauen im lokalen Raum (vgl. Evers et al. 2002, S. 26-28).

(2) Sie versuchen Strategien zu entwickeln, um *Zielvorgaben*, die unterschiedlichen gesellschaftlichen Sektoren entstammen und für diese jeweils charakteristisch sind, in ein „Zielbündel", in ein „Ensemble von Handlungs- und Organisationszielen" (ebd., S. 29) bzw. ein „Amalgam" (Glänzel & Schmitz 2012, S. 181) zu integrieren: also etwa die allgemeine Zugänglichkeit von Leistungen und Einhaltung bestimmter Qualitätsstandards (staatliche Zielvorgaben), die Erwirtschaftung von

---

9   Klargestellt sei, dass Hybridisierung weder ein grundsätzlich neues noch ein Ausnahmephänomen darstellt (vgl. Roß 2012, S. 322): „Hybride Organisationen sind der Normalfall oder … sogar der einzig denkbare Fall" (Glänzel & Schmitz 2012, S. 183; Hervorh. im Orig.). Was neu ist, sind die konkreten Treiber, die Hybridisierungsprozesse induzieren, sowie der Trend hin zu Organisationen, die einen besonders ausgeprägten Grad der Kombination verschiedener Sektorlogiken aufweisen (vgl. Glänzel & Schmitz 2012, S. 182f., 188).

Überschüssen zur Erhaltung von Handlungs- und Dispositionsfreiheit (wirtschaftliche Zielvorgaben) sowie der Aufbau lokaler Netzwerke und Partizipation der Adressat/-innen (bürgergesellschaftliche Ziele).

(3) Die Organisationen versuchen Strategien zu entwickeln, um *Einfluss- und Entscheidungsstrukturen*, die zunächst unterschiedlichen Sektorlogiken entsprechen und u.U. in Konkurrenz zueinander stehen, zu kombinieren: die hierarchisch durchgesetzten Vorgaben des Staates (Gesetze, Förderrichtlinien, Qualitätsstandards usw.), die Entscheidungslogik des Marktes (Angebot-Nachfrage-Relation, Wettbewerbssituation, Rentabilität der Dienstleistungsproduktion usw.) sowie die formelle oder informelle Einflussnahme von Stakeholdern im Sinne „interessierter Beteiligter und Betroffener" (Evers et al. 2002, S. 32). Die Autoren fassen zusammen: „Betrachtet man Organisationen unter dem Gesichtspunkt, inwieweit sie marktbezogene, staatlich-hierarchische Elemente und Formen des Sozialkapitals verschränken, wird man feststellen, dass sie je nach Gewicht dieser Elemente auch die Bedeutung der für sie typischen Entscheidungsformen (parlamentarische Entscheidung, Nutzermitbestimmung, Einflussnahme der Konsumenten) variieren" (ebd., S. 243).

(4) Schließlich versuchen die Organisationen, verschiedene *Identitäten* miteinander zu verknüpfen: etwa die Identität einer staatlichen Einrichtung, die eines lokalen Gemeinschaftsprojekts oder die einer unternehmerisch geführten Organisation (vgl. Evers 2013).

Hybridisierung bzw. die Ausbildung organisationaler Governance hat *extra-organisationale* und *intra-organisationale* Aspekte.

In ihren *Außenbeziehungen* muss eine hybride sozialwirtschaftliche Organisation (gleichgültig welchem Sektor sie ursprünglich bzw. primär zugehört) in der Lage sein, mit ihren verschiedenen relevanten Stakeholdern – also derjenigen Akteuren, die in irgendeiner Weise eigene Interessen mit dem Handeln der jeweiligen Organisation verbinden – angemessen und entsprechend deren je spezifischer Funktionslogik zu interagieren (vgl. Schubert 2010, S. 215); sie muss also sowohl die Ressourcen dieser Stakeholder nutzen als auch auf sie Einfluss nehmen können. Denn es sind „gerade die Beziehungen zu den Stakeholdern, die den Reichtum einer gemeinnützigen Einrichtung ausmachen" (Reiser 2010, S. 14). „Nicht das rationalisierte System der Dienstleistungsproduktion verschafft Non-Profits einen Wettbewerbsvorteil, sondern die gute Qualität ihrer Stakeholder-Beziehungen und der Netzwerke, über die eine Einrichtung verfügt" (a.a.O.; vgl. auch Gourmelon et al. 2011). Zugleich muss die Organisation in der Lage sein, in für sie relevanten Governance-Strukturen – also in Verhandlungsnetzwerken zwischen staatlichen, wirtschaftlichen, assoziativen und informellen Akteuren – agieren zu können. Auf diese Weise entstehen „Multi-Stakeholder-Organisationen" (vgl. Evers et al. 2002, S. 33), die nicht länger nur auf einen Interessenträger ausgerichtet sind (die Kommune, die Kirche, die Partei, die

Gründerpersönlichkeit usw.), sondern sich in Netzwerkbeziehungen orientieren und systematisches „Stakeholder Management" (vgl. Theuvsen et al. 2010) betreiben. Dies wiederum führt tendenziell zu dem Bemühen, „Einrichtungen, Dienste und Träger stärker auf örtliche Gegebenheiten einzustellen" (Evers et al. 2002, S. 34).

Intern müssen Aufbauorganisation, Ablauforganisation und Organisationskultur so gestaltet sein, dass eine sozialwirtschaftliche Organisation in dieser Weise als „Multi-Stakeholder-Organisation" handeln kann. Es gilt, intra-organisationale Governance-Strukturen herauszubilden, die geeignet sind, a) strukturelle Koppelungen zu den verschiedenen Stakeholdern der Organisation herzustellen (vgl. Schubert 2010, S. 215) und b) die spezifischen und komplexen Transaktionen zu bewältigen, die mit der „gemischten" Produktion sozialer Dienstleistungen unter gegenwärtigen gesellschaftlichen Bedingungen verbunden sind (vgl. a.a.O.). Konkrete, in diesen Zusammenhang einzuordnende intra-organisationale Entwicklungen sozialer Träger sind nach Schubert (2010, S. 215) beispielsweise der Wandel von der stabilen „Palastorganisation" hin zur flexiblen „Zeltorganisation" (vgl. auch Gomez & Zimmermann 1993), der Wandel von einem festen Portfolio langfristiger Dienste hin zur „temporären Projektförmigkeit von Dienstleistungen" (Schubert 2010, S. 215) und von weitgehend einheitlichen Angeboten zur Individualisierung von Dienstleistungen.

2.4 Weiterführende Überlegungen

Die damit skizzierten Hybridisierungsprozesse sozialwirtschaftlicher Organisationen bzw. die Ausbildung organisationaler Governance verlaufen bislang überwiegend inkrementalistisch und intuitiv, d.h. auf Grund pragmatischer Entscheidungen von Fall zu Fall und mit oft ausgesprochen experimentellem Charakter. Hinzu kommen nicht selten massive Identitäts- und Loyalitätskonflikte innerhalb vieler derjenigen Organisationen, die ihre ursprüngliche Verankerung im staatlichen bzw. assoziativen Sektor haben (vgl. Wasel & Haas 2012, S. 588f.).

Diese Beobachtung trifft jedoch nicht nur für die je einzelnen Organisationen zu, sondern auch für von Organisationen gebildete Netzwerke. Solche Netze oder Verbünde sind bislang noch kaum als Strukturen gemischter Wohlfahrtsproduktion, als hybride Organisationsformen oder als Governance-Strukturen thematisiert worden. Wenn im folgenden dritten Schritt dieses Beitrags von Perspektiven die Rede ist, die sich aus dem Governancekonzept für die Gestaltung von Versorgung im Alter gewinnen lassen, so geht es (auch) darum, von einer eher zufälligen zu einer theoriebasierten, normativ begründeten, strategisch geplanten sowie professionell umgesetzten *Governance von Versorgung in hybriden Verbünden* zu gelangen.

3 Zur Governance von Versorgungsnetzwerken im Alter: Perspektiven

3.1 Versorgungsnetzwerke und ihre Steuerung verstehen: Analytische Perspektiven

Die Diskurse zu Welfaremix, Governance und Hybridisierung liefern einen theoretischen Rahmen, innerhalb dessen es möglich ist, die Tendenz, Versorgung im Alter zunehmend über Netzwerke und Verbünde zu gewährleisten und für die Steuerung dieser Netzwerke bzw. Verbünde neue Formen zu entwickeln, präziser zu verstehen. Dies wiederum ist, so meine These, eine wichtige Voraussetzung dafür, die Kooperation in solchen Verbünden zielführend zu gestalten.

Auf dieser analytischen Ebene geht es zunächst um zwei grundlegende Einsichten:

Die Tendenz, Versorgung im Alter mehr und mehr über Netzwerke und Verbünde zu gewährleisten, ist Teil des oben beschriebenen Gesamttrends, Wohlfahrt zunehmend in Mixturen aus verschiedenen Komponenten zu erbringen, die sich jeweils primär an der Funktionslogik des Staates, des assoziativen Sektors, des Marktes oder des primären Sektors orientieren.

Die Strukturen, die zur Steuerung des von Versorgungsverbünden erbrachten Wohlfahrtsmixes entwickelt werden, lassen sich als Governance-Strukturen im Sinne von Verhandlungsnetzwerken verstehen, in denen Steuerungslogiken, die für verschiedene gesellschaftliche Sektoren charakteristisch sind, miteinander kombiniert werden.

Die Entstehung von Versorgungsnetzwerken erweist dabei als zweierlei: Als *Folge* der insgesamt zu verzeichnenden Entwicklungen hin zur Ausbildung von Welfaremix und Governance - und zugleich als ein *Motor* dieser Trends.

Die gerade formulierten grundlegenden Einordnungen haben für die Praxis in mehrfacher Hinsicht einen Erklärungswert, aber auch einen prognostischen Wert.

(1) In Versorgungsverbünden Akteure treffen aufeinander, kooperieren miteinander und versuchen Formen einer gemeinsam verantworteten Netzwerksteuerung zu entwickeln, die unterschiedlichen gesellschaftlichen Sektoren entstammen; Sektoren, für die wiederum jeweils eigene Funktionslogiken charakteristisch sind. Dies gilt
- für Akteure, die ursprünglich in der staatlichen Logik verankert sind (z.B. Kommunen oder Landkreise), genauso wie
- für Akteure, die zunächst der Logik des Assoziativen Sektors verpflichtet sind (z.B. Wohlfahrtsverbände), aber auch
- für bürgerschaftliche Gruppen (wie Senioreninitiativen, Demenzbegleiter oder Nachbarschaftshilfen); Akteure, die grundlegend marktorientiert sind (z.B. private Heimträger); oder Akteure, die vorrangig in der Rationalität

primärer Netze denken und handeln (etwa als Vertreter/-innen von Angehörigen oder alten Menschen selbst).

Die angesprochenen Logiken sind verschieden, keineswegs immer kompatibel und z.T. widerstreitend. Dies bedeutet: Zwischen den im Verbund kooperierenden Partnern sollte nüchtern mit potentiellen Spannungen, Missverständnissen und Irritationen gerechnet werden. Sie sind eher wahrscheinlich als überraschend und tendenziell weniger Folge persönlicher Befindlichkeiten als vielmehr grundlegend verschiedener Denk- und Handlungsrationalitäten.

(2) In den Versorgungsnetzwerken werden (und zwar unabhängig von den konkreten beteiligten Personen) die jeweils charakteristischen Systemstärken und -schwächen sichtbar und wirksam werden, die den beteiligten Akteuren mit Blick auf die Gewährleistung von Wohlfahrt für ältere Menschen aufweisen.

(3) Mit Blick auf die in den Verbünden miteinander vernetzten Akteure ist mit dem Auftreten jenes Phänomens zu rechnen, dass seit einiger Zeit unter den Chiffren „Coopetion" (Bouncken et al. 2015) oder „Koopkurrenz" (vgl. Schönig 2015) thematisiert wird: Die gleichen Organisationen, die im Versorgungsverbund eng und ausgerichtet auf ein gemeinsames Ziel *kooperieren*, treffen an anderer Stelle als *Konkurrenten* um Ressourcen, Kunden und öffentliche Aufmerksamkeit aufeinander. Diese Widersprüchlichkeit hängt unmittelbar damit zusammen, dass im Kontext der Tendenz hin zu Welfaremix, Governance und Hybridität widerstreitende Systemlogiken zusammentreffen bzw. gezielt zusammengebracht werden. Treibender Akteur ist in diesem Zusammenhang in der Regel die öffentliche Hand, die über die ihr zu Gebote stehenden Steuerungsinstrumente hier *marktförmiges* und dort *kooperatives* Handeln einfordert; und zwar sowohl von Organisationen, die in der Solidarlogik des assoziativen Sektors beheimatet sind, als auch von Profit-Organisationen. Diese Widersprüchlichkeit der Koopkurrenz kann für die Arbeit der Versorgungsverbünde verschiedene Folgen haben:

- Das durch sie induzierte ambivalente Agieren der Organisationen kann sich auf die Netzwerke immer wieder irritierend auswirken.
- Es kann die Tendenz geben, den Widerspruch zu mildern, indem das Netzwerk im Laufe der Zeit zu einem „neo-" oder „post-korporatistischen" Arrangement findet. Gemeint ist ein Arrangement, das sich auf der einen Seite nicht (wie im klassischen, durch eine entsprechende Auslegung des Subsidiaritätsprinzips legitimierten Korporatismus) auf Staat und weltanschaulich geprägte Wohlfahrtsverbände beschränkt, sondern das weitere Akteure einbezieht; das dabei aber auf der anderen Seite nicht auf harte Marktkonkurrenz setzt (wie im klassischen bzw. im Neo-Liberalismus), sondern auf gemeinsame Aushandlungsprozesse. Wenn nicht alles täuscht, ist diese Ent-

wicklung im Bereich der Wohlfahrtsdienstleistungen bereits vielerorts Realität.

(4) Aus der Welfaremix-Theorie lässt sich die Hypothese ableiten, dass mit Blick auf das Ziel, eine möglichst optimale Versorgung älterer Menschen zu gewährleisten, insbesondere diejenigen Verbünde erfolgreich sind, die einen möglichst breiten und zugleich möglichst ausgewogenen Mix an Leistungen unterschiedlicher Organisationen (die in verschiedenen gesellschaftlichen Sektoren verankert sind) realisieren. Dieses Postulat wäre freilich in der Praxis zu überprüfen (s.u.).

(5) Es ist davon auszugehen, dass die in Versorgungsnetzwerken etablierten Steuerungs- und Entscheidungsstrukturen die oben benannten, für Governance-Regime charakteristischen Stärken und Schwächen aufweisen. Dies gilt bspw. für die Vor- und Nachteile deliberativer Entscheidungsfindung ebenso wie für die Interessenrepräsentation: So werden die Interessen einiger Stakeholder stärker vertreten sein (i.d.R. die Interessen mächtiger institutioneller Akteure wie staatliche Organe oder Krankenkassen), als die anderer (i.d.R. die wenig organisierten Interessen der älteren Menschen selbst, die der Angehörigen oder die von bürgerschaftlich Engagierten).

(6) Schließlich ist damit zu rechnen, dass die Arbeit der Verbünde bzw. Netzwerke von der kritischen Frage nach der (politischen) Legitimation ihres Zustandekommens, ihrer Performanz und insbesondere ihrer Steuerung begleitet wird. Dabei wird insbesondere nach der Anbindung an verfasste repräsentativ-demokratische Entscheidungsstrukturen (Gemeinde-, Stadt- oder Kreisrat) gefragt werden. Erwartbar sind in diesem Zusammenhang schließlich einflussnehmende Interventionen solcher Gremien in die Governance-Strukturen von Versorgungsnetzwerken hinein.
Eine dritte Grundeinsicht kommt hinzu, die vor dem Hintergrund der skizzierten Analysen unmittelbar einleuchten dürfte:

Die (als Formen gemischter Wohlfahrtsproduktion und governentieller Steuerung zu interpretierenden) Versorgungsverbünde erweisen sich als stark hybridisierte Gebilde, in denen Organisationen miteinander kooperieren, die ihrerseits unterschiedliche Grade der Hybridisierung aufweisen.

Auch diese dritte grundsätzliche Einordnung erlaubt einige praxisrelevante Schlussfolgerungen.

Versorgungsverbünde vernetzen - wie soeben dargelegt - in der Regel Organisationen miteinander, die aus verschiedenen gesellschaftlichen Sektoren stammen (vgl. auch die in diesem Band vorgestellten Beispiele). Damit haben diese Verbünde von vornherein einen „hybriden" Charakter im Sinne des oben entfalteten Modells: Als eine Form der „Organisation von Organisationen" sind sie sozusagen „Hybride 2. Ordnung". Dies bedeutet u.a.:

- Wie bei einzelnen Organisationen ist auch bei Verbünden davon auszugehen, dass es stark oder schwach hybridisierte Netzwerke gibt. Der Grad der Hybridität dürfte dabei davon abhängen, wie viele Organisationen in einem Netzwerk mitwirken, aus wie vielen der vier Sektoren sie stammen, wie eng sie jeweils der Stammlogik ihres Ursprungssektors folgen und wie viel Macht sie innerhalb des Netzwerkes ausüben.

- Es kann damit gerechnet werden, dass stärker hybridisierte Versorgungsverbünde mit einer ausgeprägten intraorganisationalen Governancestruktur eher in der Lage sind, sich a) mit einem breiten Spektrum weiterer externer Kooperationspartner zu vernetzen (und damit entsprechende Ressourcen zu generieren) sowie b) flexibler auf sich verändernde Konstellationen in ihrer Umwelt zu reagieren, als Verbünde mit schwacher Hybridität.

- Im Laufe der Zeit wird jedes Versorgungsnetzwerk zu einem spezifischen, es ggf. von anderen Verbünden unterscheidenden Amalgam der verschiedenen Sektorlogiken finden, wird also eine eigene „Netzwerkidentität" (s.u. Schäfer-Walkmann u.a., S. 62) ausprägen. Dies gilt sowohl für die Art und Weise der Versorgungsgestaltung im Welfaremix als auch für die governentielle Versorgungssteuerung. Die konkrete Charakteristik dieser Netzwerkidentität dürfte u.a. davon abhängen, wie hoch der Hybridisierungsgrad des Verbundes ist, aus welchem Sektor der Anstoß zur Netzwerkbildung kam (von Seiten der öffentlichen Hand, von Seiten „Betroffener", von Seiten etablierter Wohlfahrtsverbände, von Seiten der Krankenkassen usw.) und in welchem Sektor die Netzwerk-Regie verankert ist. Insgesamt besteht die Wahrscheinlichkeit, dass dabei einzelne Sektorlogiken dominanter sind als andere. Insofern wird es möglicherweise tendenziell etatistisch, ökonomisch oder korporatistisch geprägte Versorgungsnetzwerke geben.

- Auf dieser Grundlage sind auch auf Ebene der Verbünde als solcher Hybridisierungsanalysen und in der Folgen Typenbildung von unterschiedlichen Governance-Regimen von Versorgungsnetzwerken möglich (s.u. Schäfer-Walkmann u.a., S. 55-58).

Folgt man der Theorie der Hybridisierung (sozialer bzw. sozialwirtschaftlicher) Organisationen, so ist zudem von folgender Dialektik auszugehen: Organisationen, die in stark hybridisierten Gebilden, wie Versorgungsverbünden es sind, mitwirken, können dies einerseits nur, wenn sie ihrerseits einen gewissen Grad an Hybridität aufweisen; wenn sie also an ihre „Stammlogik" bereits Aspekte anderer Sektorlogiken angelagert haben. Denn nur so sind sie in der Lage, sich an die Netzwerke bzw. die übrigen hier mitwirkenden Akteure anzukoppeln. Andererseits werden durch die Mitwirkung in (sektorübergreifenden) Versorgungsnetzwerken und deren Governance-Strukturen bei den beteiligten Organisationen die Hybridisierungsprozesse weiter bestärkt werden. Auch diese Überlegungen haben Konsequenzen, die für die Praxis bedeutsam sind:

- Es kann damit gerechnet werden, dass sich stärker hybridisierte Organisationen bei der Mitwirkung in Versorgungsverbünden leichter tun, als wenig hybridisierte.
- Es kann damit gerechnet werden, dass die – durch die Mitwirkung in Versorgungsverbünden induzierte – fortschreitende Hybridisierung der Partnerorganisationen bei diesen jeweils zu innerorganisationalen Konflikten führt (bspw. Neubalancierung der Identität der Organisation). Diese Konflikte können wiederum (i.d.R. irritierend) auf die Mitarbeit im Verbund zurück wirken.

Die hier skizzierten Versuche, Versorgungsnetzwerke als Welfaremix-, Governance- und Hybridisierungs-Phänomene zu interpretieren, sind ohne Frage komplex und bewegen sich auf einem relativ hohen Abstraktionsniveau. Meine Argumentation lautet jedoch, dass es für die Praxis der Initiierung und Gestaltung von Versorgungsverbünden von Vorteil ist, vor dem Hintergrund der herangezogenen Theorien erstens klarer zu verstehen, was in ihnen faktisch geschieht; zweitens zu antizipieren, was mit hoher Wahrscheinlichkeit passieren wird. Doch bevor in Kapitel 3.3 entsprechende Handlungsperspektiven skizziert werden, ist ein Zwischenschritt zu gehen.

3.2 Versorgungsnetzwerke und ihre Steuerung konzipieren: Normative Perspektiven

Die Diskurse zu Welfaremix, Governance und Hybridisierung liefern einen theoretischen Rahmen, innerhalb dessen es möglich ist, normativ begründete Eckpunkte für die Ausgestaltung von Versorgungsverbünden bzw. -netzwerken und ihrer Governance zu gewinnen.

Diese These impliziert verschiedene Aspekte. Der grundlegendste lautet: Unter Rekurs auf die Debatten zu Welfaremix, Governance und organisationaler Hybridisierung kann argumentiert werden, dass Versorgungsverbünde mit ihrer Netzwerkstruktur sowohl in der Gewährleistung von Versorgung als auch in deren Steuerung *eine angemessene* Antwort – wenn nicht *die* angemessene Antwort – auf aktuelle gesellschaftliche Entwicklungen insgesamt bzw. auf Verschiebungen in der Tektonik des wohlfahrtsstaatlichen Regimes im Besonderen darstellen. Die zentrale Begründung lautet: Von Verbünden bzw. Netzwerken ist eine höhere Versorgungsqualität für die Adressat/-innen – hier: ältere Menschen – zu erwarten, als von Strukturen, die auf der Funktionslogik nur eines Sektors beruhen. Damit kann die Argumentation noch einen Schritt weiter gehen: Die Bildung von Versorgungsverbünden *sollte systematisch angestrebt* werden. Sinnvoll ist dabei – so die insbesondere im Diskurs zum Welfaremix entfalteten Überlegungen zu den spezifischen Systemstärken und -schwächen der von den beteiligten Akteuren repräsentierten Sektoren - auf einen möglichst breiten und möglichst ausgewogenen Leistungsmix hinzuwirken.

Zu diesen eher affirmativen Aussagen, die im Ergebnis darauf hinauslaufen, für eine systematische Bildung von Versorgungsnetzwerken plädieren, tritt allerdings auch eine Reihe kritischer Hinweise:

- Die Produktion von Dienstleistungen im Sinne einer „gemischten" Gewährleistung von Daseinsvorsorge basiert nicht auf einer harmonisierenden Angleichung dieser Logiken, sondern darauf, die Systemrationalitäten in ihrer Unterschiedlichkeit auszubalancieren und durchaus auch wechselseitig zu „bändigen". Dabei ist es wichtig, dass die beteiligten Organisationen (ungeachtet ihrer zwischenzeitlich erreichten Hybridität) ihre ursprünglichen Handlungslogiken nicht einfach aufgeben, sondern vielmehr im Sinne ihres Propriums in das Netzwerk einbringen. Ebenso ist es keineswegs problematisch, wenn auch der Verbund als solches eine spezifische, möglicherweise durch eine bestimmte Sektorlogik geprägte Netzwerkidentität entwickelt.

- Wenn jedoch innerhalb des Gesamtgefüges eines Versorgungsnetzwerks einzelne Sektorlogiken derart an Übergewicht gewinnen, dass sie andere Logiken zu überformen drohen, ist konsequent gegenzusteuern. Hier dürfte unter den derzeit gegebenen Verhältnissen insbesondere darauf zu achten sein, dass nicht die Marktlogik zum zentralen Erbringungs- und Steuerungsparadigma wird und die reziproke Grundlogik der primären Netze bzw. die Solidarlogik der Assoziationen „kolonialisiert".

- Innerhalb der Versorgung älterer Menschen haben „Gemischte Wohlfahrtsproduktion" und (damit zusammenhängend) auch Governance-Strukturen eine eindeutige Finalität: Im Mittelpunkt aller Produktions- und Steuerungsbemühungen haben die älteren Menschen selbst und ihr Wohlergehen zu stehen, nicht aber der Verbund oder die in ihm kooperierenden (sozialwirtschaftlichen) Organisationen. Hier liegt zugleich der Maßstab für die Bewertung des „Erfolgs" eines Versorgungsnetzwerks. Diese Adressaten-Orientierung (vgl. Grunwald & Roß 2014, S. 54), die nach einer entsprechenden einer Institutionalisierung von Formen der Bedürfnis- und Interessenartikulation verlangt, lässt sich sowohl aus Sicht der Dienstleistungsorientierung (Konzept der „Nutzerorientierung" - vgl. Schaarschuch 2010) als auch aus Sicht der Lebensweltorientierten Sozialen Arbeit begründen (vgl. Grunwald & Thiersch 2011, Bitzan & Bolay 2011).

–   Versorgungsverbünde sollten nicht grundsätzlich von den verfassten repräsentativ-demokratischen Strukturen politischer Willensbildung abgekoppelt sein. Dafür sprechen pragmatische Gründe (werden verfasste Gremien „außen vor" gehalten, tendieren sie zu abrupten Interventionen), v.a. aber grundsätzliche Überlegungen. Demokratietheoretisch stellen sich Governance-Regime – und damit auch die Steuerung von Versorgungsverbünden - als „legitimationsarm(e) Handlungszusammenhänge" (Schmalz-Bruns 1994, S. 22; zitiert nach Klein 2001, S. 205) dar. Will sagen: Sie sind zunächst durch nicht mehr und nicht weniger legitimiert, als durch die Interessen und das Engagement der der beteiligten Netzwerkmitglieder (=schwache Legitimation), nicht aber durch Gremien, die zumindest dem Prinzip nach auf die freie und gleiche Wahl aller Bürger/innen zurückgehen (=starke Legitimation). In Abwägung aller Vor- und Nachteile erscheinen insofern repräsentativ-demokratische Strukturen letztlich am ehesten geeignet zu sein, eine Letztverantwortung bezüglich der Einhaltung von demokratischen Spielregeln und der Orientierung am Gemeinwohl wahrzunehmen sowie insbesondere bindende Entscheidungen zu treffen (vgl. Roß 2012, S. 221-224; 391f). Daraus folgt jedoch nicht automatisch, Versorgungsverbünde sollten stets unter öffentlicher Regie oder Moderation stehen: Vertretbar sind ebenso egalitär ausgestaltete Governance-Strukturen, in denen die öffentliche Hand ein Partner unter anderen ist, es klare selbst-gesetzte Verfahrensregeln gibt und eine Koppelung mit den verfassten Gremien gewährleistet ist.

–   Die für Governance-Strukturen typischen Tendenz, schwache Interessen nicht oder nur wenig zu berücksichtigen, darf nicht übersehen oder gar akzeptiert werden. Vielmehr gilt es, von vornherein strukturelle und prozedurale Vorkehrungen für eine systematische Stärkung dieser Interessen zu treffen. Im vorliegenden Kontext dürfte es sich dabei (einem intersektionellen Blick folgend) z.B. um die Interessen finanziell schlecht gestellter, bildungsferner, gesundheitlich stark eingeschränkter, weiblicher und nach Deutschland zugewanderter älterer Menschen gehen.

3.3 Versorgungsnetzwerke und ihre Steuerung realisieren: Strategische und operative Perspektiven

Auf Grundlage der analytischen, insbesondere aber der normativen Überlegungen ergeben sich schließlich einige unmittelbar handlungsorientierte Perspektiven für die Praxis.

(1) Versorgung im Alter über sektorübergreifend vernetzte Verbünde zu gewährleisten, sollte weiter forciert werden. Dabei erscheint es sinnvoll, in der Regie dieser Verbünde konsequent darauf zu achten und darauf hinzuwirken, dass sowohl in der Leistungserbringung als auch in der Steuerung *alle* Sektorlogiken – bei jeweils unter-

schiedlichen Akzentsetzungen – ausgewogen repräsentiert sind. Dies bedeutet zugleich, einer einseitigen Dominanz der Marktlogik (aber freilich auch der Staatslogik) entgegenzutreten und die Orientierung der Versorgungsverbünde an den Lebenswelten der Adressat/-innen zu stärken.

(2) Für die Arbeit in den Verbünden und insbesondere für deren Steuerung sollten von vorn herein klare Spielregeln - also das „Governance-Regime" des jeweiligen Netzwerks - gemeinsam ausgehandelt und transparent definiert werden. Dabei geht es insbesondere um die angemessene Beteiligung aller betroffenen Stakeholder und um verlässliche Meinungsbildungs- und Entscheidungsprozeduren. Auch die Rückkoppelung zwischen Verbund und verfassten demokratischen Gremien (s.u.) kann hier geregelt werden.

(3) Bei der Konstituierung, aber auch in der laufenden Arbeit solcher Versorgungsverbünde bzw. -netzwerke kommt es darauf an, zwischen den unterschiedlichen Sektorlogiken systematisch zu moderieren und (im übertragenen wie im Wortsinn) zu „dolmetschen". Auf diese Weise können Unterschiede transparent gemacht, Missverständnisse reduziert und wechselseitiges Verständnis für die jeweils anderen Handlungsrationalitäten geweckt werden.

(4) Damit ist zugleich angesprochen, dass eine Form der Netzwerkregie bzw. -moderation gefunden werden muss, die die strukturelle, die fachliche und die persönliche Kompetenz aufweist, diese intermediäre Aufgabe angemessen wahrzunehmen.

(5) Unverzichtbar ist, innerhalb des Verbundes sog. „schwache Interessen" systematisch zu identifizieren und die jeweiligen Akteure konsequent in ihrer Mitwirkung zu stärken. Dabei kann auf professionelle Verfahren des Empowerment zurückgegriffen werden, aber auch auf geeignete Formen der Selbstvertretung (Beiräte usw.) bzw. der anwaltschaftlichen Vertretung (Fürsprecher/-innen, Ombudspersonen usw.).

(6) Die in 3.2 formulierte Forderung, Versorgungsnetzwerke sollten in geeigneter Weise mit den verfassten repräsentativ-demokratischen Strukturen politischer Willensbildung gekoppelt sein, kann in folgender Weise umgesetzt werden:
- Die Konstituierung von Versorgungsbünden sollte durch Beschluss des zuständigen politischen Gremiums (bspw. Gemeinde-, Stadt- oder Kreisrat) erfolgen.
- Es erscheint sinnvoll, dass auch die Strukturen und Verfahren der „Selbstregierung", die der Verbund sich gibt (also sein „Governance-Regime"), dem politischen Gremium zur Zustimmung vorgelegt werden.

- In diesen Regelungen (s.o.) könnte zudem vorgesehen werden, dass Mitglieder des politischen Gremiums in den Governance-Strukturen des Verbundes vertreten sind, und dass Konfliktfälle, die innerhalb der Selbstverwaltung des Verbundes nicht lösbar sind, dem repräsentativ-demokratischen Gremium zur Entscheidung vorgelegt werden.
- Schließlich sollte regelmäßig im Gremium aus der Arbeit des Verbundes berichtet und eine Aussprache gehalten werden. So besteht die Möglichkeit, bei problematischen Entwicklungen gegenzusteuern.

(7) Die höhere Leistungsfähigkeit von Verbünden, die eine „gemischte Wohlfahrtsproduktion" gewährleisten und im Sinne von Governance gesteuert werden, ist und bleibt im Kern ein Postulat. Dieses Postulat ist zu überprüfen, und zwar gemessen am tatsächlichen Outcome, den die Verbünde für ihre eigentliche Zielgruppe leisten. Daher ist es wichtig, sowohl die durch den jeweiligen Verbund realisierte Breite, Tiefe und Ausgewogenheit des Leistungs-Mixes genauer zu untersuchen als auch die jeweiligen Hybridisierungsgrade der beteiligten Partner in den Blick zu nehmen. V.a. aber ist eine kontinuierliche (Selbst)Evaluation der Wirkung geboten.

Literatur

Bachert, R. (Hrsg.) (2006). *Corporate Governance in Nonprofit-Unternehmen*. München: WRS.

Benz, A., & Dose, N. (Hrsg.) (2010a). *Governance – Regieren in komplexen Regelsystemen. Eine Einführung* (2., aktualisierte und veränderte Aufl.). Wiesbaden: VS.

Benz, A., & Dose, N. (2010b). Governance – Modebegriff oder nützliches sozialwissenschaftliches Konzept? In: A. Benz, & N. Dose (Hrsg.), *Governance – Regieren in komplexen Regelsystemen. Eine Einführung* (2., aktualisierte und veränderte Aufl.) (S. 13-36). Wiesbaden: VS.

Benz, A., Lütz, S., Schimank, U., & Simonis, G. (Hrsg.) (2007). *Handbuch Governance. Theoretische Grundlagen und empirische Anwendungsfelder*. Wiesbaden: VS.

Billis, D. (Hrsg.). (2010). *Hybrid organizations and the third sector. Challenges for practice, theory and policy*. Basingstoke: Palgrave Macmillian.

Bitzan, M., & Bolay, E. (2011). Adressatin und Adressat. In: H.-U. Otto, & H. Thiersch (Hrsg.), *Handbuch Soziale Arbeit* (4., völlig neu bearbeitete Aufl.) (S. 18-24). München: Reinhardt.

Bouncken, R. B., Gast, J., Kraus, S., & Bogers, M. (2015). Coopetition: A systematic review, synthesis, and future research directions. *Review of Managerial Science 9*(3), 577-601.

Brocke, H. (2005). Soziale Arbeit als Koproduktion. In: Projekt „Netzwerke im Stadtteil" (Hrsg.), *Grenzen des Sozialraums* (S. 235-260). Wiesbaden: VS.

Bubolz-Lutz, E. & Kricheldorff, C. (2006). *Freiwilliges Engagement im Pflegemix – neue Impulse*. Freiburg: Lambertus.

Eberle, D. (2010). Governance in der politischen Ökonomie II: Corporate Governance. In: A. Benz, & N. Dose (Hrsg.), *Governance – Regieren in komplexen Regelsystemen. Eine Einführung* (2., aktualisierte und veränderte Aufl.) (S. 155-174). Wiesbaden: VS.

Eberle, D. (2007). Corporate Governance. In: A. Benz, S. Lütz, U. Schimank, & G. Simonis (Hrsg.), *Handbuch Governance. Theoretische Grundlagen und empirische Anwendungsfelder* (S. 378-389). Wiesbaden: VS.

Evers, A. (2013). Hybride Organisationen. In: K. Grunwald, G. Horcher, & B. Maelicke (Hrsg.), *Lexikon der Sozialwirtschaft* (2., völlig überarbeitete Aufl.; im Erscheinen). Baden-Baden: Nomos.

Evers, A. (2011). Wohlfahrtsmix und soziale Dienste. In: A. Evers, R. G. Heinze, & T. Olk (Hrsg.), *Handbuch Soziale Dienste* (S. 265-283). Wiesbaden: VS.

Evers, A. (2004a). Sektor und Spannungsfeld. Zur Politik und Theorie des Dritten Sektor. *Diskussionspapiere zum Nonprofit-Sektor 27.* http://www.dritte-sektor-forschung.de. Zugegriffen: 1. Februar 2015

Evers, A. (2004b). Wohlfahrtspluralismus. Es geht um mehr als Staat und Markt. *Aktive Bürgerschaft aktuell 4,* 3.

Evers, A. (1992). Megatrends im Wohlfahrtsmix. Soziale Dienstleistungen zwischen Deregulierung und Neugestaltung. *Blätter der Wohlfahrtspflege 139,* 3-7.

Evers, A. & Ewert, B. (2010). Hybride Organisationen im Bereich sozialer Dienste. Ein Konzept, sein Hintergrund und seine Implikationen. In: T. Klatetzki (Hrsg.), *Soziale personenbezogene Dienstleistungsorganisationen* (S. 103-128). Wiesbaden: VS.

Evers, A., & Olk, T. (1996a). *Wohlfahrtspluralismus. Vom Wohlfahrtsstaat zur Wohlfahrtsgesellschaft.* Opladen: Westdeutscher Verlag.

Evers, A., & Olk, T. (1996b). Wohlfahrtspluralismus – Analytische und normativ-politische Dimensionen eines Leitbegriffs. In: A. Evers, & T. Olk (Hrsg.), *Wohlfahrtspluralismus. Vom Wohlfahrtsstaat zur Wohlfahrtsgesellschaft* (S. 9-60). Opladen: Westdeutscher Verlag.

Evers, A., Rauch, U., & Stitz, U. (2002). *Von öffentlichen Einrichtungen zu sozialen Unternehmen. Hybride Organisationsformen im Bereich sozialer Dienstleistungen.* Berlin: Edition Sigma.

Eyßell, T. (2015). *Vom lokalen Korporatismus zum europaweiten Wohlfahrtsmarkt. Der Wandel der Governance sozialer Dienste und zugrundeliegende Strategien.* Wiesbaden: VS.

Fink, F. (2007). Ohne Solidarität geht es nicht. *neue caritas 17,* 23-25.

Glänzel, G., & Schmitz, B. (2012). Hybride Organisationen – Spezial- oder Regelfall? In: H. Anheier, A. Schröer, & V. Then (Hrsg.), *Soziale Investitionen. Interdisziplinäre Perspektiven* (S. 181-204). Wiesbaden: VS.

Gomez, P., & Zimmermann, T. (1993). *Unternehmensorganisation* (2. Aufl.). Frankfurt: Campus Verlag.

Gourmelon, A., Mroß, M., & Seidel, S. (2011). *Management im öffentlichen Sektor. Organisationen steuern – Strukturen schaffen – Prozesse gestalten.* Heidelberg: HJR.

Grande, E. (2012). Governance-Forschung in der Governance-Falle? – Eine kritische Bestandsaufnahme. *Politische Vierteljahresschrift 53,* 565-592.

Grunwald, K. (2015). Organisation und Organisationsgestaltung. In: H.-U. Otto, & H. Thiersch (Hrsg.), *Handbuch Soziale Arbeit* (5., erweiterte Aufl.) (S. 1139-1150). München: Reinhardt.

Grunwald, K. (2014). Sozialwirtschaft. In: U. Arnold, K. Grunwald, & B. Maelicke, (Hrsg.), *Lehrbuch der Sozialwirtschaft* (4., erweiterte Aufl.) (S. 33-63). Baden-Baden: Nomos.

Grunwald, K. (2012). Dienstleistung. In: W. Schröer, & C. Schweppe (Hrsg.), Enzyklopädie Erziehungswissenschaft Online, Fachgebiet: Soziale Arbeit (S. 1-50). http://www.erzwissonline.de/fachgebiete/soziale_arbeit/beitraege/14120220.htm. Zugegriffen: 6. April 2013.

Grunwald, K. (2001). *Neugestaltung der freien Wohlfahrtspflege. Management des organisationalen Wandels und die Ziele der Sozialen Arbeit.* Weinheim: Beltz Juventa.

Grunwald, K., & Roß, P.-S. (2014). „Governance Sozialer Arbeit“. Versuch einer theoriebasierten Handlungsorientierung für die Sozialwirtschaft. In: A. Tabatt-Hirschfeldt (Hrsg.). *Öffentliche und Soziale Steuerung – Public Management und Sozialmanagement im Diskurs* (S. 17-64). Baden-Baden: Nomos.

Grunwald, K., & Thiersch, H. (2011). Lebensweltorientierung. In: H.-U. Otto, & H. Thiersch (Hrsg.), *Handbuch Soziale Arbeit* (4., völlig neu bearbeitete Aufl.) (S. 854-863).München: Reinhardt.

Hämel, K. (2011). *Öffnung und Engagement. Altenpflegeheime zwischen staatlicher Regulierung, Wettbewerb und Zivilgesellschaft.* Wiesbaden: VS.

Heinze, R. G., Schneiders, K., & Grohs, S. (2011). Social Entrepreneurship im deutschen Wohlfahrtsstaat – Hybride Organisationen zwischen Markt, Staat und Gemeinschaft. In: H. Hackenberg, &
S. Empter (Hrsg.), *Social Entrepreneurship – Social Buisness: Für die Gesellschaft unternehmen* (S. 86-
102). Wiesbaden: VS.

Helmig, B., & Boenigk, S. (2012). *Nonprofit Management*. München: Vahlen.

Jann, W., & Wegrich, K. (2010). Governance und Verwaltungspolitik: Leitbilder und Reformkonzepte.
In: A. Benz, & N. Dose (Hrsg.), *Governance – Regieren in komplexen Regelsystemen. Eine Einführung*
(2., aktualisierte und veränderte Aufl.) (S. 175-200). Wiesbaden: VS.

Kegelmann, J. (2007). *New Public Management. Möglichkeiten und Grenzen des Neuen Steuerungsmodells*. Wiesbaden: VS.

Klein, A. (2001). *Der Diskurs der Zivilgesellschaft. Politische Kontexte und demokratietheoretische Bezüge in der
neueren Begriffsverwendung. Bürgerschaftliches Engagement und Non-Profit-Sektor* (Bd. 4). Opladen: Leske
+ Budrich.

Klie, T., & Roß, P.-S. (2007). WelfareMix. Sozialpolitische Neuorientierung zwischen Beschwörung und
Strategie. In: T. Klie, & P.-S. Roß (Hrsg.), *Sozialarbeitswissenschaft und angewandte Forschung in der
Sozialen Arbeit* (S. 67-108). Freiburg: FEL.

Lahner, M.; & Zimmermann, K. (2005). Integrierte Stadtteilentwicklung: Bedeutung, Zusammenhang
und Grenzen von Place-making, Sozialkapital und neuen Formen der Local Governance. In: S.
Greiffenhagen, & K. Neller (Hrsg.), *Praxis ohne Theorie? Wissenschaftliche Diskurse zum Bund-
Länder-Programm „Stadtteile mit besonderem Entwicklungsbedarf – die soziale Stadt"* (S. 219-236). Wiesbaden: VS.

Mayntz, R. (2010). Governance im modernen Staat. In: A. Benz, & N. Dose (Hrsg.), *Governance – Regieren
in komplexen Regelsystemen. Eine Einführung* (2., aktualisierte und veränderte Aufl.) (S. 37-48).
Wiesbaden: VS.

Meyer, T. (2009). Soviel Markt, soviel Zivilgesellschaft wie möglich. In: *Die Zeit* vom 07. September 2009.

Nullmeier, F. (2011). Governance sozialer Dienste. In: A. Evers, R. G. Heinze, & T. Olk (Hrsg.), *Handbuch Soziale Dienste* (S. 284-298). Wiesbaden: VS.

Offe, C. (2000). Staat, Markt und Gemeinschaft. Gestaltungsoptionen im Spannungsfeld dreier politischer Ordnungsprinzipien. In: P. Ulrich, & T. Maak (Hrsg.), *Die Wirtschaft der Gesellschaft. Perspektiven an der Schwelle zum 3. Jahrtausend (St. Gallener Beiträge zur Wirtschaftsethik)* (S. 104-129).
Bern: Haupt.

Papadopoulos, Y. (2010). Governance und Demokratie. In: A. Benz, & N. Dose (Hrsg.), *Governance –
Regieren in komplexen Regelsystemen. Eine Einführung* (2., aktualisierte und veränderte Aufl.) (S. 225-
250). Wiesbaden: VS.

Regierungskommission Deutscher Corporate Governance Kodex (Hrsg.). (2012). Deutscher Corporate
Governance Kodex (Fassung vom 15. Mai 2012). http://www.corporate-governance-
code.de/ger/download/kodex_2012/D_CorGov_Kodex_Entwurf_de.pdf.   Zugegriffen:
11.Januar 2013.

Reiser, B. (2010). Koproduktion. Vom Klienten zum Bürger. *sozialwirtschaft 6*, 13-15.

Rieger, G. (2012). Schwache Interessen in Governanceprozessen. In: Effinger, H., Borrmann, S., Gahlei-
tner, B. S., Köttig, M., Kraus, B., Stövesand, S. (Hrsg.) (2012): *Diversität und Soziale Ungleichheit.
Analytische Zugänge und professionelles Handeln in der Sozialen Arbeit*. (S. 193-203). Berlin: Budrich.

Roß, P.-S. (2012). *Demokratie weiter denken. Reflexionen zur Förderung bürgerschaftlichen Engagements in der
Bürgerkommune*. Baden-Baden: Nomos.

Roß, P.-S., & Rieger, G. (2015). Governance. In: H.-U. Otto, & H. Thiersch (Hrsg.), *Handbuch Soziale
Arbeit* (5. erweiterte Aufl.) (S. 644-657). München: Reinhardt.

Samariterstiftung/Stiftung Liebenau (Hrsg.) (2007). *Das Zusammenspiel von hauptamtlicher Arbeit und Bür-
gerengagement. Bürger und Profis gemeinsam für die Zukunft der Alten- und Behindertenarbeit und der Sozialpsychiatrie. Eine gemeinsame Position der Stiftung Liebenau und der Samariterstiftung Nürtingen*. Nürtin-
gen-Meckenbeuren.

Schaarschuch, A. (2010). Nutzenorientierung – der Weg zur Professionalisierung der Sozialen Arbeit? In: P. Hammerschmidt, & J. Sagebiel (Hrsg.), *Professionalisierung im Widerstreit. Zur Professionalisierungsdiskussion in der Sozialen Arbeit – Versuch einer Bilanz* (S. 149-160). Neu-Ulm: Verein zur Förderung der sozialpolitischen Arbeit.

Schäfer-Walkmann, S., & Vater, W. (2006). Gemeinsam gegen das Vergessen. Bürgerschaftliches Engagement im Bereich der gerontopsychiatrischen Versorgung. *Kerbe - Forum für Sozialpsychiatrie 2*, 24-26.

Schmalz-Bruns, R. (1994). Zivile Gesellschaft und reflexive Demokratie. *Forschungsjournal Neue Soziale Bewegungen 1*, 18-33.

Schönig, W. (2015). *Koopkurrenz in der Sozialwirtschaft. Zur sozialpolitischen Nutzung von Kooperation und Konkurrenz.* Weinheim: Beltz Juventa.

Schubert, H. (2010). Governance sichert Legitimität. Organisationale Aspekte in der Sozialwirtschaft. *Blätter der Wohlfahrtspflege 157*, 217-220.

Speckbacher, G. (2007). Stakeholder-orientiertes Performance Management und Nonprofit Governance. In: C. Badelt, M. Meyer, & R. Simsa (Hrsg.). *Handbuch der Nonprofit Organisation. Strukturen und Management* (4., überarbeitete Aufl.) (S. 581-595). Stuttgart: Schäffer-Poeschel.

Steinbacher, E. (2004). *Bürgerschaftliches Engagement in Wohlfahrtsverbänden. Professionelle und organisationale Herausforderungen in der Sozialen Arbeit.* Wiesbaden: Deutscher Universitätsverlag.

Strasser, H., & Stricker, M. (2007). Bürgerschaftliches Engagement und Altersdemenz: Auf dem Weg zu einer neuen Pflegekultur? Eine vergleichende Analyse. *Duisburger Beiträge zur Soziologischen Forschung 2*, Duisburg: Universität Duisburg-Essen.

Stricker, S., Renz, P., Knecht, D., Lötscher, A., & Riedweg, W. (2015). *Soziale Organisationen wirkungsvoll führen. Entwicklung dank ganzheitlicher Governance – ein Fitnessradar.* Baden-Baden: Nomos.

Theuvsen, L., Schauer, R., & Gmür, M. (Hrsg.). (2010). *Stakeholder-Management in Nonprofit-Organisationen. Theoretische Grundlagen, empirische Ergebnisse und praktische Ausgestaltungen. 9. Internationales NPO-Forschungscolloquium 2010, Georg-August-Universität Göttingen, 18. und 19. März 2010. Eine Dokumentation.* Linz: Trauner.

Walk, H. (2009). Krise der Demokratie und die Rolle der Politikwissenschaft. *Aus Politik und Zeitgeschichte 12*, 22-27.

Wasel, W., & Haas, H.-S. (2012). Hybride Organisationen – Antworten auf Markt und Inklusion. *Nachrichtendienst des Deutschen Vereins für öffentliche und private Fürsorge 92*, 586-593.

Wendt, W. R. (2014). Governance – Begreifen, wie Problemsituationen beherrscht werden. *Case Management 3*, 108-110.

Wendt, W. R. (2010). Versorgungsmix. Wohlfahrt neu gemischt. *sozialwirtschaft 6*, 10-12.

Werder, A. v. (2007). Corporate Governance. In: R. Köhler, H.-U. Küpper, & A. Pfingsten (Hrsg.), *Handwörterbuch der Betriebswirtschaft* (6., vollständig neu gestaltete Aufl.) (S.221-229). Stuttgart: Schäffer-Poeschel.

Werder, A. v. (2004). Corporate Governance (Unternehmensverfassung). In: G. Schreyögg, & A. Werder (Hrsg.). *Handwörterbuch der Unternehmensführung und Organisation* (4., völlig neu bearbeitete Aufl.) (S. 160-170). Stuttgart: Schäffer-Poeschel.

Windeler, A. (2007). Interorganisationale Netzwerke: Soziologische Perspektiven und Theorieansätze. In: K.-D. Altmeppen, T. Hanitzsch, & C. Schlüter (Hrsg.), *Journalismustheorie. Next Generation. Soziologische Grundlegung und theoretische Innovation* (S. 347-370). Wiesbaden: VS.

Die hohe Kunst der Steuerung von Demenznetzwerken in Deutschland – Ergebnisse der DemNet-D-Studie

Susanne Schäfer-Walkmann, Franziska Traub & Alessa Peitz

1 Anlass und Ziel der Studie

In Deutschland erfolgt die Versorgung von hilfe- und pflegebedürftigen Menschen mit Demenz derzeit vorwiegend in der eigenen Häuslichkeit – oftmals unterstützt durch Angehörige. Jedoch ist das ambulante Versorgungssystem auf die komplexen Bedürfnisse der Betroffenen nur unzureichend eingerichtet. Vor diesem Hintergrund haben sich zunehmend regionale Demenznetzwerke als kooperative, multiprofessionelle Versorgungsmodelle in der ambulanten Versorgungspraxis herausgebildet, die sowohl verschiedene Gesundheitsprofessionen als auch Unterstützungsangebote für Menschen mit Demenz und deren Angehörige koordinieren. Durch diese vernetzte Versorgung soll Betroffenen ein an den individuellen Bedürfnissen orientiertes Angebot ermöglicht werden. Die „Multizentrische interdisziplinäre Evaluationsstudie von Demenznetzwerken in Deutschland (DemNet-D)" hatte daher zum Ziel, in einer bundesweiten, längsschnittlichen Untersuchung (2012-2015) Versorgungsstrukturen und -ergebnisse in der häuslichen Versorgung sowie Kooperations- und Netzwerkstrukturen von regionalen Demenznetzwerken zu charakterisieren. Die Netzwerkanalysen im DemNet-D-Projekt lenkten den Fokus auf dreizehn Demenznetzwerke in Deutschland, in deren Einzugsgebiet mehr als fünf Millionen Einwohner leben und die insgesamt jährlich durchschnittlich mehr als 5.000 Menschen mit Demenz bzw. deren Angehörige erreichen. Sieben Netzwerke agieren in urbanen, fünf in ländlichen Räumen. Leitbild, Ziele, Arbeitsauftrag, Angebots- und Leistungsspektrum sowie Struktur der Netzwerke sind höchst unterschiedlich; sie eint jedoch die spezifische thematische Ausrichtung auf dementielle Erkrankungen sowie eine netzwerkförmige Verbundstruktur mit einem mehr oder weniger komplexen Organisationsgrad und eine auf Bestand und Dauerhaftigkeit ausgerichtete Steuerungsstrategie.

Regionale Demenzversorgung durch ein Netzwerk ist eine komplexe Aufgabe, die in einem vielpoligen Spannungsfeld aus sich ausdifferenzierenden Lebens- und Bedarfslagen der Klientel, Markt- und Wettbewerbsorientierung, kommunal und staatlich gesetzten Rahmenbedingungen sowie der notwendigen sozialräumlichen Verankerung und einer zivilgesellschaftlichen Rückbindung stattfindet. Demenznetzwerke produzieren Wohlfahrt und verfolgen ideelle Ziele, Aufklärungs-, Verbund- und Versorgungsziele in unterschiedlichem Ausmaß. Typisch sind daher vielfältige Verflechtungen und zahlreiche Interdependenzen: Netzwerke richten sich strategisch nach innen und nach außen aus, um auf Störungen reagieren zu können, handlungsfähig zu bleiben und das eigene Überleben dauerhaft abzusichern. *Erfolgreiche Demenznetzwerke, die „überlebensfähig" sind, reagieren auf diese Anforderungen mit Prozessen der Hybridisierung bzw. mit der Ausbildung von organisationaler Governance.*

Ausgangspunkt und Fundament für die Netzwerkanalysen im DemNet-D-Projekt bildeten wohlfahrtstheoretische Grundannahmen aus dem Diskurs zum Welfaremix (vgl. Roß 2012): In modernen, ausdifferenzierten Gesellschaften mit ihrem „prekäre[n] Gefüge aus verschiedenen Teilsystemen mit unterschiedlichen rivalisierenden und konkurrierenden Ordnungsprinzipien" (Evers 2004, S. 5) sind die Sektoren *Staat, Markt, Assoziationen (Dritter Sektor) und Primäre Netze (Informeller Sektor)* an der Produktion von Wohlfahrt beteiligt. „In Bezug auf die Erbringung von Wohlfahrt hat jeder dieser Sektoren einerseits *spezifische Leistungsfähigkeiten*, andererseits spezifische *systemimmanente Leistungsgrenzen*" (Grunwald & Roß 2014, S. 6). Darüber hinaus weist jeder dieser Sektoren neben seiner angestammten Logik durchaus Anteile der Logiken anderer Sektoren auf und ist zudem *zugleich Kontextbedingung und Kontext setzend.* Die Analyse gemischter Wohlfahrtsproduktion führt – unabhängig vom jeweiligen Gegenstand – in ein vielschichtiges, komplexes Feld von Akteuren, Interdependenzen, Partikularinteressen, Konkurrenzbeziehungen sowie Kommunikations- und Organisationsformen. *Zentral ist dabei die Frage nach der Steuerung solch komplexer, interdependenter Arrangements zur Produktion von Wohlfahrt.*

Für die Netzwerkanalysen im DemNet-D-Projekt wurde mit „Governance" als „analytische[r] Perspektive, die angesichts scheinbar undurchschaubarer und überkomplex gewordener Strukturen und Verfahren kollektiven Handelns in Staat, Wirtschaft und Gesellschaft für Übersicht sorgen soll" (Benz & Dose 2010, S. 32) ein theoretischer und analytischer Bezugspunkt gewählt, der das *strategische Moment* der Theorie des Wohlfahrtsmixes einzufangen vermag und die Produktion von Wohlfahrt nicht nur als Faktum, sondern als *anzustrebenden Zustand* deklariert, der feststellbare positive Effekte, wie beispielsweise Dienstleistungsinnovationen, geringere Transaktionskosten oder höhere Versorgungsdichte hervorbringt (vgl. Grunwald & Roß 2014, S. 9). Governance steht dabei für ein Steuerungsverständnis jenseits der klassischen Steuerungslogiken nach bloßen hierarchischen bzw. marktwirtschaftlichen Gesetzen hin zu koordinierenden und kooperativen Konzepten, die durch eine Beteiligung vielfältiger Akteure gekennzeichnet sind (vgl. Schwab 2011, S. 14). Es geht um „Regelungsstrukturen und Regelungsweisen auf unterschiedlichen Ebenen" (Grunwald & Roß 2014, S. 10). Als (normativ begründetes) *strategisches Konzept* fokussiert Governance sowohl auf eine *inter*-organisatorische als auch auf eine *intra*-organisatorische Perspektive und setzt des Weiteren auf gezielte, absichtsvolle

Netzwerkbildung und Netzwerkpflege sowie „explizit auf eine Kombination von Steuerungsformen (mix of modes) aus den verschiedenen gesellschaftlichen Teilbereichen Staat, Markt und Assoziationen" (ebd., S. 13f).

Die Analyse von Netzwerkstrukturen und Netzwerkprozessen ermöglichte (1.) die Beschreibung tragfähiger Modelle von Koordination, Kooperation und Vernetzung im Sinne von Governance, (2.) die Ableitung praxisnaher Empfehlungen für notwendige Strukturen und Prozesse erfolgreicher Demenznetzwerke hinsichtlich Aufbau, Funktionieren und Etablierung sowie (3.) die Generalisierbarkeit der Ergebnisse durch die Bildung von Netzwerktypen.

2 Methodik

Aufgrund der Komplexität des Gegenstandes wurden im Rahmen der Netzwerkanalysen im DemNet-D-Projekt quantitative und qualitative Methoden miteinander verbunden. Mithilfe der *Triangulation „between methods"* konnte der Forschungsgegenstand aus verschiedenen Perspektiven unter Fokussierung auf relevante Teilaspekte des Phänomens „Demenznetzwerk" erfasst werden. Dadurch wurde sowohl die Tiefe als auch die Breite des Vorgehens erhöht, um einerseits die Komplexität des Gegenstandes zu erfassen und andererseits – mit Blick auf die *Typenbildung* – möglichst generalisierbare Aussagen treffen zu können (vgl. Flick 2010, S. 519f).

Im Rahmen der *quantitativen Netzwerkanalysen* wurden zunächst mittels *probabilistischer Analysen* jene Strukturparameter identifiziert, die einen positiven Einfluss auf den Erfolg und die Überlebensfähigkeit eines Demenznetzwerkes haben (können). Diese umfassen beispielsweise die Anzahl der Akteure, die Heterogenität, die Zielsetzung bzw. den Arbeitsauftrag, die Finanzierung, die „Lebensdauer", aber auch die Steuerungslogik, Formen der Kooperation, der Organisationsgrad sowie die Verortung der mit dem Netzwerk assoziierten Akteure im jeweiligen Sektor des wohlfahrtstheoretischen Modells. Im weiteren Verlauf bildeten *qualitative Netzwerkanalysen* den Schwerpunkt der Analysen. Im Rahmen der qualitativen Netzwerkanalysen wurden explorative, persönliche Einzelinterviews mit den Netzwerkverantwortlichen anhand eines teilstandardisierten Interviewleitfadens geführt. Zudem erfolgte eine umfangreiche strukturierte Inhaltsanalyse der von den Netzwerken bereitgestellten Dokumentationsmaterialien, wie Jahresberichten, Flyern, Homepage-Inhalten, Satzungen etc. Den dritten Baustein bildeten Gruppendiskussionen mit Schlüsselpersonen der jeweiligen Netzwerke. Die Datenaufbereitung und -auswertung hinsichtlich der Netzwerkstrukturen und -prozesse erfolgte hierbei in Anlehnung an die *grounded theory* (vgl. Glaser & Strauss 1967; Strauss 1994); dementsprechend sind die analytischen Netzwerktypen nicht nur theoretisch begründet, sondern in den Daten des DemNet-D-Projekts „verankert" (vgl. Krüger & Meyer

2007). Die Netzwerkanalysen im DemNet-D-Projekt können folglich zu einer Theoriegenerierung hinsichtlich der Steuerungs- und Governanceprozesse von Demenznetzwerken sowie zur Formulierung praktischer Handlungsempfehlungen für Akteure in diesem Bereich beitragen.

Das methodische Vorgehen zur Auswertung und Interpretation von Governance in Demenznetzwerken orientierte sich an der *typenbildenden Inhaltsanalyse*, die eine *methodisch kontrollierte Typenbildung* ermöglicht (vgl. Kuckartz 2012, S. 115). Dabei ist „der eigentliche Kern der Typenbildung (...) die Suche nach mehrdimensionalen Mustern, die das Verständnis eines komplexen Gegenstandsbereichs oder eines Handlungsfeldes ermöglichen" (Kuckartz 2012, S. 115). Das Erkennen und Herausarbeiten solcher mehrdimensionaler Muster hat den besonderen Vorteil, dass über die typischen Charakteristika der Demenznetzwerke im DemNet-D-Projekt verallgemeinerbare Aussagen getroffen werden konnten, die zwar die Einzigartigkeit eines jeden Netzes enthalten, jedoch gleichzeitig empirisch im Sinne der Theorienbildung darüber hinausgehen, sodass „überindividuelle Muster" entstehen, welche die angestrebte Generalisierbarkeit der Ergebnisse erlauben (vgl. Haas & Scheibelhofer 1998, S. 2). Im zirkulären Zusammenspiel von induktiven und deduktiven Analyseschritten setzt sich der analytische Netzwerktyp im DemNet-D-Projekt also aus quantitativen Strukturparametern und qualitativen Parametern zusammen, wobei *Governance* die *Leitkategorie in der Typendefinition* darstellt. Somit bildet die Governance den „Überbau", aus dem sich die im Folgenden dargestellten vier, der Typenbildung zugrundeliegenden Variablen bzw. Oberkategorien ableiten lassen.

Stakeholder
Stakeholder, „auch Interessen-, Bezugs- oder Anspruchsgruppen genannt" (Lattemann 2010, S. 33), bezeichnen „any identifiable group or individual, who can affect or is affected by the achievement of the organisation´s objectives" (Freeman & Read 1983; zitiert nach Lattemann 2010, S. 33). Für die Analyse der netzwerkrelevanten Stakeholder im DemNet-D-Projekt wurde die Einteilung von Wentges (2002, S. 92f) verwendet und die netzwerkspezifisch zuordenbaren *Stakeholder*, die *Kommunikationsbeziehungen und -strukturen* sowie die *Bedeutung und Relevanz der Stakeholder* analysiert.

Netzwerkorganisation
Im Hinblick auf die Netzwerkanalyse thematisiert der Governanceansatz „die Regelungen der Koordination von Interaktionen und Beziehungen zwischen beispielsweise Individuen oder Organisationen in diesen Kontexten" (Windeler 2007, S. 351). Dabei bildet die „Governance von Netzwerken ... einen gestalteten Ordnungsrahmen für das Geschehen in ihnen [und] bezeichnet die von Netzwerkkoordinatoren geschaffenen allgemeinen Bedingungen, unter denen Akteure im Netzwerk und

mit Dritten miteinander interagieren und Beziehungen ausgestalten" (ebd., S. 355). Diese Aspekte wurden unter der Variable *Netzwerkorganisation* subsumiert und dabei die Faktoren *Netzwerksteuerung, Bewertung der Steuerung* sowie *Formen der internen Kooperation und Kommunikation* untersucht.

Hybridität
Um eine adäquate Demenzversorgung zu implementieren, müssen die sektorenspezifischen Ressour-cen und Leistungsfähigkeiten gebündelt und miteinander kombiniert werden. Der „Erfolg" von Netzwerken bzw. deren „Reifegrad" und „Überlebensfähigkeit" hängt in hohem Maße davon ab, wie wandlungsfähig, flexibel und strategisch sie agieren, denn Netzwerke stellen üblicherweise Mischorganisationsformen dar, in denen sehr unterschiedliche Organisations- bzw. Koordinationsprinzipien zur Anwendung kommen. *Hybridität* lenkt den Blick sowohl auf das interne Netzwerkgebilde als auch auf dessen Fähigkeit, auf Umweltanforderungen zu reagieren und umfasst die Aspekte *Netzwerkimplementierung, Konkurrenzbeziehungen* und *Nachhaltigkeit.*

Ziele/Auftrag
Als dauerhaft angelegte Verbundstrukturen sind die Netzwerke im DemNet-D-Projekt gemeinsamen Zielen und gegebenenfalls einer Versorgungsethik verpflichtet. Die netzwerkspezifischen Ziele lassen sich den vier Kategorien *Versorgungsziele, Verbundziele, Aufklärungsziele* und *ideelle Ziele* zuordnen. Aus dem jeweiligen Zielportfolio leitet sich der primäre Auftrag des Demenznetzwerkes ab.

3 Ergebnisse

Zusammenfassend bleibt festzuhalten, dass die Netzwerkanalysen im DemNet-D-Projekt auf der Grundlage der theoretischen Überlegungen die *organisationale Governance* untersuchen und sich aus dem empirischen Material *vier analytische Netzwerktypen* von Demenznetzwerken in Deutschland herauskristallisieren. Governance setzt sich dabei aus den vier Hauptvariablen *Stakeholder, Steuerung, Hybridität* und *Ziele/ Auftrag* des Demenznetzwerkes zusammen, die jeweils in Bezug auf zentrale Untervariablen hin untersucht wurden. In der systematischen Verbindung mit den Variablen *Wissensmanagement, Finanzierung* sowie dem *Sektorenbezug der „Netzwerksteuerung",* der *Zahl und Verortung der Netzwerkakteure, Gründungsjahr* und *Rechtsform* des Demenznetzwerkes repräsentieren die Netzwerktypen *vier unterschiedliche strategische Ausrichtungen,* mit denen ein Demenznetzwerk erfolgreich agieren und sein Überleben dauerhaft sichern kann. Mit diesem Vorgehen entstand eine Vier-Felder-Matrix. Zwei der Netzwerktypen (B, C) agieren in systemtheoretischer Betrachtung eher nach innen gerichtet bzw. selbstreferentiell, die anderen beiden (A, D) agieren eher nach außen gerichtet bzw. umweltbezogen (vgl. Tab. 2.1).

Tab. 2.1: Analytische Netzwerktypen

<table>
<tr>
<td>

Netzwerktyp A: „Stakeholder"
außen / umweltbezogen

Der *Stakeholderorientierte Netzwerktyp* ist strategisch darauf ausgelegt, seinen Auftrag bzw. seine Ziele primär durch die systematische Identifikation, Aktivierung und Einbindung relevanter, externer Stakeholder zu verfolgen. Netzwerke dieses Typs sind in einem hohen Maße umwelt- und sozialraumbezogen, da sie eine möglichst große Breitenwirkung anstreben. Das gezielte Einbinden von Personen, Gruppen bzw. Institutionen, die bis dato außerhalb des Netzwerks agieren, zielt auf eine Gewinnung neuer Ressourcen für die Netzwerkarbeit ab, die es im Sinne der Zielerreichung profitieren lässt. Unter den Zielen dieses Netzwerktyps finden sich in besonderem Maße Aufklärungs- und ideelle Ziele.

</td>
<td>

Netzwerktyp B: „Organisation"
innen / selbstreferentiell

Der *Organisationsorientierte Netzwerktyp* zeichnet sich durch eine äußerst formelle interne Steuerung der Netzwerkgeschicke aus. Netzwerke dieses Typs verfolgen damit die Strategie, durch das Schaffen und Einhalten (verbindlicher) informeller sowie formeller netzwerkinterner Steuerungskomponenten und -mechanismen einen möglichst hohen Grad der Effizienz und Effektivität der Netzwerkarbeit zu erreichen, die weitgehend unabhängig von einzelnen Personen ist, sondern vielmehr von Strukturen, Funktionen und Ablaufschemata etc. getragen wird. Die Netzwerkarbeit richtet sich dabei eher nach innen, indem kontinuierlich an (Qualitäts-)Standards der Steuerung und Organisation im Sinne der Zielerreichung gearbeitet wird. In Netzwerken dieses Typs ist der „Steuermann"/die „Steuerungszentrale" eindeutig definiert.

</td>
</tr>
<tr>
<td>

Netzwerktyp C: „Hybridität"
innen / selbstreferentiell

Der *Hybridisierende Netzwerktyp* zeichnet sich besonders durch seine höchst flexiblen Netzwerkeigenschaften aus, die eine zeitnahe Anpassung an sich wechselnde Rahmen- bzw. Umweltbedingungen auf allen Ebenen zulassen. Mit dieser Strategie ist ein Netzwerk dazu in der Lage, stets gemäß dem Zeitgeist zu agieren und sich durch ein schnelles Umstellen auf neue Bedarfe und Bedürfnisse über einen langen Zeitraum im Markt zu behaupten. In Netzwerken dieses Typs ist besonders das Verhältnis zwischen Netzwerk und netzwerkspezifischen Stakeholdern von Bedeutung, da diese im Zuge der Hybridisierungsprozesse mal enger, mal entfernter mit dem Netzwerk assoziiert sind.

</td>
<td>

Netzwerktyp D: „Auftrag"
außen / umweltbezogen

Der *Auftragsbezogene Netzwerktyp* ist primär auf eine möglichst wirksame Wahrnehmung und Umsetzung seines Auftrages ausgelegt. Netzwerke dieses Typs zeichnen sich daher besonders durch die stringente Verfolgung ihrer Ziele – größtenteils Versorgungsziele - aus, auf die alle Ressourcen und Netzwerkeigenschaften ausgerichtet werden. Um eine besonders hohe Wirkung und damit einen besonders hohen Grad der Zielerreichung realisieren zu können, ist die Kenntnis von Bedarfen und Bedürfnissen in der Umwelt des Netzwerkes sehr bedeutsam.

</td>
</tr>
</table>

Beispielhaft stellt Tabelle 2.2 entlang der Netzwerktypologie die herausdestillierten Kernaufgaben der 13 Netzwerke dar.

Tab. 2.2: Kernaufgaben der untersuchten Netzwerke

Stakeholder-orientierte NW-Typen	<ul><li>Demenz als (Zukunfts-)Thema der Gesellschaft</li><li>Schließen von Versorgungslücken durch systematischen Netzwerkausbau</li><li>Offenheit und „Umgang auf Augenhöhe" im Interesse der Versorgungsziele</li></ul>
Organisations-orientierte NW-Typen	<ul><li>Neutralität in der Steuerung und diversifizierte Verantwortlichkeiten</li><li>Hoch entwickelte Netzwerkstrukturen für eine funktionierende Netzwerkarbeit</li><li>Interdisziplinäre Verbundarbeit und professionelles Case Management in der Demenzversorgung</li></ul>
Hybride NW-Typen	<ul><li>Wirksamkeit durch Netzwerkkonfiguration</li><li>Überwindung von Schnittstellen durch gemeinsame Schnittmengen und Zentralisierung</li><li>Flexibilität schafft Stabilität in der Versorgung und Zufriedenheit</li><li>Aufklärungsarbeit im Kiez und Verankerung von Netzwerkstrukturen</li></ul>
Auftragsbezogene NW-Typen	<ul><li>Hoher Grad an Verbindlichkeit und „gemeinsamer Einsatz für die, um die es wirklich geht"</li><li>Stringente Zielverfolgung im Sinne des Versorgungsauftrags</li><li>Versorgungsnetzwerk mit hohem Reifegrad</li></ul>

Für die nachhaltige Fortführung und Weiterentwicklung der Netzwerkarbeit sind nicht nur das Engagement der Netzwerke von hoher Bedeutung, sondern ebenfalls die dem Netzwerk zur Verfügung stehenden finanziellen Mittel. Insbesondere der Wegfall zusätzlicher Ressourcen – wie Modellförderungen oder Projektbezuschussungen und -finanzierungen – markiert hierbei einen kritischen Punkt im Hinblick auf die Nachhaltigkeit der Netzwerke; diesbezüglich schätzten acht der dreizehn Demenznetzwerke ihre Finanzierungsstrukturen als nachhaltig ein. Hierbei kann im Hinblick auf die Herkunft der Finanzierungsquellen zwischen den Aspekten Innenfinanzierung (selbst generierte Gelder innerhalb des Netzwerkes) und Außenfinanzierung (außerhalb des Netzwerkes akquirierte Finanzierungsmittel) unterschieden werden. Zudem kann bezüglich des Zuwendungszwecks zwischen den Faktoren Auftragsorientierung (also Mitteln für genau definierte Leistungen) und Strukturorientierung (dies meint die Finanzierung für den infrastrukturellen und personellen Aufbau) differenziert werden (vgl. Michalowsky 2015) (vgl. Abb. 2.1).

Abb. 2.1: Finanzierungsmodell regionaler Demenznetzwerke (Michalowsky 2015).

4 Schlussfolgerungen

In wohlfahrtstheoretischer Betrachtung realisieren die dreizehn Demenznetzwerke im DemNet-D-Projekt einen ‚mix of modes‘, indem sie Ressourcen, Zielvorgaben und Entscheidungsstrukturen von Staat, Markt und Drittem Sektor (sowie teilweise der primären Netze) miteinander kombinieren. Mit „Governance" als analytischem Konzept ist es gelungen, die Typik des einzelnen DemNet-D-Netzwerkes einzufangen, das Zusammenspiel von Netzwerkakteuren aus unterschiedlichen Sektoren und relevanten Stakeholdern zu untersuchen und somit sowohl die „Produktivität" des Netzwerkes, als auch dessen Umgang mit Herausforderungen und Kapazitätsgrenzen zu beleuchten.

Die dreizehn DemNet-D-Netzwerke eint die bewusst gewählte Strategie, sich als Netzwerk zusammen zu schließen, weil man sich dadurch Vorteile oder Nutzen verspricht. Und es wurde deutlich, dass Demenznetzwerke kreative Anpassungsleistungen erbringen, um Komplexität zu reduzieren und dauerhaft zu bestehen.

Als Arrangements gemischter Wohlfahrtsproduktion schöpfen Demenznetzwerke einen gesellschaftlichen Mehrwert auf unterschiedlichen Ebenen. Die spezifische Netzwerkkonfiguration und die jeweils gewählte Governance-Strategie erweisen sich als zielführend für die Erbringung von Wohlfahrt durch das jeweilige Demenznetzwerk. Dabei lassen sich positive Effekte unterschiedlichster Art, wie beispielsweise die Entwicklung und Implementierung von Dienstleistungsinnovationen, Aufbau einer Vertrauenskultur, gemeinsames Lernen im Netzwerk, Enttabuisierung des Themas Demenz und inkludierende Effekte, Qualitätssicherung, Schließen von Versorgungslücken usf. aufzeigen bis dahin, dass einige der Netzwerke sich normativen Fragen der Demenzversorgung stellen.

Die Demenznetzwerke wählen hierfür eine Form der Steuerung, die hilft, komplexe Interdependenzen kollektiv zu bearbeiten: sei es die *strategische Ausrichtung* auf *netzwerkrelevante Stakeholder*, sei es der Aufbau und die Ausbildung *organisationaler Strukturen*, sei es das Setzen auf *Hybridität* oder die konsequente Verfolgung des *Auftrages*.

Das spezifische Zusammenspiel von Typ bestimmender Variable und den anderen drei Hauptvariablen – mit anderen Worten: die Netzwerkkonfiguration - macht die strategische Governance des Demenznetzwerkes aus und erklärt darüber hinaus dessen Steuerungszentrale, Zielsetzungen, relevante Stakeholder, Kommunikationsstrukturen und letztendlich den Reifegrad des Demenznetzwerkes.

Das Potential solch gemischter Wohlfahrtsarrangements, wie sie Demenznetzwerke darstellen, zeigt sich sowohl in den Kernaufgaben als auch in der „operativen Strategie", die sich für das einzelne DemNet-D-Netzwerk in der Analyse herauskristallisiert haben.

(1) *Demenz als (Zukunft-)Thema der Gesellschaft*: Demenz ist als Thema mitten in der Gesellschaft angekommen, gleichwohl wird die Notwendigkeit von Aufklärung, Information und insbesondere Enttabuisierung schon heute als Herausforderung gesehen. Dabei tritt bei den DemNet-D-Netzen der sozialräumliche Bezug in den Vordergrund: *Aufklärungsarbeit im Kiez und Verankerung von Netzwerkstrukturen, mit vielen Verbündeten Demenz enttabuisieren* oder auch *Aufklärung und niedrigschwellige Demenzversorgung zur Sicherung der Häuslichkeit* verweisen darauf. Systematischer Netzwerkausbau trägt dazu bei, Versorgungslücken zu schließen. *Interdisziplinäre Verbundarbeit und professionelles Case Management* steigern und sichern die Versorgungsqualität in der Versorgung von Menschen mit Demenz und deren Angehörigen.

(2) *„Gemeinsamer Einsatz für die, um die es wirklich geht"*: Eine wesentliche Stärke
der „gemischten Wohlfahrtsproduktion" ist die Einbindung der primären
Netze bzw. des informellen Sektors. Alle DemNet-D-Netzwerke setzen an
der Lebenswelt der Menschen mit Demenz bzw. deren Angehörigen an.
Offenheit und „Umgang auf Augenhöhe" bestimmen vielerorts sowohl die
Kommunikation im Netzwerk, als auch mit relevanten Stakeholdern. Wiederholt werden Parameter wie *Transparenz, Verbindlichkeit* und *„Vertrauen"*
für eine erfolgreiche Netzwerkarbeit angeführt: „Es liegt auf vielen Schultern, das macht es auch so stabil".

(3) *Wirksamkeit durch Netzwerkkonfiguration*: Alle DemNet-D-Netzwerke setzen
auf intra-organisationale Governance und richten ihr strategisches Handeln darauf aus. Dabei gelingt es den Akteuren, verschiedene Identitäten
im Sinne der Netzwerkziele bzw. des Netzwerkauftrages miteinander zu
verknüpfen und Zielvorgaben, die unterschiedlichen gesellschaftlichen
Sektoren entstammen, als „Amalgam" (Glänzel & Schmitz 2012, S. 181)
zu integrieren. Die jeweilige Strategie spiegelt dabei die vier Netzwerktypen wider: *Stakeholderbezogen* wird dann agiert, wenn beispielsweise Versorgungslücken durch systematischen Ausbau des Netzwerkes und eine *enge
Anbindung von Stakeholdern* geschlossen werden. Hingegen zielt eine Strategie, die auf *Neutralität in der Steuerung und diversifizierte Verantwortlichkeiten*
setzt, primär auf die interne *Organisationsstruktur* des Netzwerkes ab. *Hybri-
disierend* agiert ein Demenznetzwerk, wenn es flexibel auf Bedarfe reagiert
und dadurch *letztendlich Stabilität in der Versorgung und hohe Nutzerzufriedenheit*
gelingt. Vor allem Versorgungsnetze, bei denen die Finanzierung einzelner
Leistungen weitestgehend sichergestellt ist und die bereits auf eine lange
Netzwerkhistorie zurückblicken, richten sich strategisch zumeist *auftragsbe-
zogen* aus und verfolgen ihre Ziele stringent im Sinne des Versorgungsauf-
trages.

*Die hohe Kunst der Steuerung von Demenznetzwerken liegt somit in einem virtuosen Zusammen-
spiel der Parameter Auftrag (Zielsetzung), Organisationsstruktur, Stakeholderbezug und Hybridität.* Intern müssen solche Governance-Strukturen herausgebildet werden, die es
den Akteuren aus den Sektoren Markt, Staat, Dritter Sektor und Primärer Sektor
ermöglichen, im Rahmen ihrer Funktionslogik nutzenbringend für das gesamte
Netzwerk zu agieren und sich der jeweils anderen, „fremden" Funktionslogik zu
öffnen. Einfluss- und Entscheidungsstrukturen, Hierarchien, Konkurrenzbeziehungen, aber auch „gewachsene" Kooperationen und regionale Besonderheiten müssen
in Organisationsabläufe und Organisationskultur des Netzwerkes Eingang finden.
Das bedeutet, eine „Netzwerkidentität" zu stiften, ohne die Identität des einzelnen
Akteurs aufzugeben: Das Ganze ist mehr als die Summe seiner Teile. Dazu gehört

auch, sich darüber zu verständigen, wo, in welcher Form und mit welchem Auftrag das Demenznetzwerk seine Steuerungszentrale verortet. Und nicht zuletzt leitet sich daraus zudem der Auftrag ab, systematische Netzwerkpflege zu betreiben, um einen „Benefit für alle" zu erhalten.

Mit Blick auf die Reichweite und auf die Nachhaltigkeit des Demenznetzwerkes ist diese strategische intraorganisationale Governance ein zentraler Faktor, um den Erhalt auf Dauer zu sichern. Wenn nämlich die interne Netzwerkkonfiguration stimmig ist, gelingt es dem Demenznetzwerk wesentlich besser, „die spezifischen und komplexen Transaktionen", die mit der „gemischten" Produktion sozialer Dienstleistungen unter gegenwärtigen gesellschaftlichen Bedingungen verbunden sind" zu bewältigen und „strukturelle Koppelungen zu den verschiedenen Stakeholdern" (Grunwald & Roß 2014, S. 32) des Netzwerkes herzustellen.

Literatur

Benz, A., & Dose N. (2010). Governance – Modebegriff oder nützliches sozialwissenschaftliches Konzept? In: A. Benz, & N. Dose (Hrsg.), *Regieren in komplexen Regelsystemen. Eine Einführung* (2., aktualisierte u. veränderte Aufl.) (S.13-36). Wiesbaden: VS.

Evers, A. (2004). Sektor und Spannungsfeld. Zur Politik und Theorie des Dritten Sektors. *Diskussionspapiere zum Nonprofit-Sektor 27*.

Flick, U. (2010). *Qualitative Sozialforschung. Eine Einführung* (vollständig überarbeitete und erweiterte Neuausgabe). Hamburg: Rowohlt.

Glänzel, G., & Schmitz, B. (2012). Hybride Organisationen – Spezial- oder Regelfall? In: H. Anheier, A. Schröer, & V. Then (Hrsg.), *Soziale Investitionen. Interdisziplinäre Perspektiven* (S.181-204). Wiesbaden: VS.

Glaser, B. G., & Strauss, A. L. (1967). *The discovery of grounded theory: strategies for qualitative research*. Chicago: Aldine.

Grunwald, K., & Roß, P.-S. (2014). „Governance Sozialer Arbeit". Versuch einer theoriebasierten Handlungsorientierung für die Sozialwirtschaft. In: A. Tabatt-Hirschfeldt (Hrsg.), *Öffentliche und Soziale Steuerung. Public Management und Sozialmanagement im Diskurs* (S. 17-64). Baden-Baden: Nomos.

Haas, B., & Scheibelhofer, E.(1998). *Typenbildung in der qualitativen Sozialforschung. Eine methodologische Analyse anhand ausgewählter Beispiele*. Wien: IHS.

Krüger, P., & Meyer, I. K. (2007). Eine Reise durch die Grounded Theory. Review Essay: Kathy Charmaz (2006). Constructing grounded theory. A practical guide through qualitative analysis. *Forum Qualitative Sozialforschung / Forum: Qualitative Social Research 8*(1).

Kuckartz, U. (2012). *Qualitative Inhaltsanalyse. Methoden, Praxis, Computerunterstützung*. Weinheim: Beltz Juventa.

Lattemann, C. (2010). *Corporate Governance im globalisierten Informationszeitalter*. München: Oldenbourg.

Michalowsky, B. (2013). *Finanzierungskonzepte regionaler Demenznetzwerke* Vortrag im Rahmen des DemNet-D Abschlussworkshops, 19. März 2015, Bonn. *unveröffentlichtes Manuskript*.

Roß, P.-S. (2012). *Demokratie weiter denken. Reflexionen zur Förderung bürgerschaftlichen Engagements in der Bürgerkommune*. Baden-Baden: Nomos.

Schwab, L. (2011). *Kreative Governance? Public private partnerships in der lokalpolitischen Steuerung*. Wiesbaden: VS.

Strauss, A. L. (1994). *Grundlagen qualitativer Sozialforschung* (2. Aufl.). München: Fink.

Wentges, P. (2002). *Corporate Governance und Stakeholder-Ansatz*. Wiesbaden: Deutscher Universitäts-Verlag.

Windeler, A. (2007). Interorganisationale Netzwerke: Soziologische Perspektiven und Theorieansätze. In: K.-D. Altmeppen, T. Hanitzsch, & C. Schlüter (Hrsg.), *Journalismustheorie: Next Generation. Soziologische Grundlegung und theoretische Innovation* (S. 347-370). Wiesbaden: VS.

Typenbildung als Beitrag zur Weiterentwicklung von Versorgungsstrukturen für Menschen mit Demenz und ihren versorgenden Angehörigen. Ergebnisse einer Tandem-Studie im Rahmen des Modellprojekts „DemenzNetz StädteRegion Aachen"[10]

Liane Schirra-Weirich & Henrik Wiegelmann

1 Einleitung

In der häuslichen Versorgung von Menschen mit Demenz (MmD) übernehmen Angehörige eine zentrale Rolle im Bereich der Organisation und Durchführung von Hilfe- und Unterstützungsleistungen. Neben positiven Effekten ist dies für Angehörige häufig mit multiplen Anforderungs- und Belastungssituationen verbunden (vgl. u.a. Schneekloth & Wahl 2008; Zank 2010; von der Ahe et al. 2010). Das Versorgungsarrangement von MmD im häuslichen Umfeld umfasst neben den Aufgaben der pflegerischen Versorgung wie Körperpflege, An- und Auskleiden, Medikamentengabe – Tätigkeiten, die vielfach von professionellen Pflegediensten übernommen werden – auch Aktivitäten im Bereich der Haushaltsführung, Übernahme von geschäftlichen/ behördlichen Angelegenheiten oder z. B. Begleitung bei Spaziergängen, Besuchen und kulturellen Angebote. An diesem umfassenden Herausforderungs- und Anforderungsprofil setzt das Konzept des Modellprojektes Demenz-Netz Städteregion Aachen an, in dem es eine vernetzte Versorgung von MmD und ihren Angehörigen auf der Grundlage eines Case Managements (CM) anbietet[11] und

---

10 Das Modellprojekt Städteregion Aachen ist ein multiprofessionelles, sektorenübergreifendes Versorgungsnetzwerk, welches sowohl steuernde Einzelfallhilfe für MmD und vA, als auch die Organisation eines regionalen Verbundmanagements bereitstellt. Im September 2010 hat das DemenzNetz Städteregion Aachen nach § 45c SGB XI seine Arbeit mit 6 festen Kooperationspartnern aufgenommen. Dabei konnte auf den bereits existierenden Strukturen aus dem Bundesmodellprojekt „Leuchtturmprojekt Demenz" des Bundesministeriums für Gesundheit (BMG) aufgebaut werden. Mittlerweile zählt der im Mai 2013 gegründete gemeinnützige Verein DemenzNetz Aachen e.V. insgesamt 52 regionale Kooperationspartner aus verschiedenen Bereichen des Sozial- und Gesundheitswesens (Stand Mai 2015).

11 Damit orientiert sich das DemenzNetz Städteregion insofern u.a. an der Empfehlung des vom BMFSJ im Jahr 2003 eingerichteten Runden Tischs Pflege, dass Angehörige und weitere privat Helfende durch Qualifizierung und Unterstützungsleistungen entlastet werden sollen, die Vereinbarkeit von Pflege und Beruf stärker zu fokussieren ist und eine Koordination präventiver, betreuender, rehabilitativer, therapeutischer und pflegerischer Leistungen durch den Aufbau kommunaler Kooperationsnetzwerke sowie eines personenbezogenen Case Managements sicherzustellen ist (vgl. Krämer et al. 2005).

das Ziel verfolgt, eine multiprofessionelle und passgenaue Unterstützung für MmD und Angehörige sicherzustellen (vgl. Theilig et al. 2014, S.4ff.).

Im Rahmen der wissenschaftlichen Evaluation wird u. a. eine so genannte Tandemstudie durchgeführt. Der Name Tandemstudie symbolisiert das Spezifikum des Datensatzes, der die Daten aus zwei Erhebungen kombiniert. Ausgehend von der Annahme, dass der MmD und der/die Angehörige ein Versorgungstandem[12] bilden, werden die Angaben zu den erbrachten CM-Leistungen zu den Erhebungszeitpunkten t_0, t_1 und t_2 (Verlaufsdokumentation) sowie die Angaben zum Belastungsempfinden der Angehörigen (Angehörigenbefragung) in einem Datensatz zusammengeführt. Auf Basis der Daten zur Tandemstudie wird eine hierarchische Clusteranalyse gerechnet, die der Identifikation einer MmD-vA-Typologie dient. Auf diesem Wege können zielgruppenspezifische Ansätze zur Unterstützung entwickelt werden, die „stärker auf den Bedarf und die Potenziale unterschiedlicher Nutzergruppen ausgerichtet werden" (Krämer et al. 2005, S.6). Theoretisch begründen lässt sich diese Vorgehensweise in Anlehnung an die Bildung von Typen-Begriffen in der verstehenden Soziologie Max Webers. Die „begrenzte Individualität" (Schmidt-Hertha &Tippelt 2011, S.23) des Menschen voraussetzend bezweckt die MmD-vA-Typologie, das einzelfallbezogene CM typenbezogen zu systematisieren (Mustererkennung) und damit um eine soziologische Perspektive zu bereichern. Der Erkenntnisgewinn besteht darin, die sozialen Strukturen, in denen sich Individuen befinden, sichtbar zu machen und auf dieser Basis anschließend passendere Interventionsstrategien abzuleiten zu können (ebd., S.24). Die Identifizierung des Typischen am Einzelfall bietet die Chance charakteristische und spezifische Merkmale tiefergehend zu verstehen. Für die praktischen Interventionen können Typisierungen dahingehend nützlich sein, „Handlungsentwürfe zu entwickeln und Strategien zu überprüfen" (ebd., S.24).

Nachfolgend werden drei, vor allem auf die generationale Prägung des häuslichen Versorgungsarrangements fokussierende, typische MmD-vA-Konstellationen vergleichend dargestellt und die dazu relevanten passgenauen CM-Leistungen erläutert.

---

12 Zum Begriff ‚Versorgende Angehörige' (vA) siehe die Ausführungen ‚Begrifflicher Exkurs'. Das Konzept „MmD-vA-Tandem" trägt der Tatsache Rechnung, dass ein großer Teil der häuslichen Versorgung von MmD in der Regel von einer nahestehenden Person (vA) geleistet wird, Somit wird die Singularität des mit Demenz lebenden Menschen ersetzt durch die Dyade MmD und vA.

2 Begrifflicher Exkurs: Versorgende Angehörige (vA)

Aufgrund der Vielfalt an Aufgaben die Angehörige im Kontext der Versorgung übernehmen, verwenden und bevorzugen wir den Begriff der ‚versorgenden Angehörigen (vA)' im Unterschied zum weitverbreiteten Begriff der ‚pflegenden Angehörigen'. Nicht nur, dass durch den Begriff ‚pflegende Angehörige', das professionelle Feld des beruflichen Pflegehandelns disqualifiziert wird (vgl. Isfort 2003), er spiegelt darüber hinaus unzureichend das umfassende Anforderungsprofil in der häuslichen Versorgung von MmD durch Angehörige wider (vgl. Schirra-Weirich et al. 2015, S.56 ff.). Vor diesem Hintergrund plädieren wir dafür den Begriff ‚versorgende Angehörige (vA)' zu nutzen, um somit die komplexen Herausforderungen an die Versorgungssituationen adäquater zu beschreiben.

3 Charakterisierung der MmD-vA-Typen

Die Typen werden auf der Basis der Stichprobe der Tandem-Studie gebildet. Die zugrundeliegende Stichprobe basiert auf den Fällen, zu denen sowohl die vollständigen Angaben zu Verlaufsdokumentationen (t_0, t_1 und t_2) der MmD als auch die Daten der Angehörigenbefragung (t_0 und t_1) vorliegen[13]. Diese Kriterien sind in 40 Fällen erfüllt, womit die Stichprobengröße der Tandem-Studie bei n=40 liegt. Mit Hilfe von SPSS Statistics (Version 21) lassen sich über das clusteranalytische Verfahren drei Cluster identifizieren[14]. Als Clusterbildende Indikatoren dienen die Variablen: Alter des MmD (Unter 80 Jahre, 80 Jahre und älter), Struktur des Versorgungsarrangements (intragenerational, intergenerational) und Alter des vA (unter 65 Jahre, 65 Jahre und älter). Die jeweiligen Cluster entsprechen typischen MmD-vA-Konstellationen und können durch markant charakterisierende semantische Beschreibungen charakterisiert und gegeneinander abgegrenzt werden. Sie werden im Folgenden im Sinne eines verstehenden Vorgehens als Typus oder Typen benannt.

---

13   Informationen zu den Erhebungsinstrumenten ‚Verlaufsdokumentation' und ‚Angehörigenbefragung' siehe Schirra-Weirich et al. 2015.

14   Mit Hilfe von Clusteranalysen ist es möglich, in einer heterogenen Vielzahl von Einzelfällen bestimmte Ordnungsmuster auf Basis von Ähnlichkeiten der Einzelfälle zu erkennen (‚strukturentdeckendes Verfahren'), sie anhand relevanter Anhaltspunkte (statistischer Variablen) zu (ideal-) typischen homogenen Gruppen (Clustern) zusammenzufassen.

Typus 1 kann als Junge, chancenreiche Gruppe mit traditionalistischem Versorgungskonzept gekennzeichnet werden. Dieser Typus kennzeichnet sich dadurch, dass die Gruppe der MmD nicht hochaltrig ist, d.h. alle MmD sind unter 80 Jahre. Des Weiteren erfolgt die informelle Versorgung überwiegend intragenerational, wobei die vA alle jünger als 65 Jahre sind. In 3 von 5 Fällen findet die Versorgung durch den oder die Ehepartner/-in statt. Diesem Typus können insgesamt 13 Fälle zugeordnet werden (vgl. Tab. 3.1).

Tab. 3.1: Typus 1: „Jung, chancenreich mit traditionalistischem Versorgungskonzept"

Indikatoren	Anteile in %
MmD über 80 Jahre	0
Versorgender (Ehe-)PartnerIn	61,5
vA unter 65 Jahre	100

Rund ein Viertel des Typus ist alleinlebend. Bei allen Personen dieses Typs sind weitere Bezugspersonen wie z. B. Tochter, Schwiegertochter, Schwester, Bruder, Nachbarn, Freunde involviert. Der Anteil der weiblichen MmD liegt bei 46,2%; bei 84,6% des Typus erfolgt die Versorgung durch eine weibliche Angehörige.

Es handelt sich somit um eine Gruppe, die in einem traditionalistisch-familiär orientierten Setting die Versorgung des MmD organisiert und somit ein klassisches familiales Versorgungsarrangement darstellt. Aufgrund der altersmäßigen Zusammensetzung des Typus handelt es sich um eine eher ‚jüngere' Gruppe von MmD und vA, deren strukturelle Unterstützung und Begleitung im Versorgungsprozess zu einer nachhaltigen Stabilisierung der Situation beitragen kann. Weiterhin erfordert das bestehende Versorgungssetting eine Fokussierung des intragenerationalen Aspektes des Versorgungsarrangements. Im Fokus der CM-Leistungen stehen Leistungen für die Gruppe von mehr oder weniger gleichaltrigen MmD und ihren vA. Folglich handelt es sich vorrangig um Stabilisierungsanforderungen für ein partnerschafts-gestütztes Versorgungssetting.

Das Cluster 2 lässt sich semantisch mit dem Titel *Sandwich-Versorgende mit familialistischem Versorgungskonzept* charakterisieren. Die MmD sind alle hochaltrig. Das Versorgungsarrangement ist in allen Fällen intergenerational aufgebaut und die vA sind zum überwiegenden Teil jünger als 65 Jahre. Der Sandwich-Typus wird aus 10 Fällen gebildet (vgl. Tab. 3.2).

Tab. 3.2: Typus 2 : „Sandwich-Versorgende mit familialistischem Versorgungskonzept"

Indikatoren	Anteile in %
MmD über 80 Jahre	100
Versorgender (Ehe-)PartnerIn	30
vA unter 65 Jahre	80

9 von 10 Personen des Typus 2 sind nicht alleinlebend. Die Versorgung durch EhepartnerInnen erfolgt in 3 von 10 Fällen und in 80% sind weitere Bezugspersonen in die Versorgung involviert. Der Anteil der weiblichen MmD liegt bei 80%; in 70% der Fälle erfolgt die Versorgung durch weibliche Angehörige. Hierbei nehmen die Töchter bzw. Schwiegertöchter eine zentrale Rolle ein.

Charakteristisch für diesen Typus ist die altersmäßige Heterogenität der Beteiligten des Versorgungssettings. Während die MmD alle hochaltrig sind, gehört der überwiegende Teil der vA einer jüngeren Generation an. Für die vA ergibt sich ein multiples Anforderungsprofil hinsichtlich der zu erfüllenden Versorgungsleistungen. Einerseits sind Herausforderungen zur Bewältigung der Alltagsgestaltung und Strukturierung hinsichtlich der eigenen Lebenssituation zu bewältigen (z.B. die Vereinbarkeitsfrage), während andererseits Versorgungsaufgaben gegenüber der älteren Generation zu übernehmen sind. Der Case Manager bzw. die Case Managerin steht somit einer MmD-vA-Konstellation gegenüber, die aufgrund der intergenerationalen Struktur spezifische Bedarfe und Unterstützungsleistungen artikuliert. Für die Gruppe der jüngeren Versorgungskohorte sind Hilfs- und Unterstützungsleistungen erforderlich, die die Bewältigung der lebensphasenbezogenen Aufgaben ermöglichen. Hierzu gehören unter Umständen Aufgaben der Kindererziehung oder Enkelbetreuung bzw. die Ausübung einer Berufstätigkeit. Das durch eine Sandwich-Situation gekennzeichnete Versorgungssetting erfordert ein generationenbezogenes und an den lebensphasen-ausgerichtetes bedarfsorientiertes CM, das u. U. auch Akteure außerhalb der unmittelbaren gesundheitlichen Versorgung wie z. B. Arbeitgeber im Unterstützungsnetzwerk berücksichtigen muss.

3.3 Typus 3: Riskant versorgende Gleichaltrige

Mit *Riskant versorgende Gleichaltrige* lässt sich pointiert ein dritter Tandem-Typus beschreiben. Der Anteil der hochaltrigen MmD ist geringfügig höher als der Anteil der nicht Hochaltrigen. Typischerweise ist das Versorgungssetting in allen Fällen intragenerational organisiert, die vA sind durchweg 65 Jahre und älter. In unserer Stichprobe entsprechen 17 MmD-vA-Konstellationen diesem Typus, womit dies im Vergleich der Typen quantitativ die stärkste Gruppe darstellt (vgl. Tab. 3.3).

Tab. 3.3: Typus 3: „Riskant versorgende Gleichaltrige"

Indikatoren	Anteile in %
MmD über 80 Jahre	58,8
Versorgender (Ehe-)PartnerIn	100
vA unter 65 Jahre	0

Alle Personen des Typus 3 leben in einer Partnerschaft. Der überwiegende Teil der MmD (94,1%) wird von Ehepartner/-innen versorgt. In 4 von 5 Fällen sind weitere Bezugspersonen involviert und bei knapp zwei Drittel handelt es sich um weibliche vA. Der Typus 3 wird zu rund zwei Dritteln von männlichen MmD gebildet.

Die Struktur des Typus spiegelt eine klassische Versorgungssituation wieder, in der der hochaltrige männliche MmD von der gleichaltrigen, ebenfalls hochaltrigen Partnerin versorgt wird. Aufgrund des höheren Alters der versorgenden PartnerIn besteht ein erhöhtes Risiko für eigene Multimorbidität, die in Verbindung mit der zunehmenden Belastung bei fortschreitender Demenz zu weiteren gesundheitlichen Überlastungssituationen führen kann. Hierauf verweisen bereits Mayer & Baltes (1999), „… durch eigene Alterungsprozesse scheint diese Gruppe pflegender Angehöriger besonders gefährdet zu sein". Damit steigt das Risiko für dekompensatorische Situationen, hohe psycho-soziale Beanspruchungen, auch die Gefahr von Gewaltanwendungen und für insgesamt instabile Versorgungssettings (vgl. Backes & Clemens 2013). Gleichzeitig stellt sich die Herausforderung, gleichaltrige vA insofern zu unterstützen, dass sie weiterhin möglichst gesund Altern können bzw. ihnen Wohlbefinden und soziale Teilhabe bis ins eigene hohe Alter ermöglicht wird. Die spezifische Alters- und Belastungsstruktur des Typus erfordert ein CM, das im besonderen Maße die risikobehaftete Situation der vA in den Fokus nehmen muss, damit eine Verschlechterung der häuslichen Versorgungssituation vermieden bzw. verzögert wird.

4 Deskription der MmD-vA-Typen unter dem Aspekt typenbezogener CM-Leistungen und der Veränderungen des Belastungsempfindens der vA

In einem ersten Schritt wird das über 12 Monate erfasste Case Management unter dem Fokus der identifizierten Typen betrachtet. Hierüber lassen sich typenbezogene Muster der Inanspruchnahme bzw. Notwendigkeiten spezifischer CM-Leistungen beschreiben. Die typenbezogenen CM-Interventionen können als Belege für je spezifische Bedarfe der MmD-vA-Tandems zur Stabilisierung der häuslichen Versorgungsarrangements gewertet werden.

In einem weiteren Schritt werden die positiven bzw. negativen Veränderungen der subjektiven Belastungseinschätzungen der vA basierend auf den Ergebnissen der Angehörigenbefragung betrachtet. Hierbei handelt es sich um ein stark interpretatives Vorgehen, wobei die Hypothese zugrunde liegt, dass Veränderungen des Belastungsempfindens als Folge der erbrachten CM-Leistungen gedeutet werden können. Ausgehend von dieser Annahme ergeben sich Anhaltspunkte zur Definition von Bedarfen für eine typenbezogene Weiterentwicklung des CM.

4.1 Typenbezogenes Case Management im Kontext der MmD-vA-Typologie

Im Rahmen der Verlaufsdokumentationen werden einerseits unterschiedliche Versorgungsaspekte, die im Rahmen des CM behandelt werden, erfasst. Andererseits wird darüber hinaus dokumentiert, über welche Methoden bzw. Arbeitsschritte die Versorgungssituationen über CM qualifiziert werden.

Zum Zeitpunkt des Netzwerkeintritts (t_0) sowie über den Beobachtungszeitraum (t_1 und t_2) hinweg werden von den Case Manager/-innen folgende relevante Aspekte der Versorgungssituation erfasst:

- Sozialrechtliche Dokumente,
- Pflegerische Versorgungsleistungen,
- Zusätzliche Alltagsversorgung,
- Sonstige Versorgungsaspekte.

Die Darstellung der Ist-Situation hinsichtlich der erfassten Versorgungsaspekte verdeutlicht die Relevanz eines typenbezogenen CM (vgl. Tab. 3.4).

Tab. 3.4: Sozialrechtliche Dokumente (Angaben in %)

Sozialrechtliche Dokumente	Typus 1 Junge, chancenreiche Gruppe mit traditionalistischem Versorgungskonzept			Typus 2 Sandwich-Versorgende mit familialistischem Versorgungskonzept			Typus 3 Riskant versorgende Gleichaltrige		
	t_0	t_1	t_2	t_0	t_1	t_2	t_0	t_1	t_2
Betreuungsvollmacht	61,5	23,1	0	0	40	10	41,5	17,7	0
Patientenverfügung	46,2	15,4	0	0	70	10	41,2	23,5	0
Vorsorgevollmacht	76,9	23,1	0	0	70	20	58,8	29,6	0
Schwerbehindertenausweis	53,8	7,7	7,7	10	30	0	35,3	17,7	5,9

Zum Einschreibezeitpunkt (t_0) besteht bei den intragenerationalen Typen 1 und 2 eine umfassendere Versorgungslage bezüglich der sozialrechtlichen Dokumente als im intergenerationalen Typus 2. Beim Typus 2 werden erst im Verlauf des CM entsprechende Dokumente eingerichtet. Die Daten verweisen darauf, dass im Typus 1 mit ‚jüngeren' MmD und vA gegenüber dem Typus 3 eine höhere Sensibilität für entsprechende Dokumente besteht. Bezogen auf den intergenerationalen Typus besteht hier ein deutlicher Handlungsbedarf.

Bezogen auf pflegerische Versorgungsleistungen besteht im intergenerationalen Typus 2 zum Einschreibezeitpunkt eine umfassendere Versorgungslage als bei den zu vergleichenden intragenerationalen Typen. Die Hinzuziehung externer funktionaler Hilfe- und Unterstützungsleistungen resultiert u. U. aus der Sandwich-Position der vA zwischen den Bedarfen der eigenen Lebenssituation und derjenigen der MmD. Es existiert eine höhere Bereitschaft funktionale Unterstützung anzunehmen, bevor die Einschreibung ins Netzwerk erfolgt und ein unterstützendes CM etabliert wird. Insbesondere die *Riskant versorgenden Gleichaltrigen* (Typus 3) verweisen hier auf umfassende CM-Leistungen bis zum Erhebungszeitpunkt t_2 (vgl. Tab. 3.5).

Tab. 3.5: Pflegerische Versorgungsleistungen (Angaben in %)

Pflegerische Versorgungs-leistungen	Typus 1 Junge, chancenreiche Gruppe mit traditiona-listischem Versor-gungskonzept			Typus 2 Sandwich-Versorgende mit familialistischem Versorgungskonzept			Typus 3 Riskant versorgende Gleichaltrige		
	t_0	t_1	t_2	t_0	t_1	t_2	t_0	t_1	t_2
Pflegestufe 1-3	23,1	38,5	15	50	30	0	17,6	47,1	17,7
Zusätzliche Betreuungsleis-tungen	23,1	53,8	15	40	30	10	17,6	47,1	29,4
Pflegedienst	15,4	30,8	7,7	40	10	10	23,5	23,5	23,5
Tagespflege	7,7	15,4	23	10	10	10	17,6	17,6	11,8
Kurzzeitpflege	0	23,1	0	20	20	0	0	11,8	17,6
Verhinderungs-pflege	7,7	23,1	7,7	20	10	0	0	11,8	17,6

Inwieweit die typenbezogenen Unterschiede auf generationenspezifische Unter-schiede hinsichtlich normativer Vorstellungen zur Versorgung durch Angehörige oder differenten verfügbaren und zugänglichen Informationen basieren, lässt sich an dieser Stelle nicht eindeutig beantworten und ist in weiteren empirischen Studien zu überprüfen. Grundsätzlich besitzt allerdings die informelle Versorgung im häus-lichen Kontext eine höhere Priorität als die Einbindung externer professioneller Angebotsstrukturen.

Zusätzliche Versorgungsleistungen sind tendenziell von nachrangiger Bedeutung, wobei funktionale Unterstützungen relevanter sind als die Einbindung von Ehren-amt. Während im Typus 1 die Unterstützung und Entlastung durch Ehrenamt und Betreuung stärker ausgeprägt ist, wird über CM im Typus 3 die funktionale Hilfe über Betreuung und haushaltsnahe Dienstleistungen etabliert. Die Sandwich-Versorgenden des Typus 2 greifen anteilig über alle Bereiche im Vorfeld der Einschreibung auf externe Hilfen zurück. Typus-bezogen werden somit unterschiedliche Bedarfe durch das CM bedient (vgl. Tab. 3.6).

Tab. 3.6: Zusätzliche Versorgungsleistungen (Angaben in %)

Zusätzliche Alltagsversorgung	Typus 1 Junge, chancenreiche Gruppe mit traditionalistischem Versorgungskonzept			Typus 2 Sandwich-Versorgende mit familialistischem Versorgungskonzept			Typus 3 Riskant versorgende Gleichaltrige		
	t_0	t_1	t_2	t_0	t_1	t_2	t_0	t_1	t_2
Ehrenamt	7,7	15,4	0	10	0	0	0	0	5,9
Betreuung	0	53,8	31	10	30	10	5,9	17,6	23,5
Haushaltsnahe Dienstleistungen	15,4	0	0	30	10	0	17,6	29,4	11,8

Im Bereich der sonstigen Versorgungsaspekte finden kaum CM-Interventionen bezogen auf den Typus 2 statt. Die intergenerational Versorgenden etablieren kaum Versorgungsaspekte im Vorfeld und erhalten auch nur rudimentär entsprechende Interventionen über den Beobachtungszeitpunkt hinweg.

Hinsichtlich des „jüngeren" intragenerationalen Typus 1 verweisen die CM-Leistungen auf die Etablierung von Versorgungsleistungen, die einen längerfristigen Umgang mit der Erkrankung ermöglichen. Tendenziell ähnlich zeigt sich die Situation beim Typus 3, während beim intergenerationalen Typ entsprechende CM-Leistungen kaum erbracht werden (vgl. Tab. 3.7).

Tab. 3.7: Sonstige Versorgungsaspekte (Angaben in %)

Sonstige Versorgungsaspekte	Typus 1 Junge, chancenreiche Gruppe mit traditionalistischem Versorgungskonzept			Typus 2 Sandwich-Versorgende mit familialistischem Versorgungskonzept			Typus 3 Riskant versorgende Gleichaltrige		
	t_0	t_1	t_2	t_0	t_1	t_2	t_0	t_1	t_2
Umbau	7,7	30,8	7,7	0	0	0	5,9	11,8	0
Kognitives Training	38,5	23,1	0	0	0	0	5,9	17,6	0
Selbsthilfegruppe	15,4	30,8	7,7	0	0	10	0	17,6	0
Schulung	15,4	38,5	7,7	10	30	0	11,8	23,5	5,9
Therapie	23,1	0	0	10	0	0	17,6	5,9	5,9

Während die bisherigen Betrachtungen fokussieren, welche CM Leistungen erbracht werden und somit das „Was wurde erbracht" im Vordergrund steht, verschiebt sich nachfolgend der Fokus auf die Art und Weise der Erbringung – Wie wurde es erbracht? – von CM Leistungen. Im Kontext des CM finden Interventionen in Form von Hausbesuchen, Entlastungsgesprächen und (Intensiv-)Beratungen statt.

5 und mehr Hausbesuche spielen in der CM-Arbeit mit dem Typus 3 eine bedeutende Rolle, weniger bzw. keine beim Typus 1 bzw. 2. Dies resultiert einerseits aus der Situation des hohen Alters der MmD und der vA, die sich damit in einer weniger mobilen Lage befinden. Demgegenüber besitzen die Entlastungsgespräche insbesondere für den Typus 1 eine stärkere Bedeutung als für die beiden anderen Typen.

Beratung und Intensivberatung sind stärker für die intragenerationalen Typen relevant, wobei die *Riskant versorgenden Gleichaltrigen* offensichtlich einen höheren Bedarf an Intensivberatung haben. Auch die Anzahl an 5 und mehr Beratungen verweist auf einen deutlichen Beratungsbedarf bei den Intragenerationalen Tandems (vgl. Tab. 3.8).

Tab. 3.8: CM-Leistungen (Angaben in %)

Interventionsart	Typus 1	Typus 2	Typus 3
	Junge, chancenreiche Gruppe mit traditionalistischem Versorgungskonzept	Sandwich-Versorgende mit familialistischem Versorgungskonzept	Riskant versorgende Gleichaltrige
5 und mehr Hausbesuche	7,7	0	52,9
5 und mehr Entlastungsgespräche	38,5	20	17,7
Beratung	74,9	50	70,6
Intensivberatung	30,8	30	58,8
5 und mehr Beratungen (max. 21 Beratungen)	38,5	20	35,4

4.2 Typen-bezogenes Belastungsempfinden der Angehörigen und die Entwicklung eines passgenauen Case Managements

Die Belastungen der Angehörigen werden zu den Erhebungszeitpunkten t_0 und t_1 auf der Basis der Items der Häuslichen Pflegeskala nach Gräßel & Leutbecher (1993) erfasst. Um Hinweise auf Veränderungen des Belastungsempfindens zu erhalten, werden einerseits ein deskriptives statistisches und andererseits ein exploratives heuristisches Vorgehen gewählt. Beim deskriptiven statistischen Verfahren wird in zwei Stufen vorgegangen. Erstens werden bezogen auf die identifizierten Typen die Belastungen der Angehörigen auf der Basis von einfachen Häufigkeiten[15] abgebildet. Basierend auf den Angaben zu t_0 und t_1 erfolgt in einem zweiten Schritt pro Item die Berechnung von Prozentsatzdifferenzen. Die Prozentsatzdifferenzen sind bezogen auf die jeweiligen Items als Veränderungen des Belastungsempfindens zu interpretieren.

---

15 Die der HPS zugrunde liegenden vierstufig-skalierten Items werden in der weiteren Bearbeitung dichotomisiert betrachtet.

In einem weiteren heuristischen Schritt werden die Veränderungen des Belastungsempfindens – identifiziert über die Prozentsatzdifferenzen – vor dem Hintergrund der vorhandenen CM-Leistungen betrachtet. Dabei wird die Hypothese zugrunde gelegt, dass die Veränderungen des Belastungsempfindens als eine Folge der CM-Interventionen gedeutet werden können. Damit wird in einem ersten Schritt die Wirkung von CM empirisch überprüft. Erkenntnisse hieraus können für die typenbezogene Weiterentwicklung des CM genutzt werden.

4.2.1 Typus 1: Junge, chancenreiche Gruppe mit traditionalistischem Versorgungskonzept

Für die *Junge, chancenreiche Gruppe mit traditionalistischem Versorgungskonzept* spielt die Unterstützung in Form von mentaler, aber vor allem funktionaler Unterstützung eine zentrale Rolle. Die emotionale und affektive Stabilisierung der vA insbesondere durch Begleitung in Form von Entlastungsgesprächen durch das CM sind für die Personen dieses Clusters von Relevanz. Darüber hinaus verweisen die Veränderungen im Belastungsempfinden auch auf die Notwendigkeit der funktionalen Entlastung der vA in ihrer alltäglichen Versorgungssituation. Es werden Belastungen thematisiert, denen über die Bereitstellung von Hilfs- und Unterstützungsdiensten in Form von Pflegediensten, Betreuung u. ä. entgegen gewirkt werden kann. Dabei schafft die Bereitstellung funktionaler Hilfe- und Unterstützungsleistungen für vA Freiräume eigene Bedürfnisse und Aufgaben des täglichen Lebens zu bewältigen und stabilisiert sie/ihn damit in ihrer emotionalen und affektiven Situation.

Die Rolle des CM fokussiert in diesem Zusammenhang stärker die Vernetzung von Diensten und Unterstützungsleistungen und weniger die unmittelbare Beratungsarbeit. Das CM wird somit vorrangig in der Koordinationsrolle relevant. Als Beratungs-flankierende Maßnahme des CM wird hier allerdings erforderlich sein, die Akzeptanz für die funktionalen Hilfs- und Unterstützungsleistungen seitens der vA in den Blick zu nehmen. Vor dem Hintergrund, dass es sich hierbei um eine Gruppe mit einem traditionalistischen Versorgungskonzept handelt, stehen die existierenden Rollenbilder hinsichtlich der Versorgung der Beteiligung professioneller, nicht familiärer Akteure gegebenenfalls entgegen. Das CM muss in seiner beratenden Funktion die Barrieren und Hindernisse gegenüber der Beteiligung externer Dienste in den Blick nehmen und die vA in ihrer Rolle als Hilfeannehmende und -akzeptierende Person stärken.

Dem CM kommt somit in doppelter Hinsicht eine Vermittlerrolle zu. Einerseits hat es eine koordinative Rolle zu übernehmen, in dem es die Koordination und Vernetzung der erforderlichen Akteure in den Blick nimmt. Andererseits müssen Case

Manager/-innen als Mittler/-innen zwischen den traditionalistischen Vorstellungen der vA und der notwendigen Einbindung von professionellen Kräften in der Versorgung des MmD fungieren.

Als Kompetenzen des CM sind somit kommunikative, koordinierende, aber auch sozial-analytische Fähigkeiten erforderlich, die den passgenauen Umgang mit normativen Vorstellungen im Umgang mit familiären Versorgungsaufgaben ermöglichen. Vor dem Hintergrund, dass es sich um eine altersmäßig eher jüngere Gruppe handelt, ist dabei auch für den längeren Zeitraum der Sicherstellung eines funktionierenden Versorgungssettings zu sensibilisieren.

4.2.2 Typus 2: Sandwich-Versorgende mit familialistischem Versorgungskonzept

Die Einschätzungen zu den Veränderungen des Belastungsempfindens beim Typus 2 verweisen auf die Notwendigkeit der Stabilisierung der Versorgungssituation durch die Beteiligung weiterer Akteure. Eine Entlastung durch externe Unterstützung führt zu einer Verteilung von Verantwortung und entlässt die vA aus der Alleinverantwortlichkeit für die Versorgung des MmD. Aufgrund des intergenerationalen Versorgungsarrangements befinden sich die vA in der Notwendigkeit, die eigenen generationalen Erfordernisse und Aufgaben (z.B. Vereinbarkeit von Familie und Beruf) sowie die des MmD zu bedienen. Durch die Beteiligung externer Akteure bietet sich für die vA die Chance, Selbststeuerungsfähigkeiten für die Belange des eigenen Lebens zu stärken bzw. zu stabilisieren.
 Die Aufgabe des CM besteht in einer koordinierenden und vernetzenden Aufgabe von Hilfs- und Unterstützungsdiensten. Der Fokus der vA besteht im Teilen von Verantwortlichkeit und der Beteiligung von weiteren Akteuren. Die Entwicklung eines erweiterten, mit professionellen Partnern ausgestatteten Netzwerkes kann für die vA aufgrund ihrer Sandwichposition und der damit verbundenen Mehrfachverantwortung der zu realisierenden Anforderungen beider Generationen als strukturell stabilisierend betrachtet werden.

Die Veränderungen im Belastungsempfinden der vA verweisen auf ein zunehmendes Ambivalenzempfinden hinsichtlich der vorherrschenden Rollenvorstellungen in der familiären Versorgung des MmD und dem damit selbst empfundenen Belastungserlebens. Die dokumentierten Versorgungsleistungen zum Einschreibezeitpunkt und die erbrachten CM-Leistungen verdeutlichen ein stark binnen-familiär strukturiertes Versorgungsarrangement. Das identifizierbare Versorgungssetting weist Züge eines weitgehend geschlossenen Systems auf, das die Versorgung als familiäre Aufgabe betrachtet, wobei Professionelle in die medizinisch, pflegerische Versorgung eingebunden werden können, aber eine Öffnung nach außen nicht

72

erfolgt. Es findet eine Fokussierung der Sicherstellung einer funktionalen Versorgung statt, der Einbezug psychosozialer Komponenten bleibt begrenzt. Die identifizierbaren Settings transportieren das Tabu der Demenz und befördern somit die Gefahr der Dekompensation des intergenerationalen familiären Systems.

Die erforderlichen Beratungsleistungen des CM bedürfen weniger der Fokussierung der Akzeptanz der Beteiligung außerfamiliärer Akteure, sondern vielmehr der Organisation funktionaler Hilfs- und Unterstützungsleistungen. Somit ist das CM für die Mitglieder dieses Typus vorrangig auf Vernetzung ausgerichtet. Neben der koordinierenden Rolle kommt dem CM darüber hinaus die Rolle der Sensibilisierung für die Gefahr der Instabilität des familiären Versorgungssettings zu. Aufgrund der intergenerationalen Struktur des Versorgungsarrangements sind neben der Sicherstellung der funktionalen Hilfen auch die lebensphasenbezogenen Bedarfe und Bedürfnisse der Beteiligten zu berücksichtigen. Die mögliche Unvereinbarkeit der Anforderungen aus beiden Anspruchsbereichen kann zu emotionalen und affektiven Be- und Überlastungssituationen mit der Folge der Dekompensation führen. Die Stabilität der Versorgung ist folglich gefährdet.

Während die Mitglieder dieses Typus durch eine Akzeptanz gekennzeichnet sind, externe funktionale Hilfs- und Unterstützungssysteme in die Versorgung einzubinden, fehlt es an einer Bereitschaft der Öffnung nach außen affektive Unterstützungsleistungen anzunehmen. Das bedeutet, es werden stark familiär-individualistische Versorgungskonzepte gelebt und über die erbrachten CM-Leistungen tradiert.

4.2.3 Typus 3: Riskant versorgende Gleichaltrige

Der Typus 3 *Riskant versorgende Gleichaltrige* ist durch ein traditionelles Versorgungsarrangement gekennzeichnet, das auf einem intragenerational orientierten Versorgungskonzept mit älteren bzw. hochaltrigen vA aufbaut.

    Die formulierten Belastungsempfindungen verweisen auf subjektiv wahrgenommene und steigende Belastungssituationen, die teilweise auch mit Instabilität in der Versorgungssituation assoziiert werden. Damit existieren Rahmenbedingungen, die bei fehlender externer Unterstützung in dekompensatorische Situationen führen und eine Fehl-, Unter- bzw. Nichtversorgung des MmD sowie gesundheitliche Beeinträchtigungen des vA bedingen können.

    Die Einschätzungen hinsichtlich der Veränderungen im Belastungsempfinden über die beiden Erhebungszeitpunkte hinweg verweisen auf Hilfs- und Unterstützungsleistungen auf zwei Ebenen. Einerseits kann über den Auf- und Ausbau eines funktionalen Netzwerkes über Pflegedienste, mobile Soziale Dienst eine Stabilisierung der Versorgungssituation erreicht werden. Damit fällt dem CM eine stärker koordinierende und organisierende Rolle zu; der/die Case Manager/-in übernimmt die Funktion des Netzwerkers/der Netzwerkerin.

Demgegenüber bedarf es bei diesem Typus auch einer emotional und affektiv unterstützenden Rolle des CM. Die vA sind aufgrund des traditionellen Versorgungsarrangements und des daran gekoppelten Rollenverständnisses in einer mental belasteten Situation, die durch Isolationserfahrungen und das Erleben von Rollenkonflikten gekennzeichnet werden kann. Der/die Case Manager/-in kann als Ansprechpartner/-in über Beratung und Begleitung eine Entlastung bieten und somit quasi eine Ventilfunktion übernehmen. Neben der funktionalen Stabilisierung der Versorgungssituation kann über die kommunikative Ebene ein Beitrag zur Sicherung des Versorgungsarrangements geleistet werden.

Ein Vergleich der drei Typen verdeutlicht, dass passgenaue CM-Leistungen jeweils typenbezogene Gewichtungen von koordinierenden Vernetzungsleistungen und begleitenden bzw. unterstützenden Beratungsleistungen erfordern.

5 Zusammenfassende Betrachtung und methodenkritische Schlussbemerkung

Die Betrachtung des CM unter dem Blickwinkel der MmD-vA-Typologie ermöglicht eine Mustererkennung bestehender Bedarfe auf der Grundlage generational unterschiedlicher Versorgungssettings. Während bei den intragenerationalen Versorgungssettings das CM über einen stärkeren Fokus der mentalen Unterstützungsleistung der vA zu Entlastungen beiträgt, steht im intergenerationalen Setting die funktionale Unterstützung stärker im Vordergrund. Für den Typus 1 *Junge, chancenreiche Gruppe mit traditionalistischem Versorgungskonzept* und Typus 3 *Riskant versorgende Gleichaltrige* übernehmen die Akzeptanzschaffung für die Übernahme von Hilfe und Unterstützung sowie die emotionale und affektive Stabilisierung entlastende Funktionen. Damit werden die vA in die Lage versetzt, eigene Wünsche und Bedürfnisse zu realisieren bzw. Freiräume für soziale Kontakte zu erhalten. Demgegenüber erfahren die vA des Typus 2 *„Sandwich-Versorgende mit familialistischem Versorgungskonzept"* über die Möglichkeit, Verantwortung zu delegieren, Entlastung. Die Organisation funktionaler Hilfen und Unterstützungen für den MmD ermöglichen es, Aufgaben der eigenen Lebensgestaltung in den zentralen Lebensbereichen Familie und Beruf zu übernehmen. Das CM zielt auf die bessere funktionale Unterstützung einerseits der MmD und andererseits der Angehörigen. Darüber hinaus zeigt die Betrachtung des WAS und WIE des erbrachten CM und der Veränderungen des Belastungsempfindens der Angehörigen, dass es sich zwar um ein Einzelfallorientiertes Vorgehen handelt, das aber zu typenbezogenen Muster führt. Der Mehrwert eines typenbezogenen CM ergibt sich aus der Chance, Strukturen zu identifizieren, die eine passgenaue Weiterentwicklung ermöglichen ohne dabei ausschließlich einzelfallbezogen vorzugehen. Über die Identifikation von Bedarfsleitenden Strukturen ist ein verstehender Zugang zu den MmD-VA-Dyaden möglich. Es lassen sich strukturelle Dimensionen und Determinanten identifizieren, die nicht nur das typenbezogene CM qualifizieren, sondern für zu entwickelnde Care Management-Konzepte relevant sind.

Die hier vorgestellten Ergebnisse bieten einen ersten Einstieg in eine Case Management-orientierte Typenbildung. Kritisch anzumerken ist hierbei, dass die Entwicklung der Typologie auf einer quantitativ kleinen Stichprobe beruht. Darüber hinaus basieren die Aussagen zu möglichen Effekten des CM auf die Veränderungen des Belastungsempfindens auf einem eher explorativen Vorgehen. Die Veränderungen des Belastungsempfindens und die erbrachten CM-Leistungen werden in Bezug gesetzt und als Ausgangspunkt genutzt, Annahmen zum Einfluss von CM auf Angehörigenbelastung zu formulieren. Dieses explorative Vorgehen ist einerseits im Rahmen einer größeren Stichprobe differenziert zu überprüfen und andererseits über eine systematische Betrachtung des Belastungsempfindens unter Anwendung gezielter CM-Leistungen zu validieren. Darüber hinaus ist das hier vorgestellte Erklärungsmodell aufgrund seiner generational ausgerichteten Typenbildung inhaltlich von eingeschränkter Reichweite. Eine Erweiterung der Typenbildung über sozialstrukturelle Indikatoren wie z. B. Milieu- oder Habitus-Ansätze scheint unter Berücksichtigung einer größeren Fallzahl methodisch und empirisch sinnvoll und notwendig.

Trotz des explorativen Vorgehens mit einer kleinen Fallzahl und einem generationalen Fokus trägt dieses Vorgehen zu einem besseren Verständnis eines passgenauen CM bei und ermöglicht den verstehenden Zugang zu einer bedarfsgerechten Unterstützung von MmD und ihren vA.

Literatur

Backes, G. M., & Clemens, W. (2013). *Lebensphase Alter. Eine Einführung in die sozialwissenschaftliche Alternsforschung* (4. Auf.). Weinheim: Beltz Juventa.

Emme von der Ahe, H., Weidner, F., Laag, U., Isfort, M., & Meyer, S. H. (2010). *Entlastungsprogramm bei Demenz. Abschlussbericht zum Modellvorhaben zur Weiterentwicklung der Pflegeversicherung nach § 8 Abs. 3 SGB XI.* Minden/Köln.

Gräßel, E., & Leutbecher, M. (1993). *Häusliche Pflege-Skala HPS zur Erfassung der Belastung bei betreuenden oder pflegenden Personen.* Ebersberg: Vless.

Isfort, M. (2003). Die Professionalität soll in der Praxis ankommen. *Pflege aktuell 57*(6), 325-329.

Krämer, K., Petzold, C., & Sulmann, D. (2005). Empfehlungen und Forderungen zur Verbesserung der Qualität der Betreuung und Pflege: Zu den Ergebnissen der Arbeitsgruppen am Runden Tisch Pflege. *Informationsdienst Altersfragen 32*(6), 5-11.

Mayer, K. U., & Baltes, P. B. (Hrsg.) (1999). *Die Berliner Altersstudie* (2., korrigierte Aufl.) Berlin: Akademie Verlag.

Schirra-Weirich, L., Wiegelmann, H., & Schmidt, C. (2015). *Modellprojekt DemenzNetz StädteRegion Aachen. Case Management für Menschen mit Demenz und deren versorgende Angehörige.* Abschlussbericht der wissenschaftlichen Begleitevaluation. Köln: Katholische Hochschule Nordrhein-Westfalen (KatHO NRW).

Schmidt-Hertha, B. & Tippelt, R. (2011). *Typologien.* In: Deutsches Institut für Erwachsenenbildung (Hg.). Report. Zeitschrift für Weiterbildungsforschung. 34. Jahrgang, Heft 1/2011, 23-35. URL: http://www.die-bonn.de/doks/report/2011-weiterbildungsforschung-03.pdf#page=1 (abgerufen zuletzt 03.02.2016).

Schneekloth, U., & Wahl, H.-W. (2005). *Möglichkeiten und Grenzen selbständiger Lebensführung in privaten Haushalten (MuG III). Repräsentativbefunde und Vertiefungsstudien zu häuslichen Pflegearrangements, Demenz und professionellen Versorgungsangeboten.* Integrierter Abschlussbericht im Auftrag des Bundesministeriums für Familie, Senioren, Frauen und Jugend. München.

Theilig, A., Schirra-Weirich, L., Hülsmeier, L., Schmitt, C., & Wiegelmann, H. (2014). *Abschlussbericht des Projekts DemenzNetz Aachen für das Ministerium für Gesundheit, Emanzipation, Pflege und Alter des Landes NRW.*

Zank, S. (2010). Belastung und Entlastung von pflegenden Angehörigen. *Psychotherapie im Alter 7*(4), 431-444.

Ambulant betreute Wohngemeinschaften – Entwicklungen und Perspektiven

Karin Wolf-Ostermann, Annika Schmidt & Johannes Gräske

1 Hintergrund

Veränderungen in der demografischen Altersstruktur der Bundesrepublik Deutschland, mit einer Verschiebung hin zu einem größeren Anteil alter und zunehmend unterstützungsbedürftiger Menschen (vgl. Rothgang, Müller & Unger 2012), werden die Gesellschaft zukünftig vor große Herausforderungen stellen. Insgesamt 2,5 Mio. Menschen mit Pflegebedarf gibt es derzeit, von den 1,18 Mio. allein durch Angehörige, 576.000 durch Angehörige und/oder ambulante Pflegedienste und 743.000 vollstationär in Heimen versorgt werden (vgl. Statistisches Bundesamt 2015, S. 5). Im Bundesdurchschnitt werden damit 70% aller Menschen mit Pflegebedarf in der eigenen Häuslichkeit versorgt, wobei regionale Unterschiede zu verzeichnen sind (vgl. Abb. 4.1).

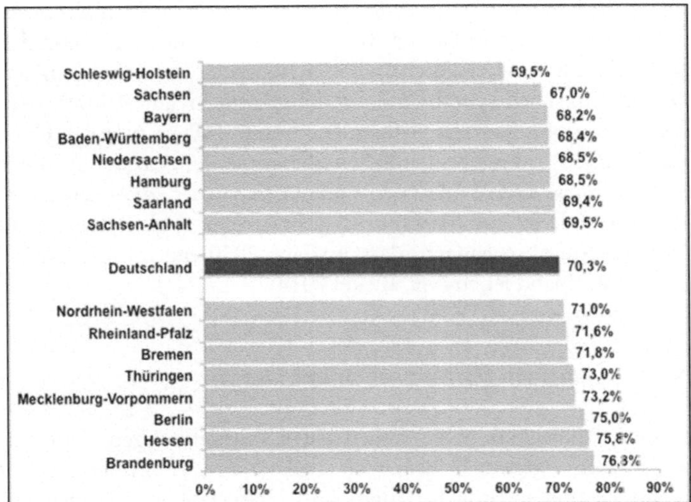

Abb. 4.1: Anteil ambulant versorgter Pflegebedürftiger 2013 nach Bundesland (Statistisches Bundesamt 2013, S. 12)

Gleichzeitig erfolgte in den Jahren 2005-2011 in den Bundesländern Baden-Württemberg, Brandenburg, Bremen, Hamburg, Mecklenburg-Vorpommern, Niedersachsen, Rheinland-Pfalz, Sachsen, Sachsen-Anhalt und Thüringen ein Ausbau der stationären Pflege, der über dem Bundesdurchschnitt lag (vgl. Kremer-Preiß & Mehnert 2014, S. 29). Die vollstationär in Pflegeheimen versorgten Personen sind dabei überwiegend weiblich (stationär 73% - ambulant 61%), hochaltrig und schwerstpflegebedürftig (Pflegestufe III: stationär 21% - ambulant 8%) (vgl. Statistisches Bundesamt 2015, S. 9).

Nicht nur, dass bis 2050 eine ungefähre Verdoppelung des Pflegebedarfs prognostiziert wird, gleichzeitig wird auch die Zunahme altersspezifischer Erkrankungen zu beobachten sein. Ein besonderes Augenmerk wird dabei auf demenziellen Erkrankungen liegen, da diese die häufigsten neuropsychiatrischen Erkrankungen im Alter darstellen (vgl. Weyerer 2005, S. 7). Demenzielle Erkrankungen sind laut den diagnostischen Leitlinien der International Classification of Disease 10 (ICD 10) als chronische oder fortschreitende Krankheit des Gehirns mit Störung vieler höherer kortikaler Funktionen, einschließlich Gedächtnis, Denken, Orientierung, Auffassung, Rechnen, Lernfähigkeit, Sprache und Urteilsvermögen charakterisiert. Begleiterscheinungen sind Veränderung der emotionalen Kontrolle, des Sozialverhaltens und der Motivation (vgl. DIMDI 2014). Aufgrund der vorwiegend globalen Symptome und den daraus resultierenden erheblichen Beeinträchtigungen des täglichen Lebens, ist eine demenzielle Erkrankung im Frühstadium nur schwer zu diagnostizieren (vgl. Weyerer & Schäufele 2006). Die mit Abstand häufigste Demenzform ist die vom Alzheimer Typ, gefolgt von der vaskulären Demenz (vgl. Weyerer, S. 9). Derzeit leben ca. 1,5 Millionen Menschen mit Demenz in Deutschland (vgl. Bickel 2014). Da ein höheres Alter mit einer höheren Wahrscheinlichkeit an einer Demenz zu erkranken einhergeht, ist für die künftigen Jahre durch den demografischen Wandel und ohne derzeit vorhandene kurative Therapie (vgl. Herholz & Zanzonico 2009, S. 33) mit einer deutlichen Zunahme der Anzahl an Menschen mit Demenz zu rechnen. Die Zahl der inzidenten Fälle wird zwischen 2007 und 2050 um 113% von 290.000 auf 610.000 pro Jahr steigen (vgl. Peters et al. 2010, S. 422). Es wird davon ausgegangen, dass im Jahr 2050 rund 3 Mio. Menschen mit Demenz in Deutschland leben (vgl. Bickel 2014).

2 Wohn- und Versorgungsformen für Menschen mit Demenz

Etwa die Hälfte aller Menschen mit demenziellen Erkrankungen lebt in Deutschland derzeit in der eigenen Häuslichkeit (vgl. Wimo & Prince 2010), unterstützt durch formelle und informelle Hilfen und Helfer/innen. Gleichzeitig sind demenzielle Erkrankungen einer der wichtigsten Gründe für den Übertritt in eine vollststationäre Versorgung (vgl. Heinen et al. 2015; Luppa et al. 2010, S. 32), wenn eine adäquate Versorgung durch Angehörige und/oder ambulante Pflegedienste in der eigenen Häuslichkeit nicht mehr sichergestellt werden kann. Während auf der einen Seite die Anzahl an Menschen mit Pflege- und Unterstützungsbedarf aufgrund von demenziellen Erkrankungen massiv steigen wird, verändern sich auf der anderen Seite auch zunehmend die Erwartungen an altersgerechte Wohn- und Versorgungsformen.

Nach einer Umfrage beziehen sich Wohn- und Versorgungspräferenzen älterer Menschen auf ein selbstbestimmtes Leben, ausreichende Versorgungs- und medizinische Infrastrukturen sowie bezahlbaren Wohnraum – und dies unabhängig vom Alter, regionaler Herkunft, Ausbildung und Gesundheitszustand (vgl. Stachen 2013, S. 15). Die Umfrage zeigte ebenfalls, dass auch bei Pflegebedürftigkeit primär an eine ambulante Versorgung durch Angehörige und ambulante Pflegedienste gedacht wird und stationäre Konzepte bei den Wohnwünschen im Alter eher weniger Anklang finden. Gleichzeitig klaffen große Lücken an barrierefreien/-armen Wohnungen (vgl. Abb. 4.2) oder an alternativen Wohn- und Versorgungsangeboten.

Abb. 4.2: Geschätzte zusätzliche Bedarfe an barrierefreien/-armen Wohnungen (Kremer-Preiß & Mehnert 2014, S. 24)

Fragen der Versorgungserfordernisse werden also zunehmend wichtig, insbesondere bzgl. Menschen mit Demenz – dieser Tatsache wird auch durch gesetzliche Regelungen Rechnung getragen (vgl. Bundesministerium für Gesundheit 2012, S. 2246). Um den aufgezeigten Herausforderungen in den kommenden Jahren zu begegnen, wird daher ein starkes gesellschaftliches Engagement in der Konzeption und Entwicklung/Verbreitung altersgerechter Wohn- und Versorgungsformen erforderlich sein, um

> Wohnwünsche /Wohnpräferenzen ältere Menschen zu berücksichtigen,
> Lebens- und Versorgungsqualität zu sichern und gleichzeitig
> Kosten und Ressourcen im Blick zu behalten und gerecht zu verteilen.

Die zunehmende Forderung bzw. der Wunsch nach Selbstbestimmung im Alter in Bezug auf das Wohnen und die pflegerische Versorgung ist auch einer der wichtigsten förderlichen gesellschaftlichen Einflussfaktoren für die Etablierung von ambulant betreuten Wohngemeinschaften (WG) (vgl. Fischer et al. 2011).

3 Ambulant betreute Wohngemeinschaften

Die Entwicklung von ambulant betreuten WG in Deutschland ist im Wesentlichen in drei großen Phasen erfolgt (vgl. Fischer et al. 2011, S. 101). Die Anfänge begründen sich in Betroffeneninitiativen. Vorläufer für ambulant betreute WG für pflegebedürftige alte Menschen sind Außenwohngruppen und Wohngruppenkonzepte für Menschen mit Behinderung in den 1970er- und 1980er-Jahren („ambet" 1987). Darauf erfolgten erste Schritte in die Regelversorgung durch spezielle z.T. bundeslandspezifische Förderungen, Anschubfinanzierungen, etc. In der dritten großen Phase erfolgte die Etablierung am Markt, gekennzeichnet durch eine bundesweite gesetzliche Verankerung und hohe Zuwachsraten.

3.1 Das Konzept ambulant betreuter Wohngemeinschaften

Das Konzept ambulant betreuter WG wurde für eine Personengruppe geschaffen, deren Hilfebedarf sich in der angestammten Häuslichkeit nicht mehr angemessen befriedigen lässt und für die eine ambulante Versorgung durch eine koordinierte Inanspruchnahme von Diensten ermöglicht werden soll. Die Pflege und Betreuung dieser Personengruppe soll in möglichst „häuslicher" Umgebung erfolgen, wobei in der Regel die ständige Präsenz von Betreuungspersonal erforderlich ist. Die Zielsetzung von WG ist dabei gekennzeichnet durch

> die Schaffung familienähnlicher, alltagsnaher Strukturen,
> einen Stadtteil-/Umfeldbezug,
> Gewährleistung von Versorgungssicherheit und Wohlbefinden,
> Erhalt von Selbstbestimmung und Selbstständigkeit und den
> Einbezug von Angehörigen (vgl. Fischer et al. 2011, S. 101f).

Ambulant betreute WG sind dabei durch ein multiprofessionelles Netzwerk an Akteuren gekennzeichnet (vgl. Abb. 4.3) und insbesondere auch für Menschen mit Demenz konzipiert.

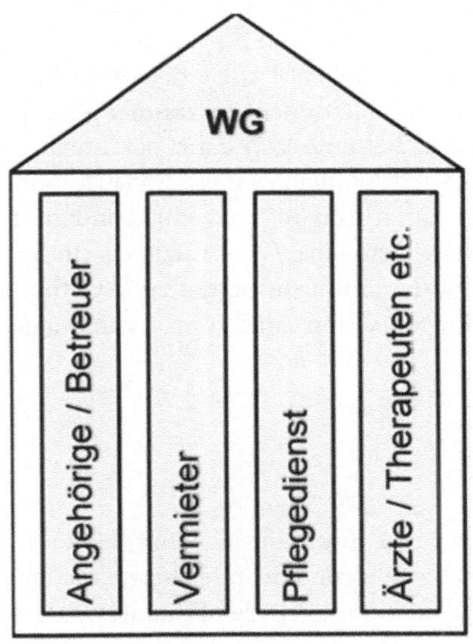

Abb. 4.3: Akteure in ambulant betreuten WG (Wolf-Ostermann et al. 2014, S. 11).

Grundsätzlich lassen sich ambulant betreute WG in der BRD unterscheiden in selbstbestimmte (d.h. durch die Initiative von Betroffenen und Angehörigen getragene WG) und trägergesteuerte/-initiierte WG. Ob diese Formen jeweils einzeln oder nebeneinander vertreten sein können, unterscheidet sich dabei je nach den gesetzlichen Regelungen in den einzelnen Bundesländern. Zusätzlich lassen sich ambulant betreute WG noch danach unterscheiden, ob die Versorgung von Menschen mit Demenz integrativ oder segregativ erfolgt. Die ursprüngliche Idee der selbstbestimmten WG sieht dabei folgende Charakteristika vor:

> Vermieter und Erbringer der Pflegeleistung müssen unterschiedliche juristische Personen sein[16],
> der Mietvertrag muss unabhängig von Verträgen zu Betreuungs-/ Pflegeleistungen abgeschlossen werden,
> Wahlfreiheit bezüglich des Pflege-/Betreuungsanbieters muss gegeben sein,
> die eigene Häuslichkeit (SGB XI)/Haushaltsführung muss vorliegen und
> es dürfen keine Träger/Betreiber vorhanden sein.

Allen Konzepten gemeinsam ist jedoch die Entwicklung neuer therapeutischer Umgebungen, bei denen Klient/-innen im Zentrum der Angebote stehen und die Umsetzung des „Normalisierungsprinzips" trotz intensiven Pflege- und Betreuungsbedarfes gewährleistet werden soll. Soziale Strukturen sollen beibehalten werden und auch das räumliche Angebot folgt den typischen räumlichen Strukturen einer Wohnung (Küche, Wohnzimmer/Esszimmer und private Schlafräume). In Deutschland sind ambulant betreute WG dabei auch nicht als Übergangslösung für die Phase zwischen dem selbständigen Leben zuhause ohne Unterstützungsbedarf und der vollstationären Unterbringung gedacht, sondern folgen dem „home-for-life"-Prinzip, das dem/der Bewohner/-in prinzipiell ein Verbleiben bis zum Tode ermöglicht. Das Konzept der ambulant betreuten WG fügt sich damit in eine Vielzahl ähnlicher kleinräumiger Wohn- und Versorgungsangebote weltweit ein (vgl. Verbeek et al. 2009).

3.2 Gesetzliche Regelungen

Lag es 2002 im Rahmen der Erprobungsregelung (HeimG § 25a) noch im Ermessen der jeweiligen Aufsichtsbehörden die erleichterte Genehmigung „neuer" Wohnformen zu befördern, so wurden nach der Föderalismusreform im Jahr 2006 von allen Bundesländern hierzu Gesetzgebungskompetenzen in Anspruch genommen. Die Zeiträume des Inkrafttretens von landeseigenen „Heimgesetzgebungen" (oftmals als Wohn- und Teilhabegesetze bezeichnet) reichen dabei von 2008 (Baden-Württemberg, Bayern, NRW) bis 2014 (Thüringen) – immer mit dem Ziel, eine Abgrenzung verschiedener Wohn- und Betreuungsformen für Menschen mit Pflege- und Unterstützungsbedarf zu definieren und gleichzeitig eine größtmögliche Lebensnormalität für hilfe- und pflegebedürftige Personen zu gewährleisten (vgl. Wolf-Ostermann et al. 2012a). Hinzu kamen bundesweite gesetzliche Regelungen, die explizit ambulant betreute WG fördern, wie etwa das Pflege-Neuausrichtungsgesetz (PNG) aus dem Jahr 2012. Dieses sieht eine pauschale Ein-

---

16 Nicht in Bayern.

82

malförderung von 2.500 € pro Person und maximal 10.000 € pro WG zur Verbesserung des Wohnumfelds vor sowie eine Pauschale in Höhe von 200 € pro Monat und Person für Präsenz- bzw. Einzelpflegekräfte, die pflegerische und hauswirtschaftliche Alltagshilfen leisten oder sich um organisatorische Abläufe kümmern (vgl. Bundesministerium für Gesundheit 2012, S. 2246). Durch das Pflegestärkungsgesetz I wurden seit Januar 2015 die Pauschalen auf 205 € pro Person und Monat erhöht, die auch Personen in der so genannten Pflegestufe 0 (insbesondere Menschen mit Demenz) zur Verfügung stehen. Auch die Anschubfinanzierungen für ambulant betreute WG wurden noch einmal erhöht. Generell ist bundesweit auch eine finanzielle Förderung durch Zuschüsse für den Aufbau (z.B. durch Fördermittel der Stiftung Deutsches Hilfswerk für zeitgemäße soziale Maßnahmen und Einrichtungen) sowie die Finanzierung der Investitionskosten durch zinsverbilligte Darlehen der Kreditanstalt für Wiederaufbau gegeben. Auch das „Poolen" von Pflege- und Betreuungsleistungen ist bundesweit zulässig.

Länderspezifisch existieren daneben weitere Förder- und Finanzierungsmodelle. So erfolgt in Nordrhein-Westfalen und Schleswig-Holstein die Förderung quartiersbezogener Versorgungsprojekte, in Bayern, Brandenburg, Hamburg, Mecklenburg-Vorpommern, Niedersachsen, Nordrhein-Westfalen, Rheinland-Pfalz und Schleswig-Holstein auch eine Finanzierung der Investitionskosten im Rahmen der sozialen Wohnraumförderung. In Bayern bspw. regelt die Förderrichtlinie „Neues Seniorenwohnen" eine Anschubfinanzierung von maximal 40.000 € und maximal 90% der tatsächlichen Aufwendungen für höchstens zwei Jahre zum Auf-/Ausbau neuer ambulanter Wohn-, Pflege-und Betreuungsformen. Darüber hinaus existieren in vielen Bundesländern explizit Fachberatungsstellen zu alternativen Wohnformen, die auch ambulant betreute WG umfassen. Der Wohnatlas (vgl. Kremer-Preiß & Mehnert 2014) des Kuratoriums Deutsche Altershilfe listet dabei bis 2014 folgende Fachberatungsstellen auf (vgl. Abb. 4.4).

Fachberatungsstellen zu gemeinschaftlichen Wohnformen
Berlin, Hamburg, Niedersachsen, NRW*, Rheinland-Pfalz, Schleswig-Holstein
Fachberatungsstellen zu Pflegewohngemeinschaften
Bayern (allgemein Wohnen im Alter), Brandenburg, Hamburg, Rheinland-Pfalz, Schleswig-Holstein
Fachberatungsstellen zu Quartierskonzepten
Nordrhein-Westfalen

* Fachberatungsstellen beraten insgesamt zu innovativen Wohnformen

Abb. 4.4 Fachberatungsstellen zu alternativen Wohnformen (Kremer-Preiß & Mehnert 2014, S. 88).

Zusätzlich existiert seit dem 01.11.2014 auch in Baden-Württemberg eine landesweite Beratungsstelle für ambulant betreute Wohnformen. Für selbstbestimmte WG gilt, dass diese überwiegend als privates Wohnen gewertet werden und damit in fast allen Bundesländern aufsichtsfrei sind. Eine Ausnahme bildet Bayern, das Regelprüfungen auch in ambulant betreuten WG vorsieht. Insgesamt gibt es nur wenige qualitative Anforderungen an ambulant betreute WG, wie z.B. die Gründung eines internen Qualitätskontroll- und -sicherungsorgans und auch personelle Anforderungen sind derzeit einzig in der Rechtsverordnung des Landes Berlin vorgeschrieben[17].

Für nicht selbstbestimmte und trägerverantwortete WG existieren dagegen eine Vielzahl von verbindlichen Qualitätskriterien auf Strukturebene (z.B. Beschwerde- u. Qualitätsmanagement und/oder personelle und bauliche Mindestanforderungen) sowie Regelprüfungen. Betreiber dieser WG müssen zudem sicherstellen, dass die Gesamtzahl der an der Pflege und Betreuung beteiligten Personen sowie deren persönliche und fachliche Qualifikation für die zu leistende Tätigkeit ausreichend sind.

3.3 Anzahlen und regionale Verteilung

Da ambulant betreute WG in fast allen Bundesländern überwiegend als private Wohnform gewertet werden, gibt es derzeit keine verlässliche Datenbasis zur aktuellen Anzahl der in der BRD vorhandenen ambulant betreuten WG für Menschen mit Pflegebedarf und/oder Demenz. Meldepflichten für ambulant betreute WG gibt es derzeit nur in den Bundesländern Bayern und Berlin – aber auch hier erfolgt nicht grundsätzlich eine jährliche Aktualisierung, ob einmal gemeldete WG weiterhin existieren und das Nichtmelden einer ambulant betreuten WG wird nicht sanktioniert. Die erste bekannte WG wird für das Jahr 1995 in Berlin angegeben (vgl. Pawletko 1996). Aus der Literatur lässt sich ansatzweise die weitere Entwicklung skizzieren. Nach Kremer-Preiß & Narten (2004, S. 14) existieren 2003 bundesweit 143 WG, für das Jahr 2006 gibt es nach Brinker-Meyendriesch (2006,) 200 WG. Wolf-Ostermann (2011, S. 85; Wolf-Ostermann & Fischer 2010, S. 262) berichtet 2007 bereits 230 WG in Berlin mit ca. 1.000 Bewohner/innen und 2009 dann 331 WG in Berlin mit ca. 2.000 Bewohner/innen. Für 2012 ist bekannt, dass allein in Berlin nach Auskunft der zuständigen Heimaufsicht ca. 465 WG existieren. Eine von Wolf-Ostermann et al. (2012a) durchgeführte Studie kommt zum Stichtag 09.08.2012 zu dem Ergebnis, dass bundesweit mindestens 1.420 ambulant betreute WG mit 10.590 Betreuungsplätzen vorhanden sind (vgl. Abb. 4.5). Davon sind 531

---

17 Durchgehend mindestens eine anwesende Hilfskraft (§ 8(5) WTG-PersV)).

WG ausschließlich für Menschen mit Demenz vorgesehen und 170 WG vom integrativen Typus, zu allen anderen WG liegen keine eindeutigen Angaben vor.

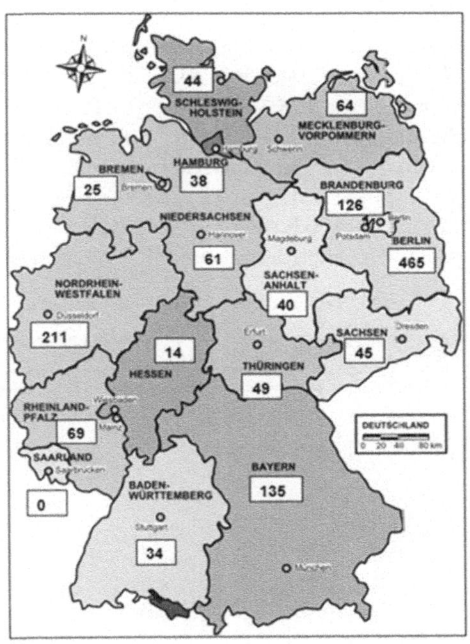

Abb. 4.5: Anzahlen ambulant betreuter WG in den Bundesländern zum Stichtag 09.08.2012 (Wolf-Ostermann et al. 2014a, S. 588)

Setzt man die Anzahl von Pflegebedürftigen zu den Anzahlen ambulant betreuter WG ins Verhältnis, so entfallen für 2012 221 Pflegebedürftige auf einen WG-Platz (2,8 pro Heimplatz) bzw. auf 80 vollstationäre Plätze (Heim) entfällt ein WG-Platz (1,3%). Werden diese Anzahlen zugrunde gelegt, so decken die vorhandenen Betreuungsplätze in ambulant betreuten WG im Jahr 2012 gerade mal ein halbes Prozent aller Menschen mit Pflegebedarf ab. Um nur 10% aller Menschen mit Pflegebedarf eine Angebot in ambulant betreuten WG zur Verfügung zu stellen, müssten allein 30.000 WG gegründet werden bzw. bundesweit zur Verfügung stehen (vgl. Wolf-Ostermann et al. 2014a, S. 211). Die regionale Verteilung der Versorgungskapazitäten in ambulant betreuten WG ist dabei sehr unterschiedlich. Waren in Berlin als Spitzenreiter 2012 465 WG bekannt, so bildete Hessen das Schlusslicht mit insgesamt 14 bekannten WG. Auch umgerechnet auf die Anzahl Pflegebedürftiger pro WG-Platz ergaben sich für 2012 sehr unterschiedliche Verhältnisse. Hier führte das Bundesland Bremen mit 16 Pflegebedürftigen pro WG-Platz vor Berlin mit 29 und dem Schlusslicht Hessen mit 2.010 Pflegebedürftigen pro WG-Platz. Bezieht man die Anzahl der WG-Plätze auf vollstationäre Plätze in Pflegeheimen, so ergibt sich für Berlin eine Quote von 1:10, für Schleswig-Holstein, als Schlusslicht, von 1:945. Aktuell dürfte sich die Anzahl ambulant betreuter WG noch einmal gesteigert haben. So berichtet Berlin aktuell von 563 WG mit ca. 4.500 Plätzen und Bayern hatte zum 31.12.2013 insgesamt 198 WG mit 1.513 Plätzen. Eine Schätzung des Kuratoriums Deutsche Altershilfe (vgl. Kremer-Preiß & Mehnert 2014, S. 33) geht für das Jahr 2013 von ca. 1.600 ambulant betreuten WG bundesweit mit etwa 18.000 Plätzen aus (vgl. Abb. 4.6). Die in dieser Schätzung angenommene Versorgungsquote von 0,7% für Pflegebedürftige impliziert, dass von 1.000 Pflegebedürftigen ca. sieben Personen in einer ambulanten Pflegewohngemeinschaft versorgt werden.

Bundesland	Initiativen	Plätze	Versorgungsgrade
	bei durchschnittlich 10 pro WG		Pflegebedürftige 2011
Baden-Württemberg	ca. 100	ca. 1.000	0,36 %
Bayern	169	1.355	0,41 %*
Berlin	570**	ca. 5.700	5,28 %
Brandenburg	> 150*	ca. 1.500	1,56 %
Bremen	25	ca. 250	1,13 %
Hamburg	23	ca. 230	0,49 %
Hessen	6**	ca. 60	0,03 %
Mecklenburg-Vorp.	15*	ca. 150	0,22 %
Niedersachsen	56	ca. 560	0,21 %
Nordrhein-Westfalen	511	ca. 5.110	0,93 %
Rheinland-Pfalz	90 ¹	ca. 900	0,80 %
Saarland	> 1*	> 10	0,03 %
Sachsen	23*	ca. 230	0,17 %
Sachsen-Anhalt	25	ca. 250	0,28 %
Schleswig-Holstein	42²	446 Plätze	0,55 %
Thüringen	—**	—	k. A.
Bundesweit	1.595**	17.751	0,71 %*

1 Der Begriff „ambulante Pflegewohngemeinschaft" umfasst für Rheinland-Pfalz eigenständige betreute Wohngruppen und selbstorganisierte WGs.
2 Geplant sind in Schleswig-Holstein weiter 37 mit 410 Plätzen und dann einem Versorgungsgrad von 1,1 %.

* Keine Korrekturen in der Länderbefragung. Angaben beruhen auf eigenen Recherchen.
** Keine Beteiligung an der Länderbefragung. Angaben beruhen auf eigenen Recherchen, können in Realität höher sein.

Abb. 4.6: Geschätzte Anzahl von Initiativen und Versorgungsgraden ambulanter Pflegewohngemeinschaften in den Bundesländern in 2013 (Kremer-Preiß & Mehnert 2014, S. 34).

Ambulant betreute WG werden in der allgemeinen Wahrnehmung häufig mit besseren Versorgungsoutcomes für Menschen mit Demenzen und/oder Pflegebedarf in Verbindung gebracht als z.B. vollstationäre Unterbringungen. Hierzu gehören etwa Erwartungen wie die Vermeidung von Heimunterbringung, eine höhere Lebensqualität der Bewohner/-innen, der Erhalt motorischer und kognitiver Ressourcen, Vermeidung von Rückzug, Apathie und Depression, die Vermeidung nichtangemessener Psychopharmakagaben, die Vermeidung von Burn-out-Symptomen beim eingesetzten Pflegepersonal und eine geringere Überforderung der pflegenden Angehörigen. Gräske et. al. (2013) haben in einer systematischen Literaturrecherche belegbare Aussagen zu ambulant betreuten WG zusammengestellt, die hier auszugsweise beschrieben werden sollen.

Die durchschnittliche Anzahl an Bewohner/-innen pro WG beträgt in Deutschland 6-8 Personen (vgl. Wolf-Ostermann et al. 2012b; Staub 2010; Helck 2007). Diese sind überwiegend weiblich und durchschnittlich ca. 80 Jahre alt (vgl. Wolf-Ostermann, Worch & Gräske 2012; Steiner 2006, S. 39). Es gibt kaum Bewohner/ -innen mit Migrationshintergrund (vgl. Wolf-Ostermann & Fischer 2010, S. 265; Helck 2007; Piechotta-Henze 2012). In den ambulant betreuten WG leben Bewohner/-innen mit allen Schweregraden der Demenz und der Pflegebedürftigkeit (vgl. Wolf-Ostermann, Worch & Gräske 2012; Steiner 2006, S. 39; Gräske et al. 2012, S. 822). Ein Hauptgrund für das Verlassen der WG ist das Versterben der Bewohner/ -innen (vgl. Wolf-Ostermann & Fischer 2010, S. 269).

Betrachtet man die personelle Versorgungssituation in den WG, so ist eine 24-Stundenbetreuung üblich (vgl. Pawletko 1996; Wolf-Ostermann et al. 2012b; Wißmann 2003). Die Relation aller Vollzeit-Beschäftigten in einer WG – unabhängig von ihrer Qualifikation – zu Bewohner/-innen beträgt ca. 1:1 (vgl. Wolf-Ostermann, Worch & Gräske 2012). Es sind jedoch nicht in allen WG durchgehend Pflegefachkräfte tätig (vgl. Wolf-Ostermann, Worch & Gräske 2012). Im Vergleich zur vollstationären Versorgung weisen ambulant betreute WG mehr Personal, aber weniger Pflegefachkräfte (insbesondere mit gerontopsychiatrischer Zusatzqualifikation) auf (vgl. Wolf-Ostermann et al. 2011). Die medizinisch-therapeutische Versorgung innerhalb von WG ist bisher nur ansatzweise erforscht, im Vergleich zu stationären Einrichtungen ist die Facharztversorgung geringer, aber die therapeutische Versorgung höher (vgl. Wulff et al. 2011).

Bei Einzug in eine WG weisen Bewohner/-innen niedrigere Pflegestufen auf als Personen, die in stationäre Einrichtungen ziehen (vgl. Steiner 2006) und es gibt Unterschiede zwischen WG und stationären Einrichtungen hinsichtlich des Ernährungsstatus (vgl. Meyer et al. 2014). In WG lassen sich weniger Personen mit schlechtem Ernährungszustand, aber mehr Personen mit guten Ernährungszustand finden als in stationären Einrichtungen. Neuro-psychiatrische Symptome (Depression, Aggression) sind in WG geringer als in stationären Einrichtungen zu finden (vgl. Nordheim et al. 2011), jedoch sind die Prävalenzen für neuropsychiatrische Symptome insgesamt hoch: Agitation/Aggression (43,3%), Reizbarkeit (41,3%), Depression (34,6%), Apathie (34,6%) (vgl. Wolf-Ostermann et al. 2014b). Die beobachtete Lebensqualität ist in ambulant betreuten WG moderat bis hoch (67 von 100 Punkten, QUALIDEM) (vgl. Wolf-Ostermann et al. 2014b). Bedingt durch die Progression der Demenz kommt es jedoch auch in ambulant betreuten WG zu einer Verschlechterung des körperlichen und geistigen Zustandes im zeitlichen Verlauf, hier zeigen sich keine Unterschiede zwischen WG und stationären Einrichtungen (vgl. Wolf-Ostermann et al. 2012c).

Bezüglich der Einbindung von Angehörigen zeigt sich, dass eine aktive Beteiligung von Angehörigen zu einer besseren Lebensqualität der Bewohner/-innen führt (vgl. Gräske et al. 2015). Insgesamt ist aber die Einbindung von Angehörigen und/oder Ehrenamtlichen in ambulant betreuten WG nicht höher als in stationären Einrichtungen (vgl. Gräske et al. 2011). Im Bereich des bürgerschaftlichen Engagements dominieren Frauen aus affinen Milieus und Berufsfeldern, wobei die Weichen für ein bürgerschaftliches Engagement bereits bei der Gründung gestellt werden (vgl. Schwendner 2013).

Gesetzliche Qualitätsvorgaben für ambulant betreute WG, die über Vorgaben für ambulante Pflegedienste als Leistungserbringer allgemein hinausgehen, sind im Vergleich zu Einrichtungen der stationären Langzeitpflege nur spärlich. Diese wenigen Qualitätsvorgaben sind zudem bundesweit unterschiedlich und i.d.R. auf strukturelle Aspekte begrenzt. Eine Literaturrecherche von Worch et al. (2011) erbrachte 39 wissensbasierte Qualitätsindikatoren für ambulant betreute WG zu den Bereichen Struktur, Prozess und Ergebnis. Eine Erprobung und Evaluation dieser Qualitätsindikatoren im Rahmen einer cluster-randomisierten Studie erbrachte zwar positive Effekte bzgl. Ernährung, Sturz, freiheitseinschränkenden Maßnahmen und zu verbesserten Strukturen und Prozessen in WG, wies jedoch keine signifikanten Unterschiede bzgl. Lebensqualität (vgl. Wolf-Ostermann et al. 2014b) oder herausfordernder Verhaltensweisen (vgl. Wolf-Ostermann et al. 2015) der Bewohner/ -innen nach.

Zusammenfassend zeigt der derzeitige Stand der Forschung keine generell besseren Versorgungsergebnisse von WG gegenüber Heimen bzgl. der Lebensqualität oder herausfordernder Verhaltensweisen bei Menschen mit Demenz. Es gibt zudem derzeit keine Erkenntnisse zu regionalen Unterschieden (Bundesländer bzw. urban/ländlich) in Versorgungskonzepten. Es liegen nur vereinzelt Ergebnisse zur

Entwicklung von setting-spezifischen Qualitätsmanagementkonzepten (z.B. WG Qual-Studie (vgl. Wolf-Ostermann, Worch & Gräske 2012) vor und insgesamt ist festzustellen, dass bisher nur wenige belastbare Daten zu ambulant betreuten WG verfügbar sind. Ergebnisse liegen überwiegend nur für WG aus Berlin, vereinzelt auch für Bayern und Baden-Württemberg vor. Erste Hinweise im Zeitverlauf lassen darauf schließen, dass die Versorgung von Menschen mit Demenz zunehmend in darauf spezialisierten (segregativen) WG stattfindet. Die versorgte Klientel hat sich in Berlin im Zeitverlauf nicht wesentlich verändert, wobei der Anteil an Bewohner/-innen, die bis zu ihrem Tod in der WG verbleiben, über die Jahre deutlich zunimmt. Zudem scheinen WG bewusst als Alternative zu einem Pflegeheim ausgewählt zu werden.

4 Fazit

Die Entwicklung ambulant betreuter WG verdeutlicht den Paradigmenwechsel von trägergesteuerten hin zu nutzergesteuerten Wohn- und Betreuungsformen. Ambulant betreute WG sind dabei gekennzeichnet durch ein multiprofessionelles Netzwerk an Dienstleistern/Akteuren und als ein Versorgungsangebot für Menschen mit Demenz. Im Verlauf der letzten 20 Jahre haben sie den Wandel von einem Modell- zu einem Regelangebot durchlaufen – wenn auch mit großen regionalen Unterschieden. Ihre gesetzliche Verankerung ist bundesweit erfolgt und eine weitere zahlenmäßige Ausweitung des Angebotes ist zu erwarten - auch wenn bisher nicht von einer flächendeckenden Versorgung gesprochen werden kann.

Aus der ursprünglich ausschließlich selbstbestimmten Versorgungsform ist in einigen Bundesländern inzwischen ein Nebeneinander von selbstbestimmten, aber auch trägergesteuerten Modellen geworden. Dies spiegelt auch noch einmal das Spannungsfeld von privatem Wohnen/Selbstbestimmung und Verantwortung für den Schutz der vulnerablen Bewohner/-innen wieder, dass vielfach aufgrund seiner Komplexität ungelöst bleibt. Eine Qualitätskontrolle ist bisher nicht strukturell verankert und es fehlen weiterhin definierte und von allen Akteursgruppen konsentierte Zielsetzungen für ein gemeinschaftliches Qualitätsverständnis auf Grundlage einer definierten Zielsetzung zur Versorgung der Bewohner/-innen sowie konkrete, fundierte und für die Akteure nachvollziehbare Erfordernisse zur Weiterentwicklung im Sinne einer besseren Versorgungsqualität.

Abschließend lässt sich festhalten, dass ambulant betreute WG ein Baustein in einer Vielzahl möglicher maßgeschneiderter Versorgungsangebote sind. Notwendig für den weiteren Ausbau und vor allem die Koordination in einem wohnortnahen, quartiersbezogenen Gesamtkonzept zur Sicherstellung einer qualitativ hochwertigen Versorgung und Betreuung sind daher zukünftig eindeutige und leistungsrechtliche

Festlegungen, fundierte Beratungsangebote, die Entwicklung bzw. das Vorliegen von Qualitätssicherungskonzepten und nicht zuletzt die Einbeziehung der Kommunen in Planung und Umsetzung.

Literatur

Bickel, H. (2014). Das Wichtigste - Die Epidemiologie der Demenz. http://www.deutsche-alzheimer.de/fileadmin/alz/pdf/factsheets/infoblatt1_haeufigkeit_demenzerkrankungen_dalzg.pdf. Zugegriffen: 21. Juni 2015.

Brinker-Meyendriesch, E. (2006). Ausgewählte Inhalts- und Strukturelemente von Wohngemeinschaften, in denen Menschen mit Demenz leben. *PR-InterNet für die Pflege 8*(4), 240-246.

Bundesministerium für Gesundheit (2012). Gesetz zur Neuausrichtung der Pflegeversicherung (PNG). *Bundesgesetzblatt 51*.

DIMDI (2014). ICD-10-GM Version 2014 - Kapitel V: Psychische und Verhaltensstörungen (F00-F99). https://www.dimdi.de/static/de/klassi/icd-10-gm/kodesuche/onlinefassungen /htmlgm2013/block-f00-f09.htm. Zugegriffen: 12. Oktober 2015.

Fischer, T., Worch, A., Nordheim, J., Wulff, I., Gräske, J., Meye, S. et al. (2011). Ambulant betreute Wohngemeinschaften für alte, pflegebedürftige Menschen - Merkmale, Entwicklungen und Einflussfaktoren. *Pflege 23*(2), 97-109.

Gräske, J., Meyer, S., Worch, A., & Wolf-Ostermann, K. (2015). Family visits in shared-housing arrangements for residents with dementia – a cross-sectional study on the impact on residents' quality of life. *BMC Geriatrics 15*(14), 1-9.

Gräske, J., Worch, A., Meyer, S., & Wolf-Ostermann, K. (2013). Ambulant betreute Wohngemeinschaften für pflegebedürftige Menschen in Deutschland - Eine Literaturübersicht zu Strukturen, Versorgungsoutcomes und Qualitätsmangagement. *Bundesgesundheitsblatt - Gesundheitsforschung - Gesundheitsschutz, 56*(10), 1410–1417.

Gräske, J., Fischer, T., Kuhlmey, A., & Wolf-Ostermann, K. (2012). Quality of life in dementia care - differences in quality of life measurements performed by residents with dementia and by nursing staff. *Aging & Mental Health 16*(7), 818-827.

Gräske, J., Wulff, I., Fischer, T., Meye, S., Worch, A., & Wolf-Ostermann, K. (2011). Ambulant betreute Wohngemeinschaften für ältere, pflegebedürftige Menschen - Unterstützung von Angehörigen und Ehrenamtlichen. *Pflegezeitschrift 64*(11), 664-669.

Heinen, I., van den Bussche, H., Koller, D., Wiese, B., Hansen, H., Schäfer, I. et al. (2015). Morbiditätsunterschiede bei Pflegebedürftigen in Abhängigkeit von Pflegesektor und Pflegestufe. *Zeitschrift für Gerontologie und Geriatrie 48*(3), 237-245.

Helck, S. (2007). In Nascha Kwartihra feiert man den Internationalen Frauentag: Wohngemeinschaft für Menschen mit Demenz aus Russland. *Pro Alter 28*(2), 16-20.

Herholz, K., & Zanzonico, P. (2009). *Alzheimer´s disease – A brief review*. Berlin: ABW Wissenschaftsverlag.

Kremer-Preiß, U., & Mehnert, T. (2014). *Wohnatlas - Rahmenbedingungen der Bundesländer bei Wohnen im Alter - Teil 1: Bestandsanalyse und Praxisbeispiele*. Köln: Kuratorium Deutsche Altershilfe.

Kremer-Preiß, U., & Narten, R. (2004). *Betreute Wohngruppen. Struktur des Angebots und Aspekte der Leistungsqualität*. Köln: Kuratorium Deutsche Altershilfe.

Luppa, M., Luck, T., Weyerer, S., König, H.-H., Brähler, E., & Riedel-Heller, S. G. (2010). Prediction of institutionalization in the elderly. A systematic review. *Age and Ageing 39*(1), 31-38.

Meyer, S., Fleischer-Schlechtiger, N., Gräske, J., Worch, A., & Wolf-Ostermann, K. (2014). Vergleich der Ernährungssituation von Bewohnern ambulant betreuter Wohngemeinschaften und einer stationären Pflegeeinrichtung - Eine Sekundärdatenanalyse. *Pflegezeitschrift 67*(4), 224-29.

Nordheim, J., Worch, A., Wulff, I., & Wolf-Ostermann, K. (2011). Psychische Störungen und Verhaltensauffälligkeiten bei Bewohnern und Bewohnerinnen von Demenz-Wohngemeinschaften. *Praxis Klinische Verhaltensmedizin und Rehabilitation 24*(2), 106-116.

Pawletko, K. (1996). "Manchmal habe ich das Gefühl, ich gehöre irgendwie hierhin" Erste ambulant betreute Wohngemeinschaft für dementiell erkrankte alte Menschen in Berlin. *Häusliche Pflege 7*, 484-486.

Peters, E., Pritzkuleit, R., Beske, F., & Katalinic, A. (2010). Demografischer Wandel und Krankheitshäufigkeiten. *Bundesgesundheitsblatt - Gesundheitsforschung - Gesundheitsschutz 53*(5), 417-426.

Piechotta-Henze, G. (2012). Sich wohlfühlen in der WG für Menschen mit Migrationshintergrund. *Demenz. Das Magazin 14*, 12-14.

Rothgang, H., Müller, R. & Unger, R. (2012). *Themenreport "Pflege 2030" - Was ist zu erwarten - was ist zu tun?* Gütersloh: Bertelsmann Stiftung.

Schwendner, C. (2013). *Bürgerschaftliches Engagement in ambulant betreuten Wohngemeinschaften.* Frankfurt a. M.: Mabuse-Verlag.

Stachen, J. (2013). *Wohnen im Alter - Anspruch und Realität in einer alternden Gesellschaft.* Berlin: Deutsche Pflegeheim Fonds.

Statistisches Bundesamt (Hrsg.) (2015). *Pflegestatistik 2013 - Pflege im Rahmen der Pflegeversicherung. Deutschlandergebnisse.* Wiesbaden.

Statistisches Bundesamt (Hrsg.) (2013). *Pflegestatistik 2011 - Pflege im Rahmen der Pflegeversicherung. Ländervergleich - Pflegebedürftige.* Wiesbaden.

Staub, A. (2010). Demenz-WG in Köln. Alltag statt Therapie. *Die Schwester Der Pfleger 49*(6), 566-568.

Steiner, B. (2006). Bewohner sehen die WG nicht als Übergangslösung. *Häusliche Pflege 15*(6), 38-41.

Verbeek, H., van Rossum, E., Zwakhalen, S. M. G., Kempen, G. I. J. M., & Hamers, J. P. H. (2009). Small, homelike care environments for older people with dementia: a literature review. *International Psychogeriatrics 21*(2), 252-264.

Weyerer, S. (2005). *Altersdemenz. Gesundheitsberichterstattung des Bundes.* Berlin: Robert- Koch-Institut.

Weyerer, S., & Schäufele, M. (2006). Commentary: Medical care for nursing home residents: national perspectives in international context. In H.-W. Wahl, H. Brenner, & D. Rothenbacher (Hrsg.), *The many faces of health, competence and well-being in old age* (S. 189-196). Dordrecht: Springer.

Wimo, A., & Prince, M. (2010). *World Alzheimer report 2010. The global economic impact of dementia.* London: Alzheimer´s Disease International.

Wißmann, P. (2003). Attraktives Umfeld: Der Heidehof - wegweisendes Wohnprojekt für Menschen mit Demenz. *Doppel:Punkt 2*(4), 12-14.

Wolf-Ostermann, K. (2011). Ambulant betreute Wohngemeinschaften für Menschen mit Pflegebedarf. *Informationsdienst Altersfragen 38*(3), 5-10.

Wolf-Ostermann, K., & Fischer, T. (2010). Mit 80 in die Wohngemeinschaft - Berliner Studie zu Wohngemeinschaften für pflegebedürftige Menschen. *Pflegewissenschaft 2010*(5), 261-272.

Wolf-Ostermann, K., Meyer, S., Worch, A., & Gräske, J. (2015). Physical and psychosocial outcomes of people with dementia in shared housing arrangements – A cluster-randomized study on longterm progression. *Jacobs Journal of Gerontology 1*(2), 007.

Wolf-Ostermann, K., Worch, A., Meyer, S., & Gräske, J. (2014a). Ambulant betreute Wohngemeinschaften für Menschen mit Pflegebedarf - Eine Studie zu gesetzlichen Rahmenbedingungen und Versorgungsangeboten in Deutschland. *Zeitschrift für Gerontologie und Geriatrie 47*(7), 583-589.

Wolf-Ostermann, K., Worch, A., Meyer, S., & Gräske, J. (2014b). Quality of care and its impact on quality of life for care-dependent persons with dementia in shared-housing arrangements - Results of the Berlin WGQual-study. *Applied Nursing Research 27*(1), 33-40.

Wolf-Ostermann, K., Gräske, J., Worch, A., & Meyer, S. (2014c). Hintergrund. In: K. Wolf-Ostermann, & J. Gräske (Hrsg.) *Ambulant betreute Wohngemeinschaften - Praxisleitfaden zur Qualitätsentwicklung* (S. 15-25). Stuttgart: Kohlhammer.

Wolf-Ostermann, K., Worch, A., & Gräske, J. (2012). *Ambulant betreute Wohngemeinschaften für Menschen mit Demenz. Entwicklung, Struktur und Versorgungsergebnisse.* Berlin: Schibri.

Wolf-Ostermann, K., Worch, A., Meyer, S., & Gräske, J. (2012a). *Expertise zur Bewertung des Versorgungssettings ambulant betreuter Wohngemeinschaften unter besonderer Berücksichtigung von Personen mit eingeschränkter Alltagskompetenz*. Berlin: GKV-Spitzenverband.

Wolf-Ostermann, K., Worch, A., Meyer, S., & Gräske, J. (2012b). Ambulant betreute Wohngemeinschaften für Menschen mit Demenz - eine Versorgungsform für die Zukunft? *Monitor Versorgungsforschung 5*(4), 32-37.

Wolf-Ostermann, K., Worch, A., Fischer, T., Wulff, I, & Gräske, J. (2012c). Health outcomes and quality of life of residents of shared-housing arrangements compared to residents of special care units - results of the Berlin DeWeGE-study. *Journal of Clinical Nursing 21*(21-22), 3047-3060.

Wolf-Ostermann, K., Worch, A., Wulff, I., & Gräske, J. (2011). Ambulant betreute Wohngemeinschaften für pflegebedürftige ältere Menschen - Angebots- und Nutzerstrukturen. *Praxis Klinische Verhaltensmedizin und Rehabilitation 24*(2), 83-96.

Worch, A., Gräske, J., Dierich, K., & Wolf-Ostermann, K. (2011). Wissensbasierte Qualitätsindikatoren zur Verbesserung gesundheitsbezogener Zielgrößen für Menschen mit Demenz in ambulant betreuten Wohngemeinschaften. *Praxis Klinische Verhaltensmedizin und Rehabilitation 24*(2), 139-153.

Wulff, I., Gräske, J., Fischer, T., & Wolf-Ostermann, K. (2011). Versorgungsstrukturen für ältere, pflegebedürftige Menschen mit und ohne Vorliegen einer Demenzerkrankung im Vergleich zwischen ambulant betreuten Wohngemeinschaften und Spezialwohnbereichen vollstationärer Einrichtungen. *Praxis Klinische Verhaltensmedizin und Rehabilitation 24*(2), 97-105.

Versorgung von Menschen mit Demenz in der Häuslichkeit

Jochen René Thyrian, Adina Dreier, Tilly Eichler & Wolfgang Hoffmann

1 Einleitung

In Deutschland leben aktuellen Zahlen zufolge ca. 1,5 Millionen Menschen, die an einer Demenz erkrankt sind (vgl. Alzheimer Gesellschaft 2015). Diese Zahl wird aufgrund des demografischen Wandels in naher Zukunft deutlich ansteigen, da einhergehend mit der Zunahme der Anzahl älterer Menschen die Prävalenz altersassoziierter Krankheiten steigen wird. In Prognosen wird von einer Zunahme an Demenz erkrankter Menschen z.B. in Mecklenburg-Vorpommern um 91% bis 2020 ausgegangen (vgl. Siewert et al.. 2010, S. 328-334). Aufgrund der aktuellen geringen Geburtenrate wird sich jedoch nicht nur die Anzahl der Älteren erhöhen, sondern es kommt insgesamt auch zu einer Erhöhung des Anteils älterer Menschen an der Gesamtbevölkerung. Dies stellt eine gesamtgesellschaftliche Herausforderung dar, die sich unter anderem massiv auf die Sozialversicherungssysteme und somit das Gesundheitssystem auswirken wird.

Die Herausforderungen an die Versorgung an Demenz erkrankter Menschen sind im Allgemeinen nur künstlich trennbar von den Anforderungen an die adäquate Versorgung älterer Menschen (vgl. Thyrian, Wübbeler & Hoffmann 2013). Mit dem Alter nimmt die (Multi-)Morbidität zu, hier vor allen Dingen chronische Krankheiten, und die Inanspruchnahme von medizinischen Leistungen und Unterstützungsangeboten steigt. Die Veränderungen von Familienstrukturen führt zu einem erhöhten Anteil Alleinlebender im höheren Lebensalter, davon sind vor allem Frauen betroffen. Die fehlende soziale Unterstützung und die häufig auch eingeschränkte Mobilität führen bei vielen Älteren zu einem drohenden Verlust der Selbständigkeit - in der Folge steigt das Risiko der Hilfsbedürftigkeit. Die gesamtgesellschaftliche Verantwortung zielt u.a. auf den Erhalt der gesellschaftlichen Teilhabe (z.B. durch Milieu-Schaffung und Barrierefreiheit) ab und muss die Rahmenbedingungen hierfür setzen. Dazu zählt insbesondere die Unterstützung älterer Menschen und ihrer Familien, wie auch die Gestaltung des Unterstützungs- und Versorgungssystems (vgl. Thyrian et al. 2011, S. 1954 ff; Thyrian & Hoffmann 2012, S. 73ff?).

Das Gesundheitssystem muss ebenfalls auf den Wandel reagieren, ist aber selber auch von diesem betroffen. So sinkt, um exemplarisch eine Berufsgruppe herauszugreifen, die Anzahl niedergelassener Hausärzt/-innen aufgrund des demografischen Wandels und eine Wiederbesetzung der entsprechenden Praxen, gerade im ländlichen Raum gestaltet sich als schwierig. Dies ist umso schwerwiegender, da die Versorgung an Demenz erkrankter Menschen von dieser Berufsgruppe umfänglich wahrgenommen wird (vgl. Thyrian & Hoffmann 2012, S.73ff).

Gegenstand dieses Beitrags ist die Darstellung eines Konzepts zur optimierten Versorgung von Menschen mit Demenz im ambulanten Bereich und dessen Umsetzung und Überprüfung im Rahmen einer wissenschaftlichen Studie.

2 Anforderungen an die optimierte Versorgung im ambulanten Bereich

Die Versorgung von Menschen mit Demenz beinhaltet spezifische Herausforderungen (vgl. Thyrian et al. 2011, S.1954f). So stehen hier im Vordergrund (a) eine möglichst frühzeitige Identifikation kognitiv beeinträchtigter und an Demenz erkrankter Menschen, (b) eine leitliniengerechte Diagnostik der Betroffenen (c) eine adäquate medizinische, pflegerische, psychosoziale, medikamentöse, nichtmedikamentöse Behandlung der Demenz (d) die adäquate Behandlung der Multimorbidität, mit besonderem Augenmerk auf Behandlungen, die durch das Vorliegen einer Demenz erschwert wird, aber auch auf diejenigen, die den Verlauf einer Demenz negativ beeinflussen können. (e) Die Integration in eine multiprofessionelle Versorgung, um die in den Leitlinien geforderte ganzheitliche und umfassende Versorgung des MmD zu gewährleisten und (f) die konsequente Einbeziehung der Angehörigen, die den Großteil der Versorgung der Menschen mit Demenz gewährleisten und häufig gesundheitliche wie auch soziale Einschränkungen erfahren.

Im internationalen Bereich gibt es wissenschaftliche Evidenz zur Wirksamkeit von Konzepten im ambulanten Bereich, die sich auf die individuellen Bedarfe der Betroffenen konzentrieren und dabei auf die Integration verschiedener Professionen über verschiedene Institutionen/Anbieter hinweg setzen (vgl. Boustani et al. 2011; Callahan et al. 2006; Thyrian, Hoffmann 2012, S.73ff). Sie werden oft als Modelle der „collaborative care" bezeichnet, wobei aber auch Begriffe wie „integrated care", „integrated primary careoder „shared care" synonym verwendet werden. Wissenschaftliche Studien zur Wirksamkeit dieses Ansatzes in einem methodisch anspruchsvollen Design sind in Deutschland jedoch noch nicht durchgeführt worden. Eine Übertragbarkeit der Konzepte und Ergebnisse aus dem englischsprachigen Raum ist aufgrund der unterschiedlichen Versorgungssysteme nur schwer möglich.

Im Rahmen der vom Deutschen Zentrum für Neurodegenerative Erkrankungen (DZNE) Rostock/Greifswald und dem Institut für Community Medicine der Medizinischen Fakultät der Ernst-Moritz-Arndt Universität Greifswald durchgeführten Studie „Demenz: lebenswelt- und personenzentrierte Hilfen in Mecklenburg-Vorpommern (DelpHi)" wurde daher das Konzept des Dementia Care Managements definiert, operationalisiert und evaluiert.

3 Dementia Care Management

Dementia Care Management beschreibt sowohl (a) den inhaltlichen Fokus, (b) die Voraussetzungen für die Durchführung, als auch (c) den Prozess. Der *inhaltliche Fokus* wurde abgeleitet aus aktuellen Leitlinien zur evidenz-basierten Diagnostik und Behandlung von Demenz (DEGAM, DGPPN und DGN), dem Review aktueller Literatur, Treffen und Symposien mit Demenzexperten und einem eigens eingerichteten wissenschaftlichen Beirats. Dies führte zur Entwicklung des DelpHi-Standards, der drei Säulen einer Intervention beschreibt: (I) das Management der Behandlung und Versorgung, (II) ein Medikationsmanagement (vgl. Fiss et al. 2013, S.121ff) und (III) die Angehörigenunterstützung und -schulung. Diesen Säulen der Intervention sind differenziertere Handlungsfelder zugeordnet, die wiederum verschiedene Schwerpunkte setzen. Diesen Schwerpunkten sind dann spezifische Interventionsmodule zugeordnet. Diese Interventionsmodule beinhalten eine Operationalisierung der Voraussetzung zur Durchführung einer konkreten Intervention sowie eine Operationalisierung der erfolgreichen Umsetzung dieser Intervention. Abbildung 5.1 zeigt einen Überblick über die optimale Versorgung nach dem „DelpHi-Standard", auf dem das Dementia Care Management basiert. Abbildung 5.2 zeigt ein Beispiel für ein Interventionsmodul. Die im Dementia Care Management bearbeiteten Handlungsfelder umfassen eine pharmazeutische Behandlung und Versorgung, medizinische Diagnose und Behandlung, technische Hilfsmittel und Telemedizin, Sozialtherapien, soziale Integration, pflegerische Versorgung, psycho-soziale Beratung und Angehörigenberatung/-schulung. Eine weitere Differenzierung der einzelnen Handlungsfelder erfolgt durch Schwerpunktsetzung. So wurden z.B. für den Bereich der pharmazeutischen Behandlung und Versorgung folgende Schwerpunkte definiert: Indikationscheck für Antidementiva, Prävention medikamenten-induzierter Probleme und Unterstützung bei der Einnahme von Medikamenten. Operationalisierte Interventionsmodule umfassen dann z.B. die Anlage eines Medikamentenplanes oder die Empfehlung eine Medikamenteninteraktion überprüfen zu lassen. Die Interventionsmodule lassen sich einteilen in Module die (a) ein vertieftes/spezifischeres Assessment nach sich ziehen, (b) einer Besprechung mit Fachkolleg/-innen (z.B. in einer Fallkonferenz) initiieren, (c) bei komplexen Situationen eine Einschätzung des Durchführenden verlangen, (d) eine Empfehlung an den behandelnden Hausarzt nahe legen, (e) eine spezifische Aufgabe an den Durchführenden stellen oder (f) Notfallmaßnahmen nahelegen. Die Struktur der

Intervention als modulares System ermöglicht eine flexible Gestaltung, d.h. dass neuen Entwicklungen der Behandlung und Versorgung von Menschen mit Demenz durch Veränderung existierender Module als auch durch die Generierung neuer Module Rechnung getragen werden kann. Die differenzierte inhaltliche Ausgestaltung unterstützt durch ihre Messbarkeit die wissenschaftliche Auswertung der Intervention, sie gewährleistet jedoch auch, dass die Tätigkeit transparent ist und keine „black box". Für eine Implementation in der Routineversorgung sind dies unschätzbare Vorteile (vgl. Abb. 5.1).

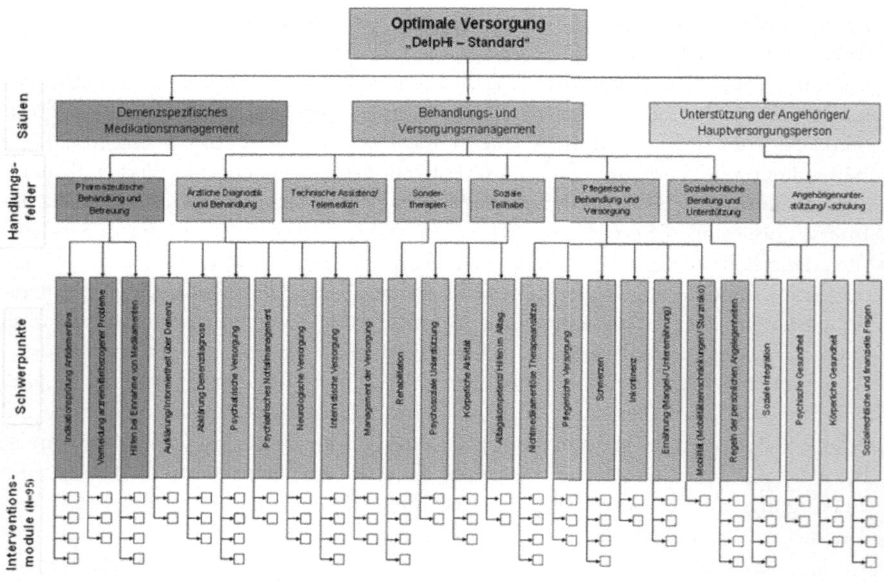

Abb. 5.1: schematische Darstellung der optimalen Versorgung von Menschen mit Demenz zu Hause nach dem DelpHi-Standard (Eichler et al. 2013b, S.251).

Die *Voraussetzungen für die Durchführung* eines Dementia Care Managements bestehen in der Erfüllung definierter Einschlusskriterien auf Seiten der Patient/-innen und in spezifischen Voraussetzungen auf Seiten der Durchführenden. Dementia Care Management wurde konzipiert für Menschen, die im Rahmen der Routineversorgung durch einen niedergelassenen Hausarzt positiv auf eine Demenz getestet wurden. Somit sind zumeist Patient/-innen ohne gesicherte, formale Diagnose mit einem Schweregrad der Demenz von leicht bis mittel die Zielgruppe. Die Patient/-

innen müssen zu Hause wohnen bzw. eine selbständige Haushaltsführung im betreuten Wohnen aufweisen. Weiterhin wäre das Einverständnis sinnvoll, einen Angehörigen (im Idealfall den/die Versorgende/n) in die Behandlungsplanung einzubeziehen und von diesen ebenso einbezogen zu werden.

Die Voraussetzungen für die qualitätsgesicherte Durchführung eines Dementia Care Management ist weiterhin eine computerunterstützte Dokumentation, Analyse und Prozessbegleitung durch spezifisch qualifizierte Fachkräfte (die im Folgenden Dementia Care Manager/-innen oder kurz DCM genannt werden). Die Computerunterstützung gewährleistet, dass die individuelle Situation des Patienten systematisch, reliabel und valide erhoben und transparent dokumentiert wird. Weiterhin ist die Durchführung unabhängig von der durchführenden DCM standardisiert und der DCM wird in Routineprozessen unterstützt und entlastet. Nichtsdestotrotz ist eine für die qualitätsgesicherte Durchführung notwendige Voraussetzung eine spezifische Qualifizierung der durchführenden Person zu einem DCM. Eine detaillierte Beschreibung der Voraussetzungen und Inhalte der Qualifizierung, die im Rahmen der DelpHi-Studie entwickelt und evaluiert wurde, findet sich bei Dreier, Thyrian & Hoffmann (2011).

Im Rahmen der DelpHi-Studie wurde ein computerunterstütztes Interventions-Management-System (IMS) entwickelt und angewendet, welches diese Voraussetzungen erfüllt (vgl. Eichler et al. 2014c, S.247ff). Die im Dementia Care Management durchzuführenden Interventionsmodule z.B. basieren auf der Analyse der erhobenen Daten und sind im Computer als Algorithmen hinterlegt. In Abbildung 5.2 ist ein solcher Algorithmus exemplarisch beschrieben.

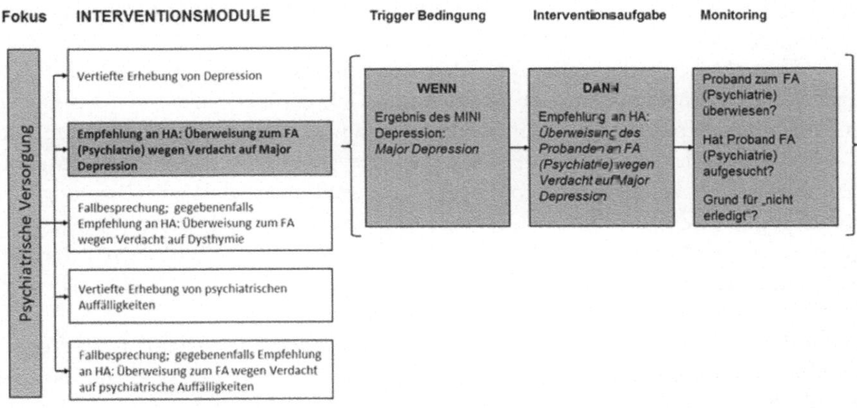

Abb. 5.2: schematische Darstellung eines Interventionsmodul-algorithmus im DelpHi-Standard der optimalen Versorgung von Menschen mit Demenz (Eichler et al., 2013c, S.249).

So wird hier ein Interventionsmodul beschrieben, welches im Rahmen der psychiatrischen Versorgung des MmD (Schwerpunkt) eine Empfehlung an den behandelnden Hausarzt ausspricht, den MmD aufgrund des Verdachts auf eine Majore Depression zum Facharzt (z.B. für Psychiatrie) zu überweisen. Eine Interventionsaufgabe wird immer dann empfohlen, wenn die systematisch erhobenen Daten computergestützt analysiert und die vorher definierten Trigger-Bedingungen erfüllt wurden. In unserem Beispiel wurde der MINI Depression automatisch ausgewertet, dieser zeigt eine Majore Depression an. Jedem der Interventionsmodule liegen mehr oder weniger komplexe Trigger-Bedingungen zugrunde, die jeweils eine definierte Interventionsempfehlung auslösen. Es ist weiterhin ein Monitoring der Umsetzung der Interventionsempfehlungen angelegt, welches jedoch unter dem Teilabschnitt des Durchführungsprozesses näher beschrieben wird.

Erste empirische Analysen zeigen, dass durch die computerunterstütze Anwendung objektiv mehr Bedarfe eruiert und auch bearbeitet werden als dies ohne Computerunterstützung geschieht (IMS-paper). Nichtsdestotrotz ist die bereits erwähnte Qualifikation der Anwender von besonderer Bedeutung, um der individuellen Situation des Patienten gerecht zu werden. Die Ergebnisse der Untersuchung zeigen, dass ca. 75% der Interventionsmodule mit der Expertenmeinung übereinstimmten, der verbleibende Teil jedoch auf die entsprechende Situation nicht angewendet werden konnte bzw. zusätzliche Interventionen durchgeführt werden mussten, die nicht von dem System abgebildet wurden. Eine weitere Erweiterung und Ausdifferenzierung der Interventionsmodule wird diese Zahl weiter verringern, jedoch muss hier eine Aufwand-Nutzen Analyse durchgeführt werden, da eine 90-100%ige Abbildung der Versorgungsrealität in Algorithmen auch aufgrund der Dynamik in der Versorgung nicht realistisch erscheint.

Durch die Verknüpfung mit Datenbanken über Informationen und Hilfs- und Unterstützungsangebote vor Ort dient das IMS darüber hinaus auch als Quelle zur individualisierten Beratung. Im Gegensatz zur Verteilung von Broschüren und Listen können hier nur die für den Patienten relevanten Informationen herausgefiltert werden. So halten vor allen Dingen Interventionsmodule zur Beratung der Angehörigen eine Auswahl von Informationsblättern vor, die gezielt auf die jeweilige Situation vor Ort ausgewählt und den MmD bzw. ihren Angehörigen ausgehändigt werden können.

Das IMS unterstützt ebenso den *Prozess der Durchführung*, das systematische Vorgehen beim Dementia Care Management. Am Anfang steht die systematische und gründliche Analyse und Dokumentation der individuellen Situation des Patienten, die Datenerhebung erfolgt mit Hilfe von standardisierten Instrumenten. Die daraus resultierenden Informationen stehen dem Durchführenden somit jederzeit zur Verfügung und können bei Bedarf der neuen Situation angepasst werden. Die erhobenen Variablen beziehen sich dabei auf die wichtigsten Aspekte der Lebenssituation des MmD und schließen auch Daten von und über den Angehörigen bzw. das soziale Unterstützungssystem ein. Diese Daten sind zwingende Voraussetzung für die Erstellung eines Behandlungsplanes, der durch das IMS automatisiert erstellt wird, jedoch durch den interdisziplinären und -professionellen Austausch weiter individualisiert und adaptiert wird. Danach wird dieser Behandlungsplan in einem Hausarztinformationsbrief dokumentiert, dem behandelnden Hausarzt übermittelt und das weitere Vorgehen gemeinsam geplant. Der Hausarzt ist zentraler Partner in der Versorgung des Patienten und entscheidet, welche der vorgeschlagenen Interventionen durchgeführt werden sollen und von wem. Zum einen führt der Arzt Interventionen selber durch, es besteht aber auch die Möglichkeit, dass er Aufgaben an den Dementia Care Manager delegiert. Der Umfang der Umsetzung der im Hausarztinformationsbrief empfohlenen Interventionen als auch der Delegation von Interventionen ist dabei individuell vom Hausarzt abhängig. Die Absprachen zwischen DCM und Hausarzt werden im IMS dokumentiert und von dem DCM regelmäßig auf ihre Umsetzung hin überprüft. Das IMS besitzt zu diesem Zweck ein Monitoring-Tool, welches die abgesprochenen, durchzuführenden Interventionen aufzählt und die DCM auffordert, den Stand der Umsetzung und letztendlich das erfolgreiche Umsetzen einer Interventionsempfehlung zu dokumentieren. Wird zum Beispiel die im oben genannten Beispiel beschriebene Empfehlung ausgesprochen, dass die Abklärung der Diagnose einer Majoren Depression durch einen Facharzt erfolgen soll, so wird dokumentiert, ob die Empfehlung von hausärztlicher Seite aus geteilt wird (wenn nein, warum nicht), ob der MmD zum Facharzt überwiesen wurde, ob ein Termin stattgefunden hat. Ebenso kann vermerkt werden, warum die entsprechende Aufgabe „nicht erledigt" wurde. Das etwaige Ergebnis, hier zum Beispiel im Sinne der Vergabe einer neuen Diagnose, wird unter den allgemeinen Daten der Person abgespeichert. In unserem Beispiel wird unter den Gesundheitsdaten des MmD die entsprechende Diagnose ergänzt.

Die Kontakte zur Datenerhebung und Abarbeitung des Behandlungsplanes finden regelmäßig bei den Patient/-innen und/oder Angehörigen zu Hause statt. Dies dient dem Beziehungsaufbau und nur so ist gewährleistet, dass eine realistische Analyse der häuslichen Situation geschieht und Einschätzungen durch den DCM vorgenommen werden können. So ist zum Beispiel bei der Einschätzung des Sturzrisikos in der häuslichen Umgebung der Blick in die reale Wohnsituation unabdingbar. Ebenso ist bei der Erhebung der von den Proband/-innen eingenommenen Medikamente ein Blick in den Medikamentenschrank aussagekräftiger als ein Studium des Medikamentenplans. Lösungen für Veränderungen in der Situation des Patient/-innen können vor Ort gemeinsam entwickelt und umgesetzt werden.

4 Umsetzung des Dementia Care Managements in DelpHi-MV

Das Konzept des Dementia Cara Managements wird im Rahmen der DelpHi-MV Studie seit 2011 auf seine Wirksamkeit und Effizienz hin wissenschaftlich evaluiert. DelpHi-MV ist eine epidemiologische, hausarztbasierte, cluster-randomisierte, kontrollierte Interventionsstudie mit zwei Armen, einer Interventions- und einer Kontrollgruppe (vgl. Thyrian et al. 2012, S.56ff; Fiss et al. 2013; Eichler et al. 2013). Proband/-innen der Interventionsgruppe erhalten Unterstützung durch einen Dementia Care Manager, Proband/-innen der Kontrollgruppe erhalten „care as usual". Primäre Outcomes der Studie nach einem Jahr sind (a) Lebensqualität des Menschen mit Demenz, (b) Angehörigenbelastung, (c) Verhaltens- und psychiatrische Auffälligkeiten des MmD, (d) Pharmakotherapie mit Antidementiva und (e) potentiell inadäquate Medikation der Komorbiditäten. Im Vergleich zur Kontrollgruppe erwarten wir in der Interventionsgruppe höhere Werte bei (a), niedrigere/weniger bei (b), (c) und (e), sowie näher an den Leitlinien orientierte Werte bei (d).

Mit Hilfe eines persönlichen Anschreibens wurden alle als niedergelassene Hausärzt/-innen tätigen Mediziner/-innen in der Region über die Studie informiert und um ihre Unterstützung gebeten. Hausärzt/-innen in der Erhebungsregion wurden zusätzlich telefonisch kontaktiert und bei einer Zusage in einem persönlichen Gespräch über die Studie aufgeklärt. Waren diese bereit, aktiv an der Studie teilzunehmen wurde ein Vertrag zwischen dem Studienzentrum und der Arztpraxis abgeschlossen, der die Aufgaben des Arztes definiert und auch die Aufwandsentschädigung beziffert. Studienärzte erhalten demnach 10€ für die Durchführung eines kognitiven Tests bei zu Hause lebenden Patient/innen, die 70 Jahre oder älter sind und 100€ für jeden in die Studie aufgenommenen Proband/-innen. Als Einschlusskriterium für die Studie wurde ein Alter von 70 Jahre und älter, leben in der eigenen Häuslichkeit und Vorliegen einer schriftlichen Einverständniserklärung des Probanden und/oder seines Angehörigen/gesetzlichen Bevollmächtigten gewählt. Die Aufgabe des Studienarztes beschränkte sich somit auf die Durchführung des kognitiven Tests und die Einholung einer informierten Einverständniserklärung (informed consent). Die Testunterlagen wurden von der Studienzentrale vorbereitet und verteilt, so dass der studienspezifische Mehraufwand auf Seiten der teilnehmenden Praxen möglichst gering gehalten werden konnte. Nachdem der Proband beim Studienarzt in die Teilnahme eingewilligt hat, erfolgt seitens des Arztes die Übermittlung der Testergebnisse und der Kontaktdaten an das Studienzentrum. Von hier aus erfolgt dann die Kontaktaufnahme und Terminvereinbarung mit dem Probanden und seinem Angehörigen. Da der Angehörige bei der Versorgung des MmD eine zentrale Rolle spielt und das Dementia Care Management diesen ebenso als Interventionsziel beschreibt, wird sehr viel Wert darauf gelegt, dass auch dieser aktiv an der Studie teilnimmt. Zu diesem Zweck wurde auch der Angehörige um ein informiertes Einverständnis (informed consent) gebeten, sofern der MmD dem zustimmte. Die Definition eines „Angehörigen" wurde weiter gefasst als ausschließlich Familienangehörige. Für die Optimierung der Versorgung ist es essentiell, die Personen einzubeziehen, die die Versorgung auch leisten. Dies können ebenso Nachbarn oder Freunde sein. So ist die Konstellation nicht selten, dass Familienangehörige, wie zum Beispiel die Tochter oder der Sohn, die gesetzlichen Vollmachten besitzen, die Versorgung vor Ort jedoch durch gute Freunde der Familie geschieht. Nach telefonischer Terminabsprache findet der erste Kontakt bei den Proband/ -innen möglichst zeitnah nach dem Einschluss in die Studie zu Hause statt. Hier erfolgt das Baseline-Assessment, die Erhebung der für die wissenschaftliche Studie und dem Dementia Care Management notwendigen Daten. Die Erhebung der Daten findet in bis zu 3 Terminen bei den Proband/-innen zu Hause statt. Dies ist zum einen der Komplexität der Datenerhebung für die wissenschaftlichen Studie, aber auch der kognitiven Belastbarkeit/den kognitiven Einschränkungen der Proband/-innen geschuldet. So werden zur Erhebung z.B. der Angehörigenbelastung aufwändige, psychometrische Fragebögen verwendet um spezifische Aussagen treffen zu können. Ebenso erfordert die Analyse der Wohnsituation und z.B. der Medikamentenlagerung Zeit, die notwendig ist um Bedarfe genau zu erfassen.

Nach der vollständigen Baseline-Erhebung erfolgt eine computerunterstützte Analyse der Bedarfe, die in einem vorläufigen Hausarztinformationsbrief dokumentiert werden. Dieser wird aus qualitätssichernden Gründen in der Studienzentrale in einer wöchentlichen Fallkonferenz besprochen und finalisiert. An der Fallkonferenz nehmen regelmäßig mehrere DCM, ein Facharzt für Neurologie und Psychiatrie, eine Pflegewissenschaftlerin, eine Pharmazeutin und eine Psychologin teil. Der Hausarztinformationsbrief wird dann an den behandelnden Hausarzt übermittelt und gemeinsam zwischen DCM und dem Hausarzt besprochen, um den weiteren Behandlungsplan festzulegen. Hier entscheidet der Hausarzt darüber, welche Tätigkeiten für den Probanden sinnvoll erscheinen und welche vom Hausarzt selbst oder von dem DCM durchgeführt werden sollen. Ein wichtiger Bestandteil des Hausarztinformationsbriefes sind die Ergebnisse des Medikationsreviews der DCM. Sofern der Proband eine Stammapotheke besitzt, diese an der Studie teilnimmt und er die Datenfreigabe für diese Apotheke erklärt hat, kann das Medikationsmanagement seitens der Hausapotheke erfolgen (unter Supervision und Mitarbeit des behandelnden Hausarztes). Im Rahmen der Studie besucht der DCM den Probanden nun 6 Monate lang zu Hause, um die Interventionsaufgaben abzuschließen, bzw. die Bedarfe der Proband/-innen zu addressieren. Es sind, bei Bedarf auch Kontakte nach 6 Monaten möglich, um längerfristigen Prozessen adäquat begegnen zu können (z.B. Beantragung von Pflegestufen).

Nach einem Jahr erfolgt eine erneute, umfangreiche Datenerhebung zum Follow-Up. Hier werden alle Bereiche des Baseline-Assessments noch einmal erhoben und dienen somit der Veränderungsmessung bzw. der Analyse der Wirksamkeit und Effizienz des Dementia Care Managements. Dieses Follow-up Assessment erfolgt bei allen Proband/-innen in jährlichen Abständen, um auch langfristige Entwicklungen beschreiben zu können. Mit endgültigen Ergebnissen zur Wirksamkeit ist 2016 zu rechnen. Die Studie begann zum 1.1.2012, die Rekrutierung zur Studie endete zum 31.12.2014, bis Ende Oktober 2015 nahmen n=127 Hausärzt/-innen an der Studie teil, die bereits mehr als 6.800 ihrer Patient/-innen auf kognitive Beeinträchtigungen untersuchten. Es wurden mehr als 1.160 Patient/-innen identifiziert, die alle Einschlusskriterien für die Studie erfüllten, davon gaben 632 Patient/-innen ihr schriftliches Einverständnis zur Teilnahme an der Studie. Vorläufige Analysen der Baseline-Daten zeigen bereits jetzt die Notwendigkeit der Durchführung eines Dementia Care Managements in Bereichen der leitliniengerechten Diagnostik und Behandlung sowie im psychosozialen Bereich (vgl. Eichler et al. 2014b; Eichler et al. 2014a; Eichler et al. 2015a; Eichler et al. 2015b; Teipel et al. 2015; Thyrian et al. 2015a; Wucherer et al. 2015; Thyrian et al. 2015b; Thyrian et al. 2015c; Thyrian et al. 2015d). Eine Befragung der teilnehmenden niedergelassenen Hausärzt/-innen ergab große Unterstützung des Konzepts und dessen Umsetzung für die Routineversorgung (vgl. Thyrian et al. 2015b, S. 229).

Dieser Buchbeitrag ist eine aktualisierte Kopie des Buchkapitels von JR Thyrian, A. Dreier, T. Eichler, W. Hoffmann. Herausforderung Demenz – Konzepte zur optimierten Versorgung und deren Umsetzung. In: P. Zängl (Hrsg.): Zukunft der Pflege. Wiesbaden; Springer VS; 2015. S. 203-214. und erfolgt mit Genehmigung von Springer (with permission of Springer).

Literatur

Boustani, M. A., Sachs, G. A., Alder, C. A., Munger, S., Schubert, C. C., Guerriero, A. M. et al. (2011). Implementing innovative models of dementia care: the healthy aging brain center. *Aging & Mental Health 15*, 13-22.

Callahan, C. M., Boustani, M. A., Unverzagt, F. W., Austrom, M. G., Damush, T. M., Perkins, A. J. et al. (2006). Effectiveness of collaborative care for older adults with Alzheimer disease in primary care: a randomized controlled trial. *JAMA 295*, 2148-2157.

Dreier, A., Thyrian, J. R., & Hoffmann, W. (2011). Dementia Care Manager in der ambulanten Demenzversorgung: Entwicklung einer innovativen Qualifizierung für Pflegefachkräfte. *Pflege & Gesellschaft 16*, 53-64.

Eichler, T., Thyrian, J. R., Hertel, J., Michalowsky, B., Wucherer, D., Dreier, A. et al. (2015a). Rates of formal diagnosis of dementia in primary care: the effect of screening. *Alzheimer's & Dementia: Diagnosis, Assessment and Disease Management 1*, 87-93.

Eichler, T., Thyrian, J. R., Hertel, J., Wucherer, D., Michalowsky, B., Reiner, K. et al. (2015b). Subjective memory impairment: no suitable criteria for case-finding of dementia in primary care. *Alzheimer's & Dementia: Diagnosis, Assessment and Disease Management 1*, 179-186.

Eichler, T., Thyrian, J. R., Fredrich, D., Kohler, L., Wucherer, D., Michalowsky, B. et al. (2014a). The benefits of implementing a computerized intervention-management-system (IMS) on delivering integrated dementia care in the primary care setting. *International Psychogeriatrics 26*, 1377-1385.

Eichler, T., Thyrian, J. R., Hertel, J., Kohler, L., Wucherer, D., Dreier, A. et al. (2014b). Rates of formal diagnosis in people screened positive for dementia in primary care: results of the DelpHi-trial. *Journal of Alzheimer's Disease 42,* 451-458.

Eichler, T., Thyrian, J. R., Dreier, A., Wucherer, D., Kohler, L., Fiss, T. et al. (2013). Dementia care management: going new ways in ambulant dementia care within a GP-based randomized controlled intervention trial. *International Psychogeriatrics.* doi:10.1017/S1041610213001786

Fiss, T., Thyrian, J. R., Wucherer, D., Assmann, G., Kilimann, I., Teipel, S. J. et al. (2013). Medication management for people with dementia in primary care: description of implementation in the DelpHi study. *BMC Geriatrics 13,* 121.

Siewert, U., Fendrich, K., Doblhammer-Reiter, G., Scholz, R. D., Schuff-Werner, P., & Hoffmann, W. (2010). Versorgungsepidemiologische Auswirkungen des demografischen Wandels in Mecklenburg-Vorpommern: Hochrechnung der Fallzahlen altersassoziierter Erkrankungen bis 2020 auf der Basis der Study of Health in Pomerania(SHIP). *Deutsches Ärzteblatt 107,* 328-334.

Teipel, S. J., Thyrian, J. R., Hertel, J., Eichler, T., Wucherer, D., Michalowsky, B. et al. (2015). Neuropsychiatric symptoms in people screened positive for dementia in primary care. *International Psychogeriatrics 27,* 39-48.

Thyrian, J. R. & Hoffmann, W. (2012). Dementia care and general physicians-a survey on prevalence, means, attitudes and recommendations. *Central European Journal of Public Health 20,* 270-275.

Thyrian, J. R., Eichler, T., Hertel, J., Wucherer, D., Dreier, A., Michalowsky, B. et al. (2015a). Burden of behavioral and psychiatric symptoms in people screened positive for dementia in primary care: results of the DelpHi-study. *Journal of Alzheimer's Disease 46(2),* 451-459.

Thyrian, J. R., Eichler, T., Pooch, A., Albuerne, K., Dreier, A., Michalowsky, B. et al. (2015b). Systematic, early identification of dementia and dementia care management are highly appreciated by general practitioners in primary care that have experienced it . Journal of Multidisciplinary Healthcare (in press).

Thyrian, J. R., Eichler, T., Reimann, M., Wucherer, D., Michalowsky, B., & Hoffmann, W. (2015c). Depressive symptoms and depression in people screened positive for dementia in primary care –results of the DelpHi-study. International Psychogeriatrics DOI: http://dx.doi.org/10.1017/S1041610215002458 *(in press).*

Thyrian, J. R., Winter, P., Eichler, T., Reimann, M., Wucherer, D., Michalowsky, B. et al. (2015d). The burden of caring for people screened positive for dementia in primary care - results of the DelpHi-study. *eingereicht.*

Thyrian, J. R., Wübbeler, M., & Hoffmann, W. (2013). Interventions into the care system for dementia. *Geriatric Mental Health Care 1,* 67-71.

Thyrian, J. R., Fiss, T., Dreier, A., Bowing, G., Angelow, A., Lueke, S. et al. (2012a). Life- and person-centred help in Mecklenburg-Western Pomerania, Germany (DelpHi): study protocol for a randomised controlled trial. *Trials 13,* 56.

Thyrian, J. R., Hoffmann, W., (Hrsg.) (2012b). *Dementia care research - scientific evidence, current issues and future perspectives.* Lengerich: Pabst Science Publishers.

Thyrian, J. R., Dreier, A., Fendrich, K., Lueke, S., & Hoffmann, W. (2011). Demenzerkrankungen - Wirksame Konzepte gesucht. *Deutsches Ärzteblatt 108,* A1954-A1956.

Wucherer, D., Eichler, T., Kilimann, I., Hertel, J., Michalowsky, B., Thyrian, J. R. et al. (2015). Antidementia drug treatment in people screened positive for dementia in primary care. *Journal of Alzheimer's Disease 44,* 1015-1021.

Demenz bei ‚Menschen mit Lernschwierigkeiten' – Ergebnisse eines Forschungsprojekts und Herausforderungen für die Versorgungsgestaltung

Klaus Grunwald, Christina Kuhn, Thomas Meyer

1 Einleitung

> *„(…) also mir sagen die Kollegen manchmal, da tickt eine Zeitbombe, (…)"*
> (Auszug aus einem Experteninterview)

Erst in den letzten Jahren wird dem Thema ‚demenzielle Erkrankungen bei Menschen mit Lernschwierigkeiten'[18] in der deutschen Behindertenhilfe zunehmend Beachtung geschenkt (vgl. Lindmeier & Lubitz 2011; Gusset-Bährer 2012; Lingg 2013; Müller & Wolff 2014). Hintergrund dessen ist zum einen die steigende Lebenserwartung, die für Menschen mit und ohne Behinderung gleichermaßen gilt, zum anderen wird nach der nationalsozialistischen Vernichtungspolitik erstmals eine Generation von Menschen mit Behinderung in der Bundesrepublik Deutschland alt (vgl. Haveman & Stöppler 2010, S. 69f.). Der medizinische Fortschritt, die veränderte Ernährung sowie der bessere Zugang zu medizinischen Hilfen trugen in den letzten Jahrzehnten entscheidend dazu bei, dass Menschen mit Lernschwierigkeiten ein hohes Alter erreichen können (vgl. ebd., S. 71). Mit einem langen Leben sind jedoch auch Risiken verbunden. Dazu gehört die Demenzerkrankung, die mit

---

[18] Der Begriff ‚Menschen mit geistiger Behinderung' wird sowohl in der wissenschaftlichen Literatur als auch in der Praxis der ‚Behindertenhilfe' (z.B. in der Benennung vieler Einrichtungen und im Leistungsrecht) verwendet und in aller Regel vom Begriff ‚Menschen mit Lernbehinderung' unterschieden. Auch die in diesem Beitrag verarbeiteten Studien beziehen sich überwiegend nicht auf ‚Menschen mit Lernbehinderung', sondern auf ‚Menschen mit geistiger Behinderung'. Die Bezeichnung ‚Menschen mit geistiger Behinderung' wird aber gerade von denjenigen, die herkömmlicherweise als ‚Menschen mit geistiger Behinderung' bezeichnet werden, als diskriminierend erlebt. So verweist beispielsweise die Vereinigung ‚Mensch zuerst – Netzwerk People First Deutschland e.V.' klar darauf, dass der Begriff ‚geistig behindert' diese Menschen „schlecht macht" und plädiert dafür, stattdessen von ‚Menschen mit Lernschwierigkeiten' zu sprechen (http://www.menschzuerst.de/was_mensch.html; vgl. auch Demenz Support 2014). Da Menschen – genauer gesagt: Frauen und Männer – mit Lernschwierigkeiten in aller Regel keine große Lobby besitzen, erscheint es uns als eine Frage des Respekts, ihrem Anliegen einen Platz zu geben und mit diesem Artikel ein Signal zu setzen. Insofern wird im vorliegenden Beitrag durchgehend anstelle von ‚Menschen mit geistiger Behinderung' der Begriff ‚Menschen mit Lernschwierigkeiten' verwendet.

steigendem Lebensalter deutlich zunimmt. Auch Menschen mit Lernschwierigkeiten, insbesondere Menschen mit Down-Syndrom, sind davon betroffen.

Die Lebensphase Alter wird für Einrichtungen der Behindertenhilfe daher eine zunehmend wichtige Rolle spielen. Lange Zeit gab es in Einrichtungen der Behindertenhilfe nur einen sehr geringen Anteil an älteren Menschen mit Lernschwierigkeiten, entsprechend mangelte es bisher an Erfahrungen mit diesem Personenkreis und das Thema demenzielle Erkrankungen stellte lediglich ein Randthema in der Fachdebatte dar. Zwar sind in der Praxis der Behindertenhilfe bereits einige Anpassungen erfolgt, etwa die Entwicklung individueller Einzelfalllösungen für ältere Menschen mit Lernschwierigkeiten. Bei einer weiteren Zunahme der Personengruppe werden aber auch sie Grenzen erreichen (vgl. Köhncke 2009, S. 31, 45ff.; Winter 2002, S. 25).

Im Kontext des Themenspektrums ‚Alter bei Menschen mit Lernschwierigkeiten‘ wird das Thema ‚Demenz‘ daher in Zukunft eine zentrale Bedeutung einnehmen. Internationale und nationale Forschungsergebnisse zeigen, dass es einen deutlichen Zusammenhang zwischen spezifischen Formen von Lernschwierigkeiten (nicht ‚Lernbehinderung‘!) (v. a. Down-Syndrom) und der Wahrscheinlichkeit, eine Demenz im Alter zu entwickeln, gibt (vgl. ausführlich dazu Grunwald et al. 2013, Kapitel 2). Demenz war jedoch bisher vor allem in der Altenhilfe verortet, die sich seit ca. 25 Jahren dieser Herausforderung stellt. Daher liegen umfangreiche Forschungserkenntnisse vor, die für die Behindertenhilfe genutzt oder adaptiert werden können. Einrichtungen der Behindertenhilfe werden sich zunehmend damit beschäftigen müssen, wie eine adäquate Versorgung von älteren Menschen mit Lernschwierigkeiten und psychischen Alterserkrankungen wie Demenz aussehen könnte. Aus diesem Grund ist die Frage, wie Menschen mit Lernschwierigkeiten und Demenzsymptomen angemessen begleitet und betreut werden können für Einrichtungen der Behindertenhilfe zwar relativ neu, gleichwohl aber höchst relevant. Der Stand wissenschaftlicher Erkenntnis ist insbesondere in Deutschland jedoch noch eher überschaubar, allerdings liegen international bereits mehr Erfahrungen zu diesem Thema vor.

2 Ziele und forschungsleitende Perspektiven des Forschungsprojekts ‚Demenz bei Menschen mit Lernschwierigkeiten‘

Die genannten Entwicklungen bilden den Hintergrund des Forschungsprojekts ‚Demenz bei Menschen mit Lernschwierigkeiten‘ (Grunwald et al. 2013). Ziel des Projekts war es, die nationalen und internationalen Erfahrungen zu den Herausforderungen und Möglichkeiten, wie Menschen mit Lernschwierigkeiten und Demenz angemessen begleitet werden können, zu erfassen und auszuwerten. Des Weiteren sollten die unterschiedlichen Perspektiven und Interessen von Betroffenen und ihren Angehörigen, Fachkräften, Einrichtungen und der Politik Berücksichtigung finden. Im Rahmen des Endberichts und der späteren Veröffentlichung (vgl. Grunwald et al. 2013) wurden die Ergebnisse und Überlegungen, insbesondere für einen Transfer in die baden-württembergische Behindertenhilfe, gebündelt.

Das Projekt wurde vom Ministerium für Arbeit und Sozialordnung, Familie, Frauen und Senioren Baden-Württemberg (Referat 34 - Pflege und Seniorenpolitik) gefördert und in Form eines Kooperationsprojekts durch das Institut für angewandte Sozialwissenschaften an der Dualen Hochschule Baden-Württemberg Stuttgart (IfaS) und Demenz Support Stuttgart gGmbh durchgeführt. Im Zentrum des gesamten Forschungsvorhabens stand zudem eine multiperspektivische Betrachtung des Themas, die die Interessen und unterschiedlichen Sichtweisen von Politik, Einrichtungsvertreter/-innen, Fachkräften sowie Betroffenen bzw. ihren Angehörigen gleichermaßen berücksichtigt. Aus den zentralen Fragestellungen des Projekts ergaben sich folgende Bausteine:

- Ausgehend davon, dass sich die demografische Entwicklung von Menschen mit Behinderung in Deutschland deutlich von jener in anderen Staaten unterscheidet und sowohl der Wissensstand als auch die Erfahrungen in der Versorgung und Betreuung von älteren Menschen mit Lernschwierigkeiten und Demenz im internationalen Vergleich eher als gering einzuschätzen sind, sollte mit einer systematischen internationalen und nationalen Literaturrecherche eine erste Wissensbasis geschaffen werden, auf der alle weiteren Projektbausteine aufbauen. Mit Hilfe dieser Literatursichtung konnte die Problemlage aus fachlicher und organisationsbezogener Sicht sowie aus Sicht der Betroffenen und deren Angehörigen adäquat gebündelt und beschrieben werden.
- Die Ergebnisse der Literaturrecherche wurden für Gespräche mit Expert/-innen aus Wissenschaft und Praxis genutzt, um die Relevanz für die baden-württembergische Behindertenhilfe einschätzen und relevante Fragen für die weitere Forschung identifizieren zu können.
- Im Rahmen einer Fachtagung wurden die Ergebnisse der nationalen und internationalen Literaturanalyse sowie die Erkenntnisse und Zukunftsthesen aus den Expert/-inneninterviews zur Diskussion gestellt. Eingeladen waren interessierte Vertreter/-innen aus der Alten- und Behindertenhilfe, die zur Einschätzung der aktuellen Situation und des Praxisbedarfs einen Fragebogen ausfüllten (n=67).

- Da der Teilnehmerkreis der Fachtagung überwiegend aus der Behindertenhilfe kam und eine Einschätzung zum Thema seitens der Altenhilfe fehlte, wurde noch eine Onlinebefragung von Altenpflegeeinrichtungen zur Versorgungssituation von älteren Menschen mit Lernschwierigkeiten durchgeführt. Angeschrieben wurden über 600 Einrichtungen, der Rücklauf betrug jedoch nur 40 ausgefüllte Fragebögen.

Die Ergebnisse der Literaturstudie, der Experteninterviews, der Befragung der Tagungsteilnehmer/-innen sowie der Online-Befragung von Altenhilfeeinrichtungen flossen dann in Empfehlungen für Wissenschaft, Praxis und Politik ein und wurden im Rahmen eines Buches im Jahr 2013 publiziert. Die wesentlichen Erkenntnisse und Empfehlungen beziehen sich auf vier unterschiedliche Ebenen, die im folgenden Kapitel dargestellt werden.

3 Ergebnisse und Handlungsempfehlungen aus dem Forschungsprojekt ‚Demenz bei Menschen mit Lernschwierigkeiten'[19]

3.1 Empfehlungen für die medizinische Forschung und Diagnostik

Trotz der großen Bandbreite unterschiedlicher Studienergebnisse lässt sich festhalten, dass der Schweregrad einer intellektuellen Beeinträchtigung keinen Einfluss auf die Wahrscheinlichkeit hat, an einer Demenz zu erkranken (Gusset-Bährer 2012, S. 40). Dies ist zu betonen: Nicht der Schweregrad von ‚Lernschwierigkeiten' an sich bedingt die Entstehung einer Demenz, sondern der entscheidende Faktor ist das Alter. Interessant ist weiterhin, dass die Verteilung der verschiedenen Demenzformen innerhalb der Gesamtgruppe der Betroffenen mit der übereinstimmt, die für die Allgemeinbevölkerung belegt ist. Die Deutsche Gesellschaft für Allgemeinmedizin und Familienmedizin schätzt diese für primäre Demenzformen folgendermaßen ein (vgl. DEGAM 2008, S. 13):

- Alzheimer-Demenz mit einem schleichenden kognitiven Abbau: 70%
- Vaskuläre Demenz durch Erkrankung der Hirngefäße: 20%
- Weitere Demenzformen wie Lewy-Körper-Demenz, HIV-assoziierte Demenz, mit Schädel-Hirn-Traumata assoziierte Demenz, Demenz bei Parkinson, Chorea Huntington, Creutzfeld-Jakob-Erkrankung: 10%

---

19 Auch wenn der ursprüngliche Titel des Projektes „Demenz bei Menschen mit geistiger Behinderung" lautete verwenden wir den Begriff ‚Menschen mit Lernschwierigkeiten'; siehe Fußnote 1.

Der größte Risikofaktor für eine Demenz ist grundsätzlich das Alter. Menschen mit Down-Syndrom haben eine durchschnittliche Lebenserwartung von 61,4 Jahren und im Durchschnitt gesehen tritt mit 52,8 Jahren bei dieser Personengruppe eine Demenzerkrankung auf, während bei Menschen mit Lernschwierigkeiten allgemein eine Demenzerkrankung erst mit 67,2 Jahren zu erwarten ist (vgl. Janicki und Dalton 2000). Einigkeit besteht dahingehend, dass insbesondere Menschen mit Down-Syndrom ein erhöhtes Demenzrisiko haben, denn bereits im Lebensalter 40+ sind bei ca. 10% dieser Personen Demenzsymptome zu beobachten und für das Lebensalter 50+ bewegen sich die Einschätzungen zwischen 30% und 66% (vgl. dazu Janicki & Dalton 2000; Coppus et al. 2006; Holland et al. 1998; Michalek & Haveman 2002; Tyrrell et al. 2001; ausführlich zusammengefasst in Grunwald et al. 2013, Kapitel 2). Das hohe Demenzrisiko wird auch in einer Längsschnittstudie (McCarron et al. 2014) deutlich, an der 77 Frauen mit Down-Syndrom (35 Jahre und älter) beteiligt waren. Die Auswertungsergebnisse der Studie belegen nach 14 Jahren einen deutlichen Zusammenhang zwischen dem Lebensalter und dem Auftreten einer Demenzerkrankung: bei 26,06% der Studienteilnehmerinnen lag eine Demenz im 50. Lebensjahr vor, im Alter von 55 Jahren lag der Anteil bei 50,72%, bei den 60-Jährigen bei 79,71% und bei den 68-Jährigen bei 95,65%. In dieser Studie tritt eine Demenz statistisch gesehen im Alter von 55,4 Jahren auf und deckt sich somit weitgehend mit den früheren Studienergebnissen.

Die auftretenden Demenzsymptome bei Menschen mit Lernschwierigkeiten und im speziellen bei Menschen mit Down-Syndrom sind mit denen der Allgemeinbevölkerung vergleichbar. Allerdings gibt es bei Menschen mit Down-Syndrom einige Auffälligkeiten: bei 75% der später Demenzbetroffenen traten bereits ab dem 40. Lebensjahr epileptische Anfälle auf (vgl. Halder 2008; Lott et al. 2012) und bei 20% konnte innerhalb von 5 Jahren ein Gewichtsverlust beobachtet werden (vgl. Llewllyn 2011). Vom Umfeld der betroffenen Personen werden folgende Symptome am häufigsten wahrgenommen (vgl. Janicki et al. 2003): Vergesslichkeit (78%), Verlust von Fähigkeiten und Fertigkeiten (68%), Persönlichkeitsveränderungen (68%), Schlafstörungen (59%). Gezielt und mehrfach wird darauf hingewiesen, dass der Alterungsprozess und die damit einhergehenden Alterserkrankungen, wie z. B. Osteoporose, Hör- und Sehbeeinträchtigungen, aber auch depressive Verstimmungen, für eine differentialdiagnostische Abklärung zu beachten sind (vgl. McCarron & Lawlor 2003).

Die frühzeitige Diagnose einer demenziellen Erkrankung sichert Lebensqualität und hilft Betreuer/-innen oder Angehörigen, die Veränderungen im richtigen Kontext zu verstehen und angemessene Anpassungen einzuleiten. Im internationalen Kontext liegt hierzu ein breites Spektrum an Screening- und Assessmentinstrumenten vor, während in Deutschland kaum ein Instrument bekannt ist. Bislang wurden mehr als 80 Instrumente für Menschen mit Lernschwierigkeiten entwickelt und in Studien eingesetzt. Screening-Instrumente helfen, Veränderungen in den Bereichen Fähigkeiten, Fertigkeiten und Verhalten zu identifizieren und meistens können diese Instrumente ohne eine spezielle Ausbildung eingesetzt werden. Für den Einsatz wird allerdings vorausgesetzt, dass die Einschätzung nur durch eine Person erfolgt, die mit der betroffenen Person sehr gut und seit längerer Zeit bekannt ist. Assessments werden hingegen zur diagnostischen Klärung eingesetzt. Sie gehen oftmals mit medizinischen Untersuchungen einher und sind größtenteils nur von geschultem Personal durchführbar. Am Ende eines Assessments kann eine Diagnose meist bestätigt oder verworfen werden (vgl. Esralew et al. 2013, S. 3ff.). Die internationale Literaturrecherche zeigt, dass insbesondere folgende Instrumente häufig eingesetzt werden:

- Das NTG – EDSD (NTG – Early Detection Screen for Dementia) wurde speziell für Menschen mit Lernschwierigkeiten entwickelt und steht zum Download auch in deutscher Sprache zur Verfügung (http://aadmd.org/ ntg/screening). Es soll regelmäßig und mindestens einmal jährlich ausgefüllt werden. So lässt sich eine mögliche Demenz oder leichte kognitive Beeinträchtigungen frühzeitig erkennen und schleichende Veränderungen aufdecken. Dabei ist der Fragebogen nicht mit einem Test zur Diagnostik zu verwechseln. Es wird nach Einschätzungen zur körperlichen und seelischen Gesundheit, zur Funktion der Sinnesorgane, zur Bewegungsfähigkeit, zu Lebensereignissen und zu ‚typischen' Anzeichen (z.B. epileptische Krampfanfälle) gefragt. Differenzierte Fragen zu Alltagsfähigkeiten, Sprache, Tag-Nacht-Rhythmus, Mobilität, Gedächtnis, Verhalten und Affekt sowie weiteren Auffälligkeiten ergeben ein Gesamtbild. Der Fragebogen wird in 15–60 Minuten von einer nahestehenden Person (Familie oder Betreuungsperson) ausgefüllt.
- Beim DMR (Dementia Questionnaire for People with Intellectual Disabilities) handelt es sich ebenfalls um einen Fragebogen speziell für Menschen mit Lernschwierigkeiten, der von Familienangehörigen oder Pflegenden mit einem geringen Zeitaufwand (15-20 Minuten) ausgefüllt werden kann (vgl. Evenhuis et al. 2009, S. 40). Die Fragen fokussieren die kognitive Leistungsfähigkeit und das soziale Leben des Betroffenen und beziehen sich auf den Zeitraum der zurückliegenden zwei Monate. Nach 6-12 Monaten soll der Test wiederholt werden, da sich nur durch eine kontinuierliche Verlaufsbeobachtung Veränderungen abbilden lassen.
- Beim DSDS (Dementia Scale for Down Syndrome; vgl. Geyde 1995 zitiert in Jozvai et al. 2009) handelt es sich um ein Assessmentinstrument, das für die Erstellung einer Differentialdiagnose eingesetzt wird. Der Test soll nur von fachkundigen Psycholog/-innen oder ähnlichen Berufsgruppen

durchgeführt werden. Es werden nahestehende Personen innerhalb der Familie oder Betreuer/-innen befragt, die die betroffene Person mindestens zwei Jahre in deren Wohnsituation oder am Arbeitsplatz begleitet haben. Zeichnen sich Demenzsymptome ab, so ist eine Wiederholung des Tests alle 6-12 Monate notwendig.

Es wird empfohlen, spätestens mit dem 50. Lebensjahr mit einer regelmäßigen Testung zu beginnen - bei Menschen mit Down-Syndrom sogar schon ab dem 40. Lebensjahr. Der regelmäßige Einsatz von Screening- und Assessmentinstrumenten hat zudem eine positive Wirkung auf die Mitarbeiter/-innen, denn durch die Verlaufsbeobachtungen wird ihr Wahrnehmungsvermögen geschärft. Sie nehmen besonders Veränderungen im Bereich des Erinnerungsvermögens und der Orientierungsfähigkeit deutlicher wahr.

Eine frühe diagnostische Abklärung einer möglichen Demenzerkrankung zielt darauf, behandelbare (sekundäre) Demenzformen auszuschließen. Deshalb ist ein Verfahren zur ‚Früherkennung‘ in Einrichtungen der Behindertenhilfe systematisch zu etablieren. Aufgrund des Fehlens handhabbarer, praktikabler Instrumente und der Tatsache, dass herkömmliche Diagnosekriterien, wie sie bei nichtbehinderten Menschen angewendet werden, nicht unmittelbar auf Menschen mit Lernschwierigkeiten übertragen werden können, sind Ärzt/-innen oder Fachkräfte in der Behindertenhilfe auf die Beobachtung der Fähigkeiten und Verhaltensveränderungen angewiesen. Die Ergebnisse des Forschungsprojekts verdeutlichen, dass solche Verhaltensbeobachtungen ganz wesentlich zur Früherkennung beitragen können. Zur Diagnosestellung ist man daher auf Informationen über die Fähigkeiten der betroffenen Person angewiesen. Aus diesem Grunde wird auch eine detaillierte Dokumentation notwendig. Der Mangel an Assessments im deutschsprachigen Raum kann durch eine Übertragung international vorliegender Assessments gemildert werden. Hierzu gibt es international als auch national einige Handreichungen, deren Praktikabilität und Einsatzmöglichkeiten erprobt bzw. weiterentwickelt werden müssen.

3.2 Empfehlungen für die Versorgung und Betreuung von Menschen mit Lernschwierigkeiten und demenzieller Erkrankung

Insbesondere die Expert/-inneninterviews zeigen: Noch scheint es in den Einrichtungen der Behindertenhilfe in Deutschland relativ wenige Fälle mit demenzieller Erkrankung zu geben, sodass die Einrichtungen noch mit Einzelmaßnahmen reagieren (können). Dies könnte sich jedoch als Bumerang erweisen, da von einer raschen und verstärkten Zunahme an demenziell erkrankten Menschen mit Lernschwierigkeiten ausgegangen wird. Aus diesem Grunde wurden vielfältige Empfehlungen für die Betreuung und Versorgung von demenziell erkrankten Menschen mit Behinderung abgeleitet. Im Wesentlichen umfassen diese Empfehlungen zwei Ebenen:

- Empfehlungen für die zukünftige Strategie in Einrichtungen der Behindertenhilfe im Hinblick auf eine stärkere Sensibilität bezüglich des Themas und eines stärkeren Austausches zwischen Einrichtungen sowohl der Behindertenhilfe als auch der Altenhilfe,
- Empfehlungen für die Betreuung und Versorgung von demenziell erkrankten Menschen mit Behinderung.

Über die Anzahl von Menschen mit Lernschwierigkeiten in Deutschland liegen keine verlässlichen empirischen Daten vor. Forschungsergebnisse zeigen aber auf, dass der Anteil von Erwachsenen mit Lernschwierigkeiten an der Gesamtbevölkerung ansteigt. Anhand der Altersentwicklung kann verdeutlicht werden, dass sich die Anzahl demenziell erkrankter Menschen mit Lernschwierigkeiten in den nächsten 10 Jahren verdreifachen und stetig ansteigen wird (vgl. Dieckmann et al. 2010). In der Praxis der Behindertenhilfe fehlt es bislang allerdings sowohl an vorausschauenden konzeptionellen Überlegungen als Planungsgrundlage, als auch an einem Austausch zwischen den Einrichtungen. Aufgrund der zukünftig zu erwartenden Entwicklungen ist sowohl der Austausch als auch die fachliche Auseinandersetzung mit dem Thema dringend zu intensivieren. Dabei sollte ein solcher Austausch nicht nur zwischen Einrichtungen der Behindertenhilfe erfolgen, sondern auch zwischen Akteuren der Alten- und Behindertenhilfe.

Einrichtungen der Behindertenhilfe müssen sich zudem die Frage stellen, wie eine adäquate Versorgung von älteren Menschen mit Lernschwierigkeiten und psychischen Alterserkrankungen wie Demenz aussehen kann. Konzeptionelle Ansätze für die Versorgung und Betreuung dieser Personengruppe sind zwar vereinzelt vorhanden, aber überwiegend sind in der Alltagspraxis eher unsystematische Problembewältigungsversuche, sozusagen Reaktionen auf (noch) einzelne ‚Fälle‘, anzutreffen. Generell sind jedoch – dies zeigen erste Erfahrungen – Einrichtungen der Behindertenhilfe als Wohn- und Betreuungsformen für Menschen mit Lernschwierigkeiten und demenzieller Erkrankung zu favorisieren. Begründet werden kann dies mit a) der (bisher) üblichen Sozialisation von Menschen mit Behinderung, b) der breiten Dokumentation über das Leben dieser Menschen in solchen Einrichtungen, und c) drohenden Konflikten zwischen behinderten und nichtbehinderten Bewohner/-innen in Altenpflegeeinrichtungen. Die Frage der passenden Wohn- und Betreuungsform ist hingegen nicht eindeutig beantwortbar. Die Konsequenzen eines Wohnortwechsels, das jeweilige Stadium der Demenz und die Atmosphäre in der jeweiligen Wohngruppe sind Faktoren, die es stets zu berücksichtigen gilt. Insgesamt sprechen die genannten Gründe jedoch für einen Aufbau spezieller, homogener Wohngruppen für Menschen mit Lernschwierigkeiten und Demenz. Wichtig ist allgemein: Die Betreuung und Pflege von demenziell erkrankten Menschen mit Lernschwierigkeiten erfordert spezielle personenzentrierte Wohn- und Betreuungskonzepte, die auch räumliche Gegebenheiten mit berücksichtigen.

Die Wohn- und Betreuungsformen für ältere Menschen mit Lernschwierigkeiten sollten insgesamt auf Konzepten beruhen, die einen adäquaten Umgang mit dem fortschreitenden Alter und dem Pflege- und Unterstützungsbedarf beinhalten. Es werden international drei Hauptlinien deutlich: Die Möglichkeit eines Verbleibs am Wohnort, die Anpassung der bestehenden Umwelt oder das Verlegen in eine entsprechende (stationäre) Einrichtung (vgl. Wilkinson und Joseph Rowntree Foundation 2004 sowie Janicki et al. 2003).

- ‚Ageing in place' ist ein Ansatz, der es den betroffenen Menschen ermöglichen soll, so gut und so lange wie möglich in ihrer gewohnten Umgebung unterstützt zu werden, sodass sie dort altern und auch sterben können. Pflegende und Angehörige, bei denen demenzbezogenes Wissen oder Erfahrungen nicht vorausgesetzt werden können, müssen an einen angemessenen Umgang herangeführt werden.
- ‚In place progression' bezieht sich speziell auf Menschen mit Demenz. Dabei handelt es sich um eine betreute Wohnform für Menschen mit ähnlichen Bedürfnislagen. Innerhalb einer Einrichtung bedeutet dies ein Umzug in eine spezialisierte Wohnform, die sowohl räumlich als auch personell auf die besonderen Bedürfnisse von Menschen mit Demenz ausgerichtet ist. Hierdurch soll mit fortschreitendem Krankheitsverlauf eine Anpassung der Versorgung innerhalb einer konstanten Umgebung gewährleistet werden.
- ‚Referral out' meint eine dauerhafte Verlegung des Betroffenen in eine oftmals spezialisierte Pflegeeinrichtung.

Das Spektrum der möglichen Wohnformen für Menschen mit Lernschwierigkeiten und demenzieller Erkrankung zeigt auch Wohnangebote auf, die in dieser Form in Deutschland noch kaum (wenn überhaupt) bestehen. Folgende Ansätze sind zu finden (vgl. Martin et al. 2007; Chaput 2002; McCallion et al. 2005):

- ‚Community based provider agencies': Dienstleister richten ihr Angebot auf die Unterstützung des Wohnens von Menschen mit Behinderung in der Gemeinde mit dem Ziel aus, eine inklusive Lebensweise im häuslichen Bereich zu ermöglichen.

- ‚LTC/SCU' sind stationäre Pflegeeinrichtungen (LTC = long term care) für ältere, hilfsbedürftige Menschen, die eine ‚special care unit' (SCU) aufgebaut haben, um Menschen mit Demenz ein adäquates Wohn- und Lebensumfeld zu bieten. Im Gegensatz zu anderen Wohnbereichen ist die Gruppengröße dort überschaubar und das Personal gerontopsychiatrisch qualifiziert. In Deutschland ist diese Betreuungsform in der Altenhilfe als Demenzwohngruppe, Hausgemeinschaft für Menschen mit Demenz und vereinzelt auch als SCD bekannt.

- ‚Foster family care homes' ist eine zur Umsetzung von Inklusion durchaus bedeutende und charakteristische Betreuungsoption, die in den USA häufig eingesetzt wird. Ziel ist es, Menschen mit Lernschwierigkeiten eine größtmögliche Teilhabe am gesellschaftlichen Leben zu ermöglichen. Menschen mit meist leichten Lernschwierigkeiten werden in Familien der Allgemeinbevölkerung betreut und versorgt. Es gibt zusätzliche Angebote, wie Tagesdienste und Case Manager, sowie ein Entgelt für die Familie zur Deckung der Versorgungskosten. In einer ‚foster family' leben im Schnitt zwei Menschen mit Lernschwierigkeiten.

- ‚Group homes' sind eine Bezeichnung für das Wohnen in Gruppen mit verschiedenen Varianten in Bezug auf die Gruppengröße und das Angebot. Oft leben zwischen drei und 14 Personen in einem Verbund, zum Teil in Appartements. Unterstützt werden sie von professionellen Mitarbeiter/-innen eines entsprechenden Fachdienstes. Group homes gibt es in verschiedenen Zusammenstellungen, was die Art der Behinderung, das Alter und die Intensität der Begleitung betrifft (vgl. hierzu: Peiffer & Steiner 2014). Insbesondere zu Group homes liegen differenzierte Forschungsergebnisse aus unterschiedlichen Ländern für Menschen mit Lernschwierigkeiten und demenzieller Erkrankung vor.

3.3 Herausforderungen für Fachkräfte, Angehörige und Betroffene

Neben den Empfehlungen für die Betreuung und Versorgung von demenziell erkrankten Menschen mit Lernschwierigkeiten sind vor allem die Herausforderungen für die in der Alten- bzw. Behindertenhilfe tätigen Fachkräfte zu thematisieren (vgl. auch Lindmeier & Lubitz 2012). Neben fachlichen Fragen zählen hierzu aber auch der Einbezug der und die Arbeit mit den Angehörigen sowie die Berücksichtigung der spezifischen Lebenslagen und Sichtweisen der Betroffenen:

Der Umgang mit demenziell erkrankten Bewohner/-innen erfordert für die Einrichtungen der Behindertenhilfe eine veränderte Personalpolitik und Organisations-

struktur. Die wesentlichen Herausforderungen für Fachkräfte in der Behindertenhilfe werden von den befragten Expert/-innen beispielsweise in einer veränderten Haltung sowie in einer gezielten Fortbildung im Bereich Demenz und Altenpflege gesehen. Zunächst wird als wichtig herausgestellt, dass Fachkräfte aus der Behindertenhilfe das Leitbild des Förderns zugunsten einer validierenden Haltung (Akzeptanz des Verhaltens) der Betroffenen aufgeben müssen, um Missverständnissen und Konflikten im Verhältnis zwischen Mitarbeiter/-innen und Betroffenen vorzubeugen. Hier sollten sich Fachkräfte aus der Behindertenhilfe an dem methodischen Repertoire der Altenhilfe orientieren: Während die Arbeit mit Menschen mit Lernschwierigkeiten von der Orientierung an Entwicklung, Förderung und dem Erhalt der Fähigkeiten geprägt ist, werden in der Altenpflege die fortschreitenden Kompetenzeinbußen durch Anpassungsleistungen aufgefangen und die Arbeit an der Förderung des Wohlbefindens ausgerichtet. Darüber hinaus zeigt sich: Die Befindlichkeit von Fachkräften aus der Behindertenhilfe ist vor allem abhängig von Investitionen in Weiterbildung und supervisorische Teambegleitung. Entsprechende Konzepte und Coachingstrategien müssen sowohl gerontopsychiatrische Grundkenntnisse vermitteln als auch ein Verständnis für die Betroffenen forcieren. Drittens reicht es nicht aus, demenzspezifische Themen in die Ausbildung der Fachkräfte einzubeziehen, sondern es ist erforderlich vor allem interdisziplinäre Teams aufzubauen, denn die Stärken der beiden Berufsgruppen zeigen sich in gemischten Gruppen. Eine wesentliche Herausforderung im Einsatz interdisziplinärer Teams wird jedoch im gemeinsamen Lernen gesehen. Die Bereitschaft, voneinander zu lernen und sich auf die jeweilige Expertise der anderen Profession einzulassen, muss dabei elementarer Bestandteil der Organisations- und Personalentwicklung sein.
Aufgrund der Spezifik einer demenziellen Erkrankung sind Angehörige oft äußerst verängstigt und verunsichert. Angehörigenarbeit bedeutet daher Aufklärung über (Folgen der) Demenz und Sensibilisierung für die Unumkehrbarkeit der Erkrankung.

Für die Betroffenen gilt hingegen: Aufgrund der Behinderungserfahrung ist die Befindlichkeit der Betroffenen weniger geprägt durch die Wahrnehmung der erkrankungsspezifischen Symptome und entsprechende Schamgefühle, sondern eher durch veränderte und oft negative Reaktionen der Fachkräfte und/oder anderer Bewohner/-innen einer Einrichtung. Aus diesem Grunde muss äußerst sensibel mit dem Thema umgegangen werden.

3.4 Empfehlungen für die Politik

Alles in allem zeigt sich: Das Thema ‚Menschen mit Lernschwierigkeiten und Demenz' ist in der Praxis angekommen und wird weiter an Bedeutung zunehmen.

Entsprechende Forschungsaktivitäten und Modellprojekte sind daher dringend zu fördern. Der Informationstransfer wissenschaftlicher Erkenntnisse in die Praxis muss zudem gewährleistet werden. In Bezug auf die Wohnformen sollte der Fokus von stationären auf ambulante und ggf. ambulant betreute familiale Settings erweitert werden. Besonders im Hinblick auf die Gestaltung der Lebenswelt sollte die Verbesserung bzw. Sicherung der Lebensqualität als roter Faden und Bezugspunkt fungieren.

In der aktuellen Diskussion um Versorgungformen ist die Frage nach dem Lebensort und der ‚Heimat' von Menschen mit Lernschwierigkeiten und Demenz relevant. Einigkeit herrscht in diesem Zusammenhang darüber, dass a) bei demenziell erkrankten Menschen mit Behinderung auch weiterhin einen Teilhabebedarf besteht, b) sie einen zusätzlichen Pflegebedarf haben, weswegen ihnen auch Pflegesachleistungen in Einrichtungen der Behindertenhilfe zuerkannt werden sollten, c) Menschen mit Lernschwierigkeiten und Demenz nicht aus den üblichen behindertenpolitischen Forderungen ausgenommen sind, und d) die Grundsätze gemeindeintegrierten Wohnens auch bei Menschen mit Lernschwierigkeiten und Demenz umgesetzt werden müssen. Insbesondere im Hinblick auf die behindertenpolitischen Forderungen der UN-Behindertenrechtskonvention gilt: Für ein gemeindeintegriertes Wohnen muss die Organisation der Unterstützung ausreichend gesichert sein; es müssen entsprechende (spezialisierte) ambulante Dienstleister vor Ort verfügbar sein und die Bevölkerung ist dafür zu sensibilisieren bzw. eine Akzeptanz ist zu schaffen. Eine wesentliche sozialpolitische Forderung wird sich zudem auf die Frage beziehen, inwiefern sich Pflegeentgelte in Einrichtungen der Behindertenhilfe an die Pflegesachleistungen anpassen müssen.

4 Zusammenfassung: Die Notwendigkeit einer interdisziplinären Perspektive zur Bewältigung der Herausforderungen im Umgang mit demenziell erkrankten Menschen mit Lernschwierigkeiten

Ein wichtiger Aspekt aus dem Forschungsprojekt betrifft die unterschiedlichen disziplinären Perspektiven und deren Bedeutung für die professionelle Arbeit mit dieser Zielgruppe. Sowohl die Literaturrecherchen als auch die Expert/-inneninterviews zeigen, dass das Thema ‚Menschen mit Lernschwierigkeiten und Demenz' aus zwei Richtungen angegangen werden kann. Einerseits gibt es eine diesbezügliche Debatte in der Sonder-, Heil- und Behindertenpädagogik – hier wären beispielsweise Ackermann (vgl. 2006; 2007a; 2007b), Ding-Greiner (vgl. 2005; 2008a; 2008b), Haveman & Stöppler (vgl. 2010) und Theunissen (vgl. 1999; 2000; 2001a; 2001b; 2007) zu nennen. Andererseits gibt es einschlägige pflegewissenschaftliche Diskurse zur Versorgung von Menschen mit Lernschwierigkeiten und Demenz (vgl. Janicki et al. 2005; Wilkinson und Joseph Rowntree Foundation 2004; Wilkinson & Janicki 2001; Wilkinson et al. 2005). Die Analyse der nationalen und internationalen Literatur sowie die Expert/-inneninterviews verdeutlichen, dass diese beiden Stränge wissenschaftlich wie praktisch-institutionell eher nebeneinander her laufen und nicht systematisch aufeinander bezogen werden. Eine solche Vernetzung auf disziplinärer wie auf professioneller Ebene ist aber – so ein ganz zentrales Ergebnis dieses Forschungsprojektes – dringend nötig. Von hoher Bedeutung für die konkrete Praxis sind daher die interdisziplinäre Zusammenarbeit und/oder der Aufbau interdisziplinärer Teams. Beides wird sowohl von den befragten Expert/-innen als auch in der Literatur hervorgehoben. Hier ergeben sich vielfältige Herausforderungen für die Einrichtungs- und Bereichsleitungen sowie für die Teams und die Fachkräfte an der Basis mit ihrem jeweiligen professionellen Hintergrund. Damit gehen aber auch Anforderungen an die sozialpolitischen Rahmenbedingungen und die finanzielle Sicherung einer solchen interdisziplinären Kooperation einher.

Eine solche interdisziplinäre Verbindung demenz- bzw. pflegewissenschaftlicher und behindertenpädagogischer Debatten und Zugänge bedarf einer Verortung auf verschiedenen Ebenen. Hier ist die Ausbildung zu unterscheiden von der Weiterqualifizierung der Fachkräfte. In Bezug auf die Ausbildung zeigt sich die Notwendigkeit einer Sensibilisierung der Pflegeberufe für (behinderten-)pädagogische Fragestellungen (die von der Pflegewissenschaft bereits aufgenommen werden, z. B. von Fröhlich 2006) auf der einen Seite und einer Sensibilisierung von Heilerziehungspfleger/-innen und Heilpädagog/-innen für die Spezifika einer demenziellen Erkrankung sowie ihrer Konsequenzen für die Betreuung von Klient/-innen auf der anderen Seite. Für Fachkräfte, die bereits im Job sind, ist eine Weiterqualifizierung hilfreich, die in der eigenen Ausbildung fehlende Wissensbestände ergänzt und in den Kontext professioneller, berufsethischer und organisationaler Fragestellungen einbindet. Wissensbestände aus Pflege- und Demenzforschung einerseits und Sonder-, Heil- und Behindertenpädagogik andererseits müssen durch Fragen der Berufsethik und der professionellen Haltung fundiert werden, wie sie in der Pflege beispielsweise in der Integrativen Validation, in der Sonder-, Heil- und Behindertenpädagogik zum Beispiel in der kritischen Auseinandersetzung mit dem Fördermythos liegen. Auch hier können beide disziplinäre Zugänge sich gegenseitig ergänzen und stützen.

Sowohl in den Literaturrecherchen als auch in den Expert/-inneninterviews zeigt sich die aus unserer Sicht zentrale Fragestellung, wie die Lebenswelt der Menschen mit Lernschwierigkeiten und Demenz so zu gestalten ist, dass ein möglichst hohes Maß an Lebensqualität gesichert werden kann. Hier sind sowohl die wissenschaftliche Debatte zum Thema Lebensqualität, die in der Pflege- und Demenzforschung und in der Behinderten- und Sonderpädagogik geführt wird (vgl. Wacker 2001; Seifert et al. 2001; Kruse et al. 2002; Demenz Support 2004; Schramme 2005; Berghaus et al. 2006; Wißmann 2008; Müller 2015), als auch insbesondere die Diskussion zum Konzept der Lebensweltorientierung (vgl. Grunwald & Thiersch 2006; 2014; 2015; Klein 2008; Metzler 2008) sehr produktiv für weitere Forschungen zum Thema ‚Menschen mit Lernschwierigkeiten und Demenz'. Eine wissenschaftliche Bearbeitung der Frage nach Lebensort und ‚Heimat' dieser Zielgruppe aus der Perspektive einer an den Konzepten der Lebensqualität und Lebensweltorientierung ausgerichteten Forschung kann eine differenzierte, nicht in Systemabgrenzungen zwischen Eingliederungshilfe und Pflegeversicherung festgefahrene Sicht ermöglichen, die sich primär an den Rechten und der Würde von Menschen mit Lernschwierigkeiten und Demenz ausrichtet. Hier stellen sich für Wissenschaft und Praxis große Aufgaben, die nur im Miteinander unterschiedlicher Disziplinen und Professionen bearbeitbar sind.

Literatur

Ackermann, A. (2006). *Demenz bei Menschen mit geistiger Behinderung. Möglichkeiten der Erfassung demenzieller Entwicklungen im Betreuungsalltag.* Internationaler Workshop „Alt und behindert in Europa", 04.-05. Mai 2006, Berlin.

Ackermann, A. (2007a). *Umgang mit demenziellen Entwicklungen bei Menschen mit geistiger Behinderung.* Fachtagung „Anders alt?! Alternde Menschen mit geistiger Behinderung in Europa", 11.-12. Oktober 2007, Hannover.

Ackermann, A. (2007b). *Test Batterie zur Demenzdiagnostik bei Menschen mit geistiger Behinderung. Manuskript.*

Berghaus, H. C., Bermond, H., & Milz, H. (Hrsg.) (2006). *Bedürfnisse erkennen - Lebensqualität steigern. Vorträge und Arbeitskreise der 14. Tagung "Behinderung und Alter" 2005 an der Heilpädagogischen Fakultät der Universität zu Köln.* Köln.

Chaput, J. L. (2002). Adults with Down syndrome and Alzheimer's disease: comparison of services received in group homes and in special care units. *Journal of Gerontological Social Work 38*(1/2), 197-211.

Coppus, A., Evenhuis, H., Verberne, G. J., Visser, F., van Gool, P., Eikelenboom, P. et al. (2006). Dementia and mortality in persons with Down's syndrome. *Journal of Intellectual Disability Research 50*(10), 768-777.

Demenz Support Stuttgart gGmbH (Hrsg.) (2004). *Im Brennpunkt: Lebensqualität / Pflegequalität.* Stuttgart.

Deutsche Gesellschaft für Allgemeinmedizin und Familienmedizin [DEGAM] (2008). *DEGAM – Leitlinie Nr. 12. Demenz.* Düsseldorf: Omikron Publishing.

Dieckmann, F., Giovis, C., Schäper, S., Schüller, S., & Greving, H. (2010). *Vorausschätzung der Altersentwicklung von Erwachsenen mit geistiger Behinderung in Westfalen-Lippe. Erster Zwischenbericht zum Forschungsprojekt „Lebensqualität inklusiv(e): Innovative Konzepte unterstützten Wohnens älter werdender Menschen mit Behinderung".* Münster: Katholische Fachhochschule NRW.

Ding-Greiner, C. (2008a). Altern mit geistiger Behinderung. *Orientierung - Fachzeitschrift der Behindertenhilfe 4*, 1-4.

Ding-Greiner, C. (2008b). Geistige Behinderung und Demenz. *Orientierung - Fachzeitschrift der Behindertenhilfe 4*, 26-29.

Ding-Greiner, C. (2005). Förderung der Selbstpflegekompetenz von Menschen mit geistiger Behinderung und Demenz. In: R. Schwerdt (Hrsg.), *Prävention in der Pflege und Betreuung von Menschen mit Demenz. Konzepte und Modelle zur Qualifikation und Kooperation* (S. 52-63). Frankfurt: Fachhochschulverlag.

Evenhuis, H. M., Kengen, M., & Eurlings, H. (2009). The dementia questionnaire for people with intellectual disabilities. In: V. P. Prasher (Hrsg.), *Neuropsychological assessments of dementia in down syndrome and intellectual disabilities* (S. 39-51). London: Springer.

Fröhlich, A. (2006). Pflege. In: G. Antor, & U. Bleidick (Hrsg.), *Handlexikon der Behindertenpädagogik. Schlüsselbegriffe aus Theorie und Praxis* (2., überarbeitete und erweiterte Aufl.) (S. 425-427). Stuttgart: Kohlhammer.

Grunwald, K., & Thiersch, H. (2011). Lebensweltorientierung. In: H.-U. Otto, & H. Thiersch (Hrsg.) unter Mitarbeit von K. Grunwald, K. Böllert, G. Flösser und C. Füssenhäuser, *Handbuch Soziale Arbeit. Grundlagen der Sozialarbeit und Sozialpädagogik* (4., völlig neu bearbeitete Aufl.) (S. 854-863). München: Reinhardt.

Grunwald, K., & Thiersch, H. (2008). Das Konzept Lebensweltorientierte Soziale Arbeit – einleitende Bemerkungen. In: K. Grunwald, & H. Thiersch (Hrsg.), *Praxis Lebensweltorientierter Sozialer Arbeit. Handlungszugänge und Methoden in unterschiedlichen Arbeitsfeldern* (2. Aufl.) (S. 13-39). Weinheim: Beltz Juventa.

Grunwald, K., & Thiersch, H. (2006). Lebensweltorientierung in der Behindertenhilfe. *Vierteljahresschrift für Heilpädagogik und ihre Nachbargebiete 75*(2), 144-147.

Grunwald, K., Kuhn, C., Meyer, T. & Voss, A. (2013). *Demenz bei Menschen mit geistiger Behinderung. Eine empirische Bestandsaufnahme.* Bad Heilbrunn: Julius Klinkhardt.

Halder, C. (2008). Über das Älterwerden von Menschen mit Down-Syndrom: Diese Menschen werden oft zu schnell als "Alzheimer-Patienten" abgestempelt. *ProAlter 40(2)*, 30-36.

Haveman, M., & Stöppler, R. (2010). *Altern mit geistiger Behinderung. Grundlagen und Perspektiven für Begleitung, Bildung und Rehabilitation* (2., überarbeitete und erweiterte Aufl.). Stuttgart: Kohlhammer.

Holland, A. J., Hon, J., Huppert, F. A., Stevens, F., & Watson, P. (1998). Population-based study of the prevalence and presentation of dementia in adults with Down's syndrome. *British Journal of Psychiatry 172*(6), 493-498.

Janicki, M. P. & Dalton, A. J. (2000). Prevalence of dementia and impact on intellectual disability services. *Mental Retardation 38*(3), 276-288.

Janicki, M. P., Dalton, A. J., McCallion, P., Baxley, D. D., & Zendell, A. (2005): Group home care for adults with intellectual disabilities and Alzheimer's disease. *Dementia 4*(3), 361-385.

Janicki, M. P., McCallion, P., & Dalton, A. J. (2003): Dementia-related care decision-making in group homes for persons with intellectual disabilities. *Journal of Gerontological Social Work 38*(1/2), 179-195.

Jozsvai, E., Kartakis, P., & Gedye, A. (2009). Dementia scale for down syndrome. In V. P. Prasher (Hrsg), *Neuropsychological assessments of dementia in down syndrome and intellectual disabilities* (S. 53-66). London: Springer.

Klein, G. (2008). Frühförderung und lebensweltorientierte Sozialarbeit. In: K. Grunwald, & H. Thiersch (Hrsg.), *Praxis Lebensweltorientierter Sozialer Arbeit* (2. Aufl.) (S. 281-295). Weinheim: Beltz Juventa.

Köhncke, Y. (2009). *Alt und behindert. Wie sich der demografische Wandel auf das Leben von Menschen mit Behinderung auswirkt.* Berlin: Institut für Bevölkerung und Entwicklung.

Kruse, A., Ding-Greiner, C., & Grüner, M. (2002). *Den Jahren Leben geben. Lebensqualität im Alter bei Menschen mit Behinderungen. Projektbericht.* Stuttgart: Diakonisches Werk.

Llewellyn, P. (2011). The needs of people with learning disabilities who develop dementia: A literature review. *Dementia 10*(2), 235-247.

Martin, L., Hirdes, J. P., Fries, B. E., & Smith, T. F. (2007). Development and psychometric properties of an assessment for persons with intellectual disability – the interRAI ID. *Journal of Policy and Practice in Intellectual Disabilities 4*(1), 23-29.

McCallion, P., Nickle, T., & McCarron, M. (2005). A comparison of reports of caregiver burden between foster family care providers and staff caregivers in other settings: a pilot study. *Dementia 4*(3), 401-412.

McCarron, M., & Lawlor, B. A. (2003). Responding to the challenges of ageing and dementia in intellectual disability in Ireland. *Aging & Mental Health 7*(6), 413-417.

Metzler, H. (2008). Behinderte Teilhabe - eine Fallgeschichte. In: K. Grunwald, & H. Thiersch (Hrsg.), *Praxis Lebensweltorientierter Sozialer Arbeit* (2. Aufl.) (S. 297-304). Weinheim: Beltz Juventa.

Michalek, S., & Haveman, M. J. (2002). Symptome und Diagnostik der Alzheimer-Krankheit bei Menschen mit Down-Syndrom. *Geistige Behinderung 41*(3), 223-242.

Schramme, T. (2005). Ist eine objektive Beurteilung von Lebensqualität möglich? In: S. Graumann, & K. Grüber (Hrsg.), *Anerkennung, Ethik und Behinderung. Beiträge aus dem Institut Mensch, Ethik und Wissenschaft* (S. 87–99). Münster: LIT.

Seifert, M., Fornefeld, B., & Koenig, P. (2001). *Zielperspektive Lebensqualität. Eine Studie zur Lebenssituation von Menschen mit schwerer Behinderung im Heim.* Bielefeld: Bethel.

Theunissen, G. (2007). Validierende Assistenz. Ein subjektzentriertes Angebot für Menschen mit geistiger Behinderung und Demenz. *Geistige Behinderung 46*(2), 140-151.

Theunissen, G. (2001a). Menschen mit geistiger Behinderung und Demenz verstehen und begleiten. *Fachdienst der Lebenshilfe 4*, 1-10.

Theunissen, G. (2001b). Psychische Störungen bei Menschen mit geistiger Behinderung im Alter. *Geistige Behinderung 41*(2), 167-180.

Theunissen, G. (2000). Alte Menschen mit geistiger Behinderung und Demenz - Handlungsmöglichkeiten aus pädagogischer Sicht. In: Bundesvereinigung Lebenshilfe für Menschen mit geistiger Behinderung e. V. (Hrsg.), *Persönlichkeit und Hilfe im Alter. Zum Alterungsprozeß bei Menschen mit geistiger Behinderung* (S. 54-91). Marburg.

Theunissen, G. (1999). Geistig behindert und dement. Überlegungen und Anregungen aus pädagogischer Sicht. *Geistige Behinderung 38*(2), 165-178.

Tyrrell, J., Cosgrave, M., McCarron, M., McPherson, J., Calvert, J., Kelly, A. et al. (2001). Dementia in people with Down's syndrome. *International Journal of Geriatric Psychiatry 16*(12), 1168-1174.

Wacker, E. (2001). Wohn-, Förder- und Versorgungskonzepte für ältere Menschen mit geistiger Behinderung – ein kompetenz- und lebensqualitätsorientierter Ansatz. In: Deutsches Zentrum für Altersfragen (Hrsg.), *Versorgung und Förderung älterer Menschen mit geistiger Behinderung. Expertisen zum Dritten Altenbericht der Bundesregierung* (S. 43-122). Opladen.

Wilkinson, H., & Janicki, M. P. (2001): *The Edinburgh principles. With accompanying guidelines and recommendations.* Stirling: University of Stirling, Scotland.

Wilkinson, H., Kerr, D., & Cunningham, C. (2005). Equipping staff to support people with an intellectual disability and dementia in care home settings. *Dementia 4*(3), 387-400.

Wilkinson, H., Kerr, D., Cunningham, C., & Rae C. (2004). *Home for good? Preparing to support people with learning difficulties in residential settings when they develop dementia.* York: Pavilion Publishing/Joseph Rowntree Foundation.

Winter, B. (2002). Menschen mit geistiger Behinderung und psychischen Altersveränderungen. Konzeptionelle Anforderungen aus der Sicht eines Sozialministeriums. In: M. Seidel (Hrsg.), *Altersbedingte psychische Störungen bei Menschen mit geistiger Behinderung. Dokumentation der Arbeitstagung der DGSGB am 26.04.2002* (S. 24-29). Kassel.

Wißmann, P. (2008). Es geht um Lebensqualität. Menschen mit schwerer Demenz als Herausforderung für Pflege und Betreuung. *Dr. med. Mabuse 33*(172), 40-43.

Versorgungsforschung zur vernetzten ambulanten Versorgung von Menschen mit Demenz – Strategien und Empfehlungen anhand von Praxiserfahrungen

Karin Wolf-Ostermann, Katja Dierich, Annika Schmidt, Johannes Gräske

1 Hintergrund

Die zunehmende Alterung sowie eine abnehmende Geburtenrate führen in den nächsten Jahren zu deutlichen Veränderungen in der demografischen Altersstruktur der Bundesrepublik Deutschland. Im Jahr 2050 wird sich die Zahl der über 80-Jährigen von 4,4 Millionen im Jahr 2013 auf ca. 10 Millionen mehr als verdoppeln (vgl. Statistisches Bundesamt 2015a, S. 6). Aus dieser Alterung der deutschen Bevölkerung resultiert die anzahlmäßige Zunahme von Personen mit bestimmten altersspezifischen Erkrankungen einerseits und andererseits der Anteile von Personen mit Mehrfacherkrankungen (vgl. Wurm & Tesch-Römer 2006). Derzeit sind etwa 2,7 Millionen Menschen in eine Pflegestufe eingestuft, der überwiegende Teil dieser Personen ist dabei älter als 60 Jahre. Mehr als zwei Drittel dieser Personen (71%, 1,86 Millionen) werden derzeit in der eigenen Häuslichkeit durch Angehörige und/oder Pflegedienste versorgt (vgl. Statistisches Bundesamt 2015b, S. 5). Durch die zunehmende Alterung der Bevölkerung wird der Anteil pflegebedürftiger Personen in Zukunft deutlich steigen. Gleichzeitig steigen damit die Anforderungen diesem Anstieg finanziell und im Hinblick auf eine qualitativ hochwertige pflegerische Versorgung zu begegnen. Besondere Herausforderungen stellt dabei die Versorgung von Menschen mit Demenz. Derzeit leben ca. 1,5 Millionen Menschen mit Demenz in Deutschland (vgl. Bickel 2014). Es wird davon ausgegangen, dass im Jahr 2050 rund 3 Millionen Menschen mit Demenz in Deutschland leben (vgl. ebd.).

1.1 Versorgung von Menschen mit Demenz

Leistungsempfänger nach dem Pflegeversicherungsgesetz (SGB XI) werden überwiegend ambulant und zumeist auch von Angehörigen versorgt (vgl. Statistisches Bundesamt 2015b, S. 5). Dies gilt auf für Menschen mit demenziellen Erkrankungen, von denen derzeit etwas mehr als die Hälfte in der eigenen Häuslichkeit wohnen und versorgt werden (vgl. Wimo & Prince 2010). Allerdings nimmt in den nächsten Jahren das Potential familiärer Unterstützung deutlich ab. Dies liegt einerseits an der Abnahme des Anteils jüngerer Menschen in Deutschland und andererseits an veränderten Erwerbsstrukturen und einer größeren räumlichen Mobilität (vgl. Rothgang 2012, S. 17). In ihrer repräsentativen Studie zu Möglichkeiten und Grenzen der selbständigen Lebensführung in Privathaushalten kommen Schneekloth & Wahl (2006) zu der Schlussfolgerung, dass die Situation der Pflege von Menschen mit Demenz in Privathaushalten „prekär" ist. Dies liegt vorwiegend an den Versorgungsbedarfen, die sich eben nicht ausschließlich auf funktionale Unterstützung beschränken. Vielmehr stehen der kognitive Leistungsabbau und neuropsychiatrische Symptomatiken im Fokus. Demenzielle Erkrankungen gelten daher als ein wichtiger Grund für den Übertritt in die stationäre Versorgung (vgl. Heinen et al. 2015; Luppa et al 2010). Der Anteil an Menschen mit Demenz in stationären Pflegeeinrichtungen wird derzeit auf 48% - 75% geschätzt (vgl. Jakob et al. 2002, S. 475).

Die Versorgungsbedarfe und -strukturen unterscheiden sich allerdings auch regional. Dies liegt neben den variierenden Altersstrukturen auch an der Zugänglichkeit zu medizinischen Angeboten. So stellten Koller, Eisele et al. (2010) in ihrer Untersuchung fest, dass sich die Versorgung von Menschen mit Demenz durch Fachärzte zwischen städtischem und ländlichem Raum unterscheidet. Die Kontakte zu Fachärzten im ländlichen Raum sind geringer als im städtischen Raum. Allerdings ist die Inanspruchnahme von Versorgungsangeboten auch von verfügbaren finanziellen Mitteln in der Region abhängig. Leistungen werden überwiegend angeboten, wenn die Ausgaben gedeckt werden können. Auch Wohlfahrtseinrichtungen müssen sich diesen finanziellen Zwängen stellen.

Die Versorgung eines Menschen mit Demenz in Westeuropa kostet jährlich durchschnittlich ca. 30.122 US-Dollar. Darin enthalten sind Kosten von 14,4% für die medizinische Versorgung (Versorgung in Krankenhäusern, Arztbesuche, Medikamente). Die übrigen Kosten entstehen durch direkte pflegerische Kosten (44,2%) durch ambulante und/oder stationäre Pflege sowie indirekte Kosten (41,4%) durch informelle Pflege (vgl. Wimo & Prince 2010, S. 25). Für Deutschland selbst liegen die Zahlen wohl noch etwas höher. So kommen Schwarzkopf, Menn et al. (2011) in ihrer Untersuchung zu der Erkenntnis, dass für einen Menschen mit einer mittelschweren Demenz die Kosten bei rund 63.000 EUR pro Jahr liegen - davon werden allein durch Angehörige 52.000 EUR in Form informeller Pflege erbracht.

Um den aufgezeigten Herausforderungen in den kommenden Jahren zu begegnen, wird es unerlässlich sein, den Versorgungsalltag von Menschen mit Demenz, ihren versorgenden Angehörigen, aber auch von professionellen Gesundheitsdienstleistern zu evaluieren, neue Versorgungskonzepte und Interventionen unter Alltagsbedingungen zu erproben und zu bewerten.

2 Versorgungsforschung

Nach der Definition der Bundesärztekammer (2004, S. 1) ist:

> „Versorgungsforschung (...) ein grundlagen- und anwendungsorientiertes fachübergreifendes Forschungsgebiet, das

> 1. die Inputs, Prozesse und Ergebnisse von Kranken- und Gesundheitsversorgung, einschließlich der auf sie einwirkenden Rahmenbedingungen mit quantitativen und qualitativen, deskriptiven, analytischen und evaluativen wissenschaftlichen Methoden beschreibt,
> 2. Bedingungszusammenhänge soweit möglich kausal erklärt sowie
> 3. zur Neuentwicklung theoretisch und empirisch fundierter oder zur Verbesserung vorhandener Versorgungskonzepte beiträgt,
> 4. die Umsetzung dieser Konzepte begleitend oder ex post erforscht und
> 5. die Wirkungen von Versorgungsstrukturen und -prozessen oder definierten Versorgungskonzepten unter Alltagsbedingungen mit validen Methoden evaluiert.“

In den USA reicht die Entwicklung der Versorgungsforschung (Health Services Research) über 50 Jahre zurück. In Deutschland beginnt die Entwicklung deutlich später – der Begriff „Versorgungsforschung" wird erstmals 1991 in einer Borschüre des damaligen Bundesministeriums für Forschung und Technologie (BMFT) benannt, so dass sich das Feld der Versorgungsforschung in Deutschland weiterhin im Aufbau befindet (vgl. Pfaff & Schrappe 2011, S. 11).

Ein besonderer Fokus der Versorgungsforschung liegt auf dem Nutzen präventiver, kurativer, rehabilitativer und palliativer Versorgungsleistungen (vgl. Pfaff et al. 2011, S. 2496). Das Konzept berücksichtigt nach Schrappe & Pfaff (2011, S. 381) drei Intensionen:

- Ergebnisorientierung (Outcome): entscheidend ist die tatsächliche Gesundheitsversorgung, die „beim Patienten ankommt";
- Multidisziplinarität und Multiprofessionalität: um dieses „Umsetzungsparadigma" beschreiben zu können, werden neben der klinischen Medizin zahlreiche andere wissenschaftliche Disziplinen angewendet;
- Patientenorientierung: vermehrt wird mit sogenannten „patient reported outcomes" gearbeitet, die das Versorgungsergebnis aus Sicht des Patienten wiedergeben (z. B. Lebensqualität).

Die genannten Themen werden dabei multidisziplinär, unter anderem durch Akteure aus der Epidemiologie, Pflegeforschung, Public Health etc. bearbeitet (vgl. Pfaff & Schrappe 2011, S. 5). Insgesamt ist eine Zunahme der Forschungsförderung auf diesem Gebiet zu verzeichnen – so werden bis zum Jahr 2017 werden 18 Millionen EUR durch das Bundesministerium für Bildung und Forschung (http://www.gesundheitsforschung-bmbf.de/de/5278.php) zur Verfügung gestellt. Ein Überblick zu Projekten der Versorgungsforschung ist in der kostenfreien Datenbank www.versorgungsforschung-deutschland.de zu erlangen (vgl. Grenz-Farenholtz et al. 2011). Anhand der hier aufgeführten 25 demenzbezogenen Projekte wird deutlich, dass für die Versorgungsforschung insbesondere auch das Thema der Versorgung von Menschen mit Demenz relevant ist.

2.1 Versorgungsforschung bei Menschen mit Demenz

Inhaltlich widmet sich die Versorgungsforschung bei demenzbezogenen Themen typischen Versorgungslücken, wie beispielsweise niedrigschwelligen Betreuungs- oder Entlastungsangeboten für Angehörige. Ziel ist es – wie bei anderen Forschungsansätzen auch – diese Lücke durch (wenn möglich evidenzbasiertes) Wissen zu schließen. Methodisch bedienen sich Studien dabei typischer Forschungsdesigns wie etwa Querschnitt- oder Längsschnittdesigns, Interventionsstudien, Fall-Kontroll-Studien etc. (vgl. Busse 2006). Die notwendigen Daten dazu speisen sich aus Routinedaten (bspw. GKV-Daten) oder Primärdaten aus Surveys (vgl. Bormann & Heller 2007). In Surveys stellt insbesondere die Lebensqualität von Menschen mit Demenz (vgl. Ettema et al. 2005) häufig den primären Endpunkt dar (vgl. Pfaff et al. 2009, S. 509).

In der praktischen Umsetzung stehen Projekte der Versorgungsforschung bei Menschen mit Demenz, die nicht in einem stationären Setting stattfinden, häufig vor großen Herausforderungen. Die Ursachen dafür sind mannigfaltig. Nachfolgend sollen die Punkte Praxispartner, Rekrutierung von Teilnehmer/-innen und Methoden näher erläutert werden.

2.1.1 Praxispartner

Studien der Versorgungsforschung in nicht-stationären Settings sind in aller Regel auf einen oder mehrere Praxispartner angewiesen – insbesondere wenn Primärdaten erhoben werden sollen. Als Praxispartner können bspw. Dienstleister im Gesundheits- und Pflegebereich, aber auch Verbände wie die Deutsche Alzheimer Gesellschaft e.V. o.Ä. fungieren. Praxispartner erlauben zum einen den notwendigen Transfer zwischen Versorgungspraxis und Wissenschaft (der in beide Richtungen geschehen sollte!), zum anderen haben die Praxispartner i.d.R. direkten Kontakt zu Menschen mit Demenz oder deren Angehörigen und ermöglichen somit einen direkten Studienzugang. Die Zusammenarbeit zwischen Forschungs- und Praxispartnern kann dabei von beiden Seiten initiiert werden – auch hier ist es wichtig, noch einmal zu betonen, dass auf beiden Seiten Expert/-innen ihres Arbeitsgebietes vertreten sind, die gemeinsam den Weg für eine gelingende Versorgungsforschung oft erst bahnen müssen. Auf Seiten der Praxispartner besteht zudem die Herausforderung, dass diese eine Akzeptanz für ein Forschungsvorhaben und die damit ggf. verbundenen Mehrbelastungen (z. B. durch die Durchführung einer Intervention oder das Ausfüllen von Fragebögen) unter ihren Mitarbeiter/-innen schaffen müssen. Im Vorfeld einer Studie müssen daher nicht nur belastbare Strukturen zwischen Forschungs- und Praxispartnern auf übergeordneter Ebene geschaffen werden, sondern rechtzeitig auch Mitarbeiter/-innen in der direkten Versorgungspraxis eingebunden werden.

2.1.2 Rekrutierung von Studienteilnehmer/-innen

Zunächst gilt es Menschen mit Demenz und/oder ihre Angehörigen im nicht-stationären Versorgungsalltag überhaupt zu identifizieren und Zugänge zu schaffen, da diese zumeist in der eigenen Häuslichkeit leben. Hier können die oben angesprochenen Praxispartner verlässliche Türöffner sein, um den Kontakt zu potenziellen Studienteilnehmer/-innen erstmalig herzustellen, da diese oft über Vertrauen ihrer Klient/-innen verfügen.

Ein grundlegendes Problem der Rekrutierung von Menschen mit Demenz im nicht-stationären Setting ist - neben einer oft mangelnden Diagnostik im hausärztlichen Bereich (vgl. Schäufele et al. 2006, S.137) - häufig die Angst vor öffentlicher Stigmatisierung potentieller Teilnehmer/-innen, welche zu einer geringeren Bereitschaft zur Teilnahme an Studien führt (vgl. Garand et al. 2009). Hinzu kommt, dass Teilnehmer/-innen meist keinen direkten Nutzen durch die Studienteilnahme haben, so dass dies als Grund für eine Studienteilnahme entfällt. Die Beweggründe an Studien teilzunehmen sind daher häufig eher altruistischer Natur, aber auch aus einer sozialen Verantwortung heraus und sollen zudem der eigenen Kompetenz- und Wissenserweiterung dienlich sein. Das Interesse am Krankheitsbild Demenz steht hier im Fokus. Studienteilnehmer/-innen wollen mit ihrer Teilnahme unterstützen, dass sich Forschung mit dem Thema Demenz befasst. Menschen mit Demenz, aber auch ihre Angehörigen, wollen ihre Erfahrungen weitergeben, um damit anderen Betroffenen helfen zu können (vgl. Schmidt 2014). Gerade weil Menschen mit Demenz und ihre Angehörige ein großes Interesse an der Krankheit Demenz und deren Erforschung haben, ist eine gründliche Aufklärung der potenziellen Teilnehmer/-innen daher unerlässlich – ebenso wie eine spätere Rückkoppelung von Ergebnissen. Potenzielle Studienteilnehmer/-innen entscheiden sich nämlich eher für eine Teilnahme, wenn ihnen klar ist, wozu und wofür die Studienergebnisse genutzt werden. Viele Betroffene haben, wie bereits erwähnt, einerseits Angst vor Stigmatisierung. Sie haben andererseits aber auch Angst davor, dass ihnen durch die Studienteilnahme wohlmöglich ein Nachteil entsteht. Transparente Informationen und umfassende Aufklärungen können dem entgegenwirken. Von hoher Bedeutung ist, dass sowohl in der Studienaufklärung, als auch bei allen weiteren mündlichen wie schriftlichen Kontakten stets auf einen wertschätzenden und respektvollen Umgang zu achten ist. Sprache, Bilder, aber auch Verhalten müssen der jeweiligen Situation angemessen sein (vgl. Garand et al. 2009).

2.1.3 Erhebungsinstrumente

Ein häufiges Ziel von Versorgungsstudien ist die Outcomeerhebung aus Sicht der Betroffenen (vgl. Pfaff et al. 2009). Bei Studien mit Menschen mit Demenz besteht die besondere Herausforderung der kognitiven Einschränkungen der Betroffenen, die es nicht immer erlauben, dass die eigene Versorgungssituation valide eingeschätzt werden kann, z. B. weil sie die Fragen nicht verstehen oder sich an die betreffende Situation nicht mehr erinnern können (vgl. Streiner & Norman 2003, S. 81). Insbesondere in Längsschnittstudien kommt hinzu, dass die Demenz progressiv verläuft und sich daher diese Erhebungsprobleme verstärken können. Bei der Auswahl von Erhebungsinstrumenten ist dieser Situation besonders Rechnung zu tragen – z. B. durch die Auswahl von Instrumenten, die speziell für Menschen mit Demenz entwickelt wurden. Oftmals wird auch, um dieser Problematik zu begegnen, auf Fremdeinschätzungen durch Dritte – z. B. Angehörige, Pflegepersonal - ausgewichen. Hierdurch ergeben sich jedoch Problematiken, die ebenfalls bei der Planung einer Studie im Vorfeld bereits berücksichtigt werden müssen. Dies soll am Beispiel der Einschätzung von Lebensqualität explizit verdeutlicht werden. Ein direkter Vergleich zwischen der Einschätzung der Lebensqualität von Menschen mit Demenz durch diese selbst oder Dritte (bspw. Pflegepersonen oder Angehörige) führt u.a. zu einer geringeren Lebensqualität der Menschen mit Demenz bei der Fremdeinschätzung (vgl. Gräske et al. 2012; Moyle et al. 2012). Hinzu kommt, dass Fremdeinschätzungen durch weitere Faktoren beeinflusst werden. So hängt die Fremdeinschätzung der Lebensqualität bspw. auch von der Beeinträchtigung durch Burn-out der Pflegenden oder dem Zeitpunkt der Einschätzung ab (vgl. Gräske, Meyer & Wolf-Ostermann 2014) Generell gilt, je objektiver die einzuschätzende Situation ist, desto höher ist der Grad der Übereinstimmung zwischen beiden Methoden (vgl. Magaziner et al. 1997, S. 418).

2.1.4 Dissemination/Implementation von Ergebnissen

Die Verbreitung (Dissemination) von Forschungsergebnissen liegt – für Studien zu Menschen mit Demenz ebenso wie für andere Kontexte - in der Verantwortung von drei Hauptakteuren. Zunächst müssen sich Dienstleister im Gesundheitswesen

126

mit einer Vielzahl von Richtlinien, Standards und/oder Leitlinien auseinander setzen. Diese müssen unter Umständen auch auf die eigene Einrichtung angepasst werden. Hier besteht eine „Holschuld" der Einrichtungen. Wissenschaftler/-innen stehen ebenfalls in der Pflicht, ihre Ergebnisse so aufzubereiten und zu verbreiten, dass diese für die Praxis zugänglich und anwendbar sind. Und letztlich ist die Politik in der Pflicht, erstens Entscheidungen die Versorgungspraxis betreffend evidenzbasiert zu treffen und zweitens Rahmenbedingungen bei Forschungsausschreibungen so zu gestalten, dass Forschungsgruppen ihre Ergebnisse verbreiten können (vgl. Roes, Buscher & Riesner 2013; Roes, de Jong & Wulff 2013). Dissemination geht somit über die reine Implementation, die reine Umsetzung einer spezifischen Intervention in einem spezifischem Setting, hinaus (vgl. Rabin & Brownson 2012). Um insbesondere letzteres zu gewährleisten, müssen bereits im Vorfeld einer Studie belastbare Strukturen zwischen Forschungs- und Praxispartnern geschaffen werden, die insbesondere eine offene beidseitige Kommunikation ermöglichen. Auch Mitarbeiter/-innen in den Praxiseinrichtungen sind rechtzeitig und umfassend in diesen Prozess einzubeziehen, um Überforderungen durch zusätzliche Aufgaben (z. B. durch Ausfüllen von Fragebögen) abzuwenden und einer (nachvollziehbaren) Frustration entgegenzuwirken, wenn Ergebnisse nicht wieder rückgekoppelt werden. Nur unter Berücksichtigung dieser Gesichtspunkte kann eine erfolgreiche und nachhaltige Verbreitung der Ergebnisse gelingen (vgl. Quasdorf et al. 2013).

Die hier in Kürze exemplarisch aufgezeigten Herausforderungen bei der Durchführung von Versorgungsstudien bei Menschen mit Demenz im nichtstationären Setting gilt es zu bewältigen. Im Rahmen der multizentrischen, interdisziplinären Evaluationsstudie von Demenznetzwerken in Deutschland - DemNet-D[20] wurden diese Herausforderungen durch den engagierten Einsatz aller Forschungs- und Praxispartner erfolgreich gemeistert. Nachfolgend soll am Beispiel eines Praxispartners erläutert werden, wie insbesondere die sensiblen Bereiche Rekrutierung von Teilnehmer/-innen und Dissemination von Ergebnissen gelingend gestaltet werden können.

3 DemNet-D – Versorgungsforschung bei Menschen mit Demenz im häuslichen Setting

Die Studie DemNet-D wurde im Zeitraum 2012-2015 durch die Forschungspartner „Deutsches Zentrum für Neurodegenerative Erkrankungen (DZNE)" mit den Standorten Rostock/Greifswald und Witten, „Institut für angewandte Sozialforschung (IfaS)" Stuttgart sowie das „Institut für Public Health und Pflegeforschung

---

20 Gefördert durch das Bundesministerium für Gesundheit im Rahmen der Zukunftswerkstatt Demenz.

(IPP)" der Universität Bremen durchgeführt. Das Ziel des Forschungskonsortiums war die wissenschaftliche Evaluation von regionalen Demenznetzwerken in Deutschland. Der Evaluationszeitraum betrug zwölf Monate. Es wurden je 560 Nutzer/-innen (Menschen mit Demenz) sowie deren versorgende Angehörige von insgesamt 13 Demenznetzwerken im Abstand von zwölf Monaten hinsichtlich ihrer Lebensqualität, sozialen Inklusion aber auch ihrer allgemeinen Versorgungssituation befragt (vgl. Gräske et al. 2016; Wolf-Ostermann et al. 2016; Wübbeler et al 2015). Weitergehende Hinweise zur Studie und den erzielten Ergebnissen finden sich auf einer eigens gestalteten Webseite: www.demenznetzwerke.de.

3.1 Praxispartner „Qualitätsverbund Netzwerk im Alter –Pankow e.V. "

3.1.1 Ausgangssituation

Der Qualitätsverbund Netzwerk im Alter e.V. (QVNIA e.V.) ist eines der bundesweit 13 ausgewählten, etablierten und zuvor bereits evaluierten regionalen Demenznetzwerke. Er versorgt den Berliner Stadtbezirk Pankow, den nördlichsten und einwohnerreichsten Bezirk Berlins mit insgesamt 384.367 Bewohner/innen. 15,3% (58.770) der Bevölkerung in Pankow sind 65 Jahre und älter. Im Rahmen des Projektes wurde seitens des QVNIA e.V. erstmalig eine Datenanalyse in Hinblick auf die Inzidenz und Prävalenz von Menschen mit Demenz innerhalb des Bezirkes und bezogen auf die einzelnen Bezirksregionen berechnet. Die Datenanalyse dient sowohl im Rahmen des Projektes als auch zukünftig als Ausgangsbasis für die Entwicklung der zielgruppenspezifisch weiterzuentwickelnden Versorgungsstruktur für Pankow. Laut Hochrechnung des QVNIA e.V. 2014 sind insgesamt 4.338 Bürger/innen in Pankow im Alter von $\geq$ 60 Jahre an Demenz erkrankt. Dies entspricht einem Anteil von 5,8% (vgl. Abb. 7.1).

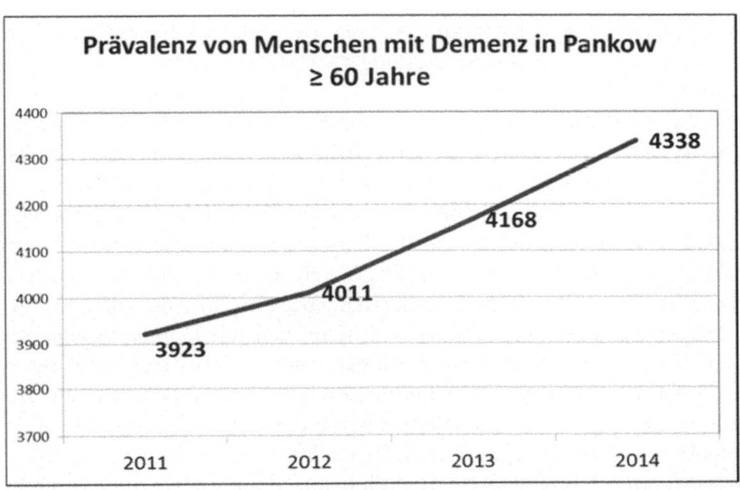

Abb. 7.1: Prävalenz von Menschen mit Demenz von 2011 bis 2014

Der QVNIA e.V. engagiert sich seit seiner Gründung für Pankower Bürger/innen, die akut oder chronisch krank, pflege- und/oder rehabilitationsbedürftig sind. Der Verein ist seit 2000 ein sukzessiv wachsendes und etabliertes regionales Netzwerk, welches aus aktuell 41 öffentlichen und freien Trägern von insgesamt 62 Gesundheits-, Pflege- und Altenhilfeeinrichtungen aus elf Sektoren des Bereiches Gesundheit, Pflege, Beratung und Wohnen in Berlin-Pankow besteht. Seit 2005 arbeitet der QVNIA e.V. als gemeinnütziger Verein. Er finanziert sich durch die Beiträge der Mitgliedseinrichtungen des gemeinnützigen Vereins, über Fördermitglieder sowie über Zuwendungen aus (Modell-) Projektförderungen. Zu seiner ordentlichen Mitgliedschaft zählen Krankenhäuser, vollstationäre Pflegeeinrichtungen, ambulante Pflegedienste, Kurzzeit- und Tagespflege, Altersgerechtes Wohnen, regionale und überregionale Beratungsstellen, Selbsthilfe, Pflegestützpunkte, Physiotherapie, Logopädie, Ergotherapie und eine stationäres Hospiz in Berlin-Pankow. Verbindliche Basis der Zusammenarbeit stellen die Satzung, das Leitbild, die Beitragsordnung, Richtlinien sowie die Jahresplanung dar. Darüber hinaus konnten seit 2013 niedergelassene Haus- und Facharzt/-innen für die vernetzte Zusammenarbeit sowie Rehabilitationseinrichtungen als Kooperationspartner gewonnen werden. Des Weiteren kooperiert das Netzwerk mit berlinweiten demenzfreundlichen Initiativen, der Kontaktstelle PflegeEngagement, der Kommune und Landespolitik sowie mit Selbsthilfeverbänden. Einen weiteren wichtigen Partner stellen Hochschulen und Universitäten für das Netzwerk dar. Im Fokus der Zusammenarbeit stehen hierbei die wissenschaftliche Begleitung neuer Projekte, die Evaluation von Maßnahmen sowie die Unterrichtung von Partnereinrichtungen zu neusten wissenschaftlichen Erkenntnissen u.a. in der Versorgungsforschung von Menschen mit Demenz und ihren Angehörigen.

Seit 2009 hat sich der Verbund auch auf das Krankheitsbild Demenz spezialisiert. Der QVNIA e.V. hat das Ziel die interdisziplinären und sektorenübergreifenden Kooperationsstrukturen weiter auszubauen, die regionalen Versorgungsprozesse für Menschen mit Demenz mit den Partnern verbindlich unter qualitativen Gesichtspunkten festzulegen und somit eine verbesserte Versorgungssicherheit und -qualität an den Schnittstellen zu erreichen. Dabei geht es in der Arbeit vor allem um die Verbesserung der verbindlichen vernetzten Struktur-, Prozess- und Ergebnisqualität in der gemeinsamen Versorgung von Menschen mit Demenz sowie um Transparenz zur Angebotsstruktur für die Bürger/-innen, Betroffene und deren Angehörige in Pankow sowie einen erleichterten Zugang. Die Aufklärung und Information der Bevölkerung zum Krankheitsbild sowie der zur Verfügung stehenden Versorgungsangeboten stehen im Fokus der Öffentlichkeitsarbeit des Verbundes. Im Jahr 2009 wurde im QVNIA e.V. die Richtlinie zur „Umsetzung einer vernetzten Versorgung von Menschen mit Demenz" mit den Mitgliedern entwickelt und verbindlich umgesetzt. Seit dem wurden sukzessive Maßnahmen ergriffen, um folgende Leistungen zur verbesserten vernetzten Versorgung von Menschen mit Demenz und ihre Angehörigen anzubieten:

- Bestimmung und Autorisierung von einrichtungsinternen „Demenzverantwortlichen" als interne und externe Ansprechpartner/-innen für Mitarbeiter/-innen und Bürger/-innen.

- Delegation der Demenzverantwortlichen zur verbindlichen Teilnahmen an den netzwerkinternen Qualitätszirkeln zur Weiterentwicklung der vernetzten Zusammenarbeit in der Versorgung von Menschen mit Demenz,

- Spezifisches netzwerkinternes Fortbildungsangebot für alle Mitarbeiter/-innen der Netzwerkpartner in der Versorgung von Menschen mit Demenz, insbesondere mit dem Fokus der multiprofessionellen und einrichtungsübergreifenden Zusammenarbeit.

- Aufbereitung der Leistungsstruktur innerhalb des Netzwerkes für Bürger/-innen. Beschreibung und Veröffentlichung von Leistungsprofilen zur Versorgung von Menschen mit Demenz pro spezialisierte Einrichtung auf der Homepage des Netzwerkes (www.qvnia.de).

- Regionale Arbeitsgruppe unter Beteiligung der Pankower Beratungsstellen und der Kommune zur abgestimmten Planung und Umsetzung von Öffentlichkeitsarbeit, insbesondere zur Sensibilisierung, Aufklärung und Information der Bevölkerung.

- Umsetzung von regionalen kostenfreien Informationsveranstaltungen rund um das Thema Demenz für Ehrenamt, interessierte Bürger/-innen, Betroffene und Angehörige.

- Entwicklung eines Film-Spots „Demenz braucht eine neue Aufmerksamkeit" zur Sensibilisierung der Bevölkerung und der Motivation zur frühzeitigen Beratung sowie Annahme von Unterstützungsangeboten.
- Entwicklung eines regionalen Informationsleitfadens Demenz als kostenfreie Broschüre. Der Informationsleitfaden beinhaltet eine Aufklärung über die Krankheit Demenz, eine Auflistung von Angeboten zur Pflege und Versorgung in verschiedenen Settings und zur Entlastung im Alltag sowie ein Angebot von Informations- und Beratungsstellen.
- Aufbau von acht regionalen Schutzräumen für Menschen mit Demenz basierend auf einer Kooperationsvereinbarung zwischen Polizei, dem Bezirksamt, dem QVNIA e.V. sowie den acht vollstationären Mitgliedseinrichtungen, die das Angebot bieten.
- Schulungen zum Umgang mit Menschen mit Demenz von allen polizeilichen Abschnitten in Pankow.
- Dezidierte Aufbereitung von sechs Bezirksräumen in Pankow mit der höchsten Anzahl von dort lebenden Menschen mit Demenz zur vorgehaltenen Versorgungsstruktur als Faltkarten.

3.1.2 Motivation und Vorhaben zur Beteiligung an der Studie aus Sicht des Netzwerkes und seiner Akteure

Vor Beginn der DemNet-D-Studie wurde diese in ihrer Zielsetzung und ihrem Vorgehen sowie die damit verbundenen Vorhaben des QVNIA e.V. auf der Mitgliederversammlung (Treffen alle Leitungen der Mitgliedseinrichtungen) präsentiert und die Befürwortung auf der Leitungsebene per Beschluss eingeholt. Dies stellte die positive Basis zum Projektgelingen dar. Die Beteiligung am Projekt wurde von folgender Motivationslage des Netzwerkes geprägt:

- externe Evaluation der eigenen Netzwerkleistungen für Pankower Menschen mit Demenz sowie ihrer Angehörigen,
- Rückmeldung zur Wahrnehmung und Nutzung des Netzwerkes von Betroffenen,
- Einordnung der eigenen Netzwerkleistung im Vergleich zu anderen Netzwerken,
- externe und wissenschaftlich basierte Empfehlungen zur Weiterentwicklung des Netzwerkes insbesondere in Hinblick auf Bedarfe der Betroffenen,

- Zugang zu Betroffenen zur individuellen Unterstützung in der Versorgungssituation,

- fachlicher Austausch mit anderen Netzwerken mit vergleichbarer Zielsetzung,

- Verbesserung der öffentlichen Wahrnehmung des gemeinnützigen Netzwerkengagements,

- finanzielle Unterstützung von geplanten Vorhaben, die durch netzwerkinterne Mittel nicht ermöglicht werden können,

- Erprobung von Maßnahmen zur Verbesserung der Netzwerksstruktur, der internen Qualitätssicherung, von Netzwerkleistungen sowie der Öffentlichkeitsarbeit.

Ziele des Vorhabens innerhalb des Projektes DemNet-D waren für den QVNIA e.V. die Qualitätsanforderung zur vernetzten Zusammenarbeit verbindlich weiterzuentwickeln und die Strukturen des Netzwerkes für Menschen mit Demenz und ihre Angehörigen in der Region Pankow auszubauen. Somit sollte zur Verbesserung der Qualität in der Versorgung beigetragen sowie Hilfesysteme für Angehörige optimiert werden. Zu den Zielen zählten weiterhin, die spezifische Information und Beratung in der Region zu verbessern und einen erleichterten Zugang der Betroffenen und Angehörigen zu entsprechenden Angeboten zu ermöglichen.

Zur Zielerreichung wurden folgende Handlungsfelder definiert und Maßnahmen im Rahmen der Projektlaufzeit geplant, welche innerhalb der drei Jahre als Ergebnis verstetigt wurden:

1. Gründung, Etablierung und Auswertung einer regionalen System- und Gesundheitskonferenzen Demenz in Zusammenarbeit mit der Kommune,

2. Entwicklung und Abstimmung regionaler Gesundheitsziele für Menschen mit Demenz und ihre Angehörigen,

3. Sozialräumliche Datenanalyse in Hinblick auf Inzidenzen und Prävalenzen zur weiterführenden Bedarfsanalyse von Unterstützungsangeboten,

4. weitere Gewinnung von (Fach-)Ärzt/-innen sowie Schaffung verbindlicher Kooperationsbeziehungen mit Hausärzt/-innen, Neurolog/-innen und Neuropsycholog/-innen,

5. Weiterentwicklung eines Fortbildungsprogramms für Demenzverantwortliche der Mitgliedseinrichtungen, Therapeut/-innen, Arzthelfer/-innen und Ärzt/-innen zur Professionalisierung der Versorgung sowie der Optimierung der Zusammenarbeit,

6. Weiterentwicklung von Informationsveranstaltungen für Bürger/-innen zum Thema Demenz,

7. Weiterentwicklung der Qualitätsanforderungen in der vernetzten Versorgung von Menschen mit Demenz innerhalb des Netzwerkes und

8. Weiterentwicklung von Angeboten im Bereich Öffentlichkeitsarbeit für Menschen mit Demenz, wie u.a. die

    a. Weiterentwicklung des Informationsleitfadens Demenz,

    b. Informationsbriefe für Ärzt/-innen und Netzwerkakteure zum Netzwerk sowie der Inanspruchnahme von Leistungen,

    c. Weiterentwicklung zur öffentlichen Transparenz über Leistungsprofile, um als Betroffene/r bedarfsgerecht Versorgung in Anspruch zu nehmen,

    d. Sekundärpräventive Informationsveranstaltungen,

    e. Aufbau einer Informationsplattform zur öffentlichen Aufklärung.

Neben der hohen Motivationslage zur Projektbeteiligung waren jedoch auch folgende Befürchtungen bzw. kritische Fragen seitens des Netzwerkes zu verzeichnen:

- Kann das gewählte Forschungsdesign und -setting die Effektivität und Effizienz von Demenznetzwerken in Bezug auf die Versorgungssituation von Menschen mit Demenz nachhaltig ermitteln?

- Können neu gestellte Qualitätsanforderungen, die im Rahmen des Projektes entwickelt werden, nachhaltig in den Mitgliedseinrichtungen umgesetzt werden?

- Wie werden angefragte Nutzerpaare auf eine Beteiligung am Projekt ausschließlich über eine Befragung reagieren, ohne das es einen weiteren Anreiz im Sinne von Unterstützung gibt? Können ausreichend Nutzerpaare gemäß den Anforderungen rekrutiert werden?

- Wie kann es insgesamt erreicht werden, das Netzwerkpartner weiterhin motiviert sind sich an Vorhaben der Versorgungsforschung zu beteiligen, obwohl dies zusätzliche und nicht refinanzierte Leistungen von den einzelnen Akteuren erfordert?

3.1.3 Vorgehen und Erfahrungen in der Rekrutierung und Bindung zur Nachbefragung von Nutzerpaaren

Bereits im September 2012 wurde mit der Vorbereitung zur Rekrutierung innerhalb des QVNIA e.V. begonnen. Der erste Schritt stellte die persönliche Information der Netzwerkakteure im Rahmen von Qualitätszirkeln Demenz zum Vorgehen dar. Um zu ermöglichen, dass standardisiert zum Projekt Nutzerpaare angesprochen werden, wurde sowohl ein Informationsschreiben für die Demenzverantwortlichen verfasst als auch für diese ein weiteres Informationsschreiben und eine Einverständniserklärung zur Weitergabe an potentielle Teilnehmerpaare, um diese über die Beteiligung an der Studie aufzuklären. Alle Instrumente wurden im etablierten Netzwerkintranet eingestellt, so dass alle befugten Beteiligten jederzeit auf die Arbeitsmaterialien Zugriff hatten. Für die Umsetzung der Befragung wurde seitens des Projektnehmers eingeplant, dass die Interviews über eigenverantwortliche und geschulte Rater/innen erfolgen sollen, die wiederum jeweils am Netzwerk angebunden sind. Der QVNIA e.V. hat hierzu die im Rahmen des Qualitätsmanagements und der Öffentlichkeitsarbeit eingebundene Mitarbeiterin bestimmt. Dies hat sichergestellt, dass die Netzwerkakteure die Koordinatorin bereits kennen und somit der Zugang sowie die Kontaktaufnahme erleichtert wurden. Der direkte Kontakt wurde von den Demenzverantwortlichen zu den potentiellen Nutzerpaaren hergestellt. Um die vom Datenschutz geforderten Rahmenbedingungen zu erfüllen, wurden Einverständniserklärungen an die Demenzverantwortlichen ausgegeben. Diese beinhalteten, dass die Raterin persönlichen Kontakt zum Nutzerpaar herstellt und einen Termin vor Ort in der gewünschten Atmosphäre vereinbart. Über dieses Vorgehen konnte planmäßig mit der Rekrutierung und Befragung begonnen werden. Dennoch erwies sich die Rekrutierung als ein herausfordernder Prozess. Zur Motivation der Netzwerkakteure musste wiederholt auf den Ebenen der Mitgliederversammlung, des Qualitätszirkel Demenz, des netzwerkinternen Sozialarbeitertreffens sowie durch persönliche Ansprache der einzelnen Akteure auf die Beteiligung hingewiesen werden. Dies erforderte zusätzliche Netzwerkleistung und eine nicht refinanzierte Maßnahme im Rahmen des Projektes. Dieser Aufwand sollte zukünftig für Folgestudien miteinkalkuliert werden, um einen erfolgreichen Rekrutierungsprozess zu befördern. Zusätzlich wurde durch regionale Pressemitteilungen zur Mitwirkung an der Befragung geworben.

Die Netzwerkakteure wurden im Rahmen des Informationsbriefes, der Protokolle sowie des eigenen Netzwerknewsletters stetig über den Projekt- und Rekrutierungsstand informiert und um weitere Unterstützung gebeten. Darüber hinaus wurden in wöchentlichen Abständen die verantwortlichen Ansprechpartner/-innen der ambulanten Netzwerkakteure telefonisch kontaktiert und nach potentiellen Nutzerpaaren gefragt. Nur durch diese Bemühungen wurde es erreicht, dass insgesamt 58 Nutzerpaare zur Befragung gewonnen wurden. Als zusätzliche Motivation für die Teilnehmer/-innen wurden gemeinsam durch Forschungs- und Praxispartner kleine Gastgeschenke vorbereitet und mit einem Beratungsgutschein ergänzt.

Die Raterin meldete zurück, dass die Befragungen von den Nutzerpaaren auf unterschiedliche Art und Weise als grundlegend positiv bewertet wurden. Insbesondere der Faktor, dass „mal jemand nachfragt, wie es einem geht und ob man etwas braucht" war ein äußerst positiver Effekt der Studie. Diese Form von Wertschätzung, insbesondere gegenüber den pflegenden Angehörigen, erreichte ein weiterführendes Interesse auch an der zweiten Befragung teilzunehmen. Im Rahmen der Befragung und aufgrund des gewählten Befragungsformates wurde eine Reflektion der derzeitigen Situation von den Menschen mit Demenz sowie ihren Angehörigen abverlangt. Dies forderte ein Höchstmaß an sozialer Kompetenz von der eingesetzten Raterin. Durch die Befragung wurden Tabuthemen, verdrängte Emotionen und neue Reflektions- und Gedankenprozesse bei den Befragten in Gang gesetzt. Aus jeder Befragungssituation erfuhr die Raterin von Bedürfnissen und potentiellen Anforderungen an das Netzwerk. In regelmäßigen Abständen wurden diese Ableitungen anonymisiert ausgewertet und die Nutzerpaare von der Raterin durch netzwerkinterne Mittel nutzerpaarbezogen im Sinne von Beratung und Koordination unterstützt. Zudem wurden übergreifend Zwischenergebnisse im Qualitätszirkel Demenz anonymisiert diskutiert und Handlungsempfehlungen zur zukünftigen Arbeit innerhalb des Netzwerkes abgeleitet.

Im Rahmen des Projektes konnte es gelingen, dass das Netzwerkmanagement direkten Kontakt zu Netzwerknutzer/-innen erhielt. Unter Einhaltung des Datenschutzes und mit dem entsprechenden Einverständnis der befragten Nutzer/-innen wurde erstmalig Informationspost erstellt und versendet. Dies sollte der Information sowie der Nutzung von Netzwerkleistung von Betroffenen dienen. Es ist anzunehmen, dass darüber auch die befragten Nutzerpaare an das Netzwerk für die zweite Befragung gebunden blieben. Im zweiten Befragungszeitraum konnten alle Nutzerpaare wiederholt befragt werden. Als Drop out waren nur sechs Nutzerpaare zu verzeichnen, bei denen einer der Paar-Beteiligten verstorben ist. Insgesamt sind 50% der im Rahmen der Erstbefragung noch im häuslichen Bereich Lebenden in eine vollstationäre Einrichtung gezogen. Gründe hierfür stellten insbesondere die psychische Überlastung der Angehörigen bzw. die zunehmenden herausfordernden Verhaltensweisen des Menschen mit Demenz bzw. seines sich verschlechternden Allgemeinzustandes dar. Insgesamt wünschten sich 75% der Befragten, hiermit sind in erster Linie die Angehörigen gemeint, weiter Information und Einbindung durch das regionale Netzwerk. Dies wird perspektivisch durch persönliche Einladungen an Netzwerkaktivitäten erfolgen. Insgesamt konnte das Projekt zum Bekanntheitsgrad der Netzwerkangebote bei den tatsächlichen Nutzer/-innen beitragen.

Im Rahmen der Studien konnten Erkenntnisse auf zweierlei Ebenen gewonnen werden. Einerseits über die Umsetzung der einzelnen Handlungsfelder und andererseits durch die Erhebung von Daten. Damit sowohl die intern gewonnen Erkenntnisse innerhalb des Netzwerkes als auch Ergebnisse der Forschungspartner die notwendige Verbreitung finden, fanden verschiedene Strategien Umsetzung.

Erforderlich ist zum erfolgreichen Projektgelingen, dass der Netzwerkstatus stets transparent ist und die Netzwerkakteure direkt an der Projektumsetzung beteiligt werden. Dies ebnet auch den Weg für die verbindliche Verstetigung von Projektergebnissen nach Projektabschluss. Die direkte Beteiligung und Rückmeldung von Zwischenergebnissen erfolgte daher sowohl auf Ebene der Leitungen als auch auf der operativen Ebene der Netzwerkakteure von Seiten des Netzwerkmanagements. Hierzu wurden folgende Kommunikationswege genutzt:

- Berichte in Mitgliederversammlungen, Qualitätszirkeln, Vorstandssitzungen
- Interner Newsletter des QVNIA e.V.
- Kommunale Gesundheits- und Pflegefachkonferenz
- Bezirkliche Vollversammlung
- Intranet des QVNIA e.V.

Diese Form der Transparenz beförderte zudem die kontinuierliche Anstrengung der Netzwerkpartner zur erfolgreichen Rekrutierung von Menschen mit Demenz und ihrer Angehörigen zur Befragung. Neben der netzwerkinternen Information und Zusammenarbeit wurde zudem in Berlin eine regionale AG, besetzt durch die an der Studie beteiligten Berliner Netzwerke, gegründet. Diese diente dem bezirksübergreifenden Austausch zu den projektbezogenen Vorhaben und der Diskussion zur Übertragbarkeit erfolgreicher Projekte in weiteren Bezirken. Zukünftig wünschenswert wäre eine abschließende Auswertung des Projektes, um Strategien zur Weiterentwicklung der regionalen Versorgungssituation abzuleiten und nachhaltige Maßnahmen umzusetzen. Hierzu ist die Landespolitik gefragt, Entsprechendes zu befördern.

Von Seiten der Wissenschaft wurden Einzel- und Gesamtergebnisse aus den Erhebungen an die Netzwerke rückgemeldet. Diese liegen den Netzwerken zur eigenen Auswertung vor. Der QVNIA e.V. wird auf dieser Grundlage weiterführend Strategien und Maßnahmen ableiten, um das Netzwerkangebot für Bürger/innen zur Verbesserung der Versorgungssituation weiterzuentwickeln. Somit kann ein erfolgreicher Theorie-Praxis-Transfer gelingen. Es wäre hilfreich, wenn von Seiten der

Wissenschaft diese Prozesse begleitet würden. Zu empfehlen wäre auch eine nochmalige Erhebung, um die Nachhaltigkeit des Projektes zu prüfen.

Derzeit steht noch aus, dass die beteiligten Nutzerpaare über die Projektergebnisse sowie abgeleitete Maßnahmen informiert werden, die Einfluss auf die Verbesserung ihrer Versorgungssituation haben. Ein erster Ansatz hierzu sowie zur generellen Bereitstellung der erzielten Ergebnisse liefert die eigens konzipierte Webseite „www.demenznetzwerke.de.

4 Fazit und Empfehlungen

Seitens des Praxispartners QVNIA e.V. ist die Studie DemNet-D als ein erfolgreiches praxisorientiertes Projekt der Versorgungsforschung zu bewerten. Für den QVNIA e.V. hat sich die Teilnahme auf zweierlei Ebenen als förderliches Projekt in der Verbesserung einer regionalen Versorgung von Menschen mit Demenz und ihren Angehörigen erwiesen. Einerseits konnten durch die Förderung zielorientiert Netzwerkstrukturen sowie das Angebotsspektrum erweitert werden. Andererseits konnte erstmalig ein direkter Kontakt zu Menschen mit Demenz sowie ihren Angehörigen in ihrem häuslichen Versorgungssetting aufgenommen werden und bestehende sowie zukünftige Versorgungsbedarfe erhoben werden. Es erwies sich, dass zumeist erst durch die Befragung, insbesondere der Angehörigen, diese ihren Bedarf an Unterstützung für sich selbst realisiert haben. Zeitnah konnten somit seitens des Netzwerkes entsprechende individuelle Hilfeangebote koordiniert und im Sinne einer zugehenden Versorgung Unterstützung ermöglicht werden. Es wurde wiederholt erfahren, dass die Zielgruppe zumeist durch Scham, Überforderung und Unwissen Hilfeangebote nicht in ausreichender Form annehmen, die jedoch das informelle Helfersystem präventiv unterstützen könnten. Erst durch die Möglichkeit der persönlichen Befragung konnte das Netzwerk- nicht nur auf Ebene des Systemsondern auch auf Ebene des Fallmanagements handeln und die häusliche Versorgungssituation stützen. Durch den direkten Kontakt und das Gespräch konnte eine nachhaltige Beziehung aufgebaut werden, die sowohl eine Zweitbefragung als auch zukünftig die weiterführende Begleitung der Nutzerpaare ermöglichte. Zur Verbesserung der regionalen Versorgung von Menschen mit Demenz und ihren Angehörigen ist es daher zu empfehlen, ein spezifisches und neutrales Fallmanagement an die regionalen Netzwerke anzubinden, so dass neben der aufklärerischen, jedoch unverbindlichen Öffentlichkeitsarbeit eine individuelle Vernetzung von regionalen und wohnortnahen Hilfen ermöglicht wird.

Aus Sicht des begleitenden wissenschaftlichen Partners, hat das Projekt DemNet-D gezeigt, dass auch komplexe Themen der Versorgungsforschung bei vulnerablen Gruppen erfolgreich durchgeführt werden können, wenn es im Vorfeld gelingt, die kritischen Fragen der Rekrutierung (und des Verbleibens in der Studie) sowie der Dissemination von Ergebnissen gemeinsam mit der Praxis anzugehen und im Prozess zu begleiten. Im vorliegenden Beispiel der DemNet-D-Studie haben sich zur Rekrutierung von Studienteilnehmer/-innen verbindlich arbeitende Netzwerke als positiv erwiesen. Durch ein gut aufgebautes internes Informationsmanagement konnten interne Beteiligte des Praxispartners für die Mitarbeit an Studien gewonnen werden. Voraussetzung ist jedoch, dass keine zusätzliche Belastung im Sinne von Bindung personeller Ressourcen erforderlich ist und ein Mehrwert in der Versorgung der Betroffenen entsteht. Dies wurde im vorliegenden Beispiel durch eigens finanzierte Netzwerkkoordinator/-innen ermöglicht. Darüber hinaus ist ein Rückmeldesystem seitens der Wissenschaft zu erhobenen Ergebnissen zu befördern. Dieses kann z.B. in Form von Präsentationen beim jeweiligen Praxispartner oder auch im Rahmen von Konferenzen bzw. Qualitätszirkeln sowie weiterführenden Fortbildungen für Mitarbeiter/-innen ermöglicht werden, um praxisrelevante Ableitungen zu treffen, die nachhaltig zur Versorgung beitragen. Maßnahmen der Ergebnisaufbereitung und Dissemination im Sinne einer nachhaltigen Versorgungsforschung sollten daher zukünftig in Studien zur Versorgungsforschung verbindlich im Design mitgedacht werden.

Als grundlegendes gemeinsames Fazit aus Wissenschaft und Praxis kann daher im vorliegenden Beispiel festgestellt werden, dass Versorgungsforschung im Zusammenwirken beider Seiten erfolgreich gestaltet werden kann, wenn entsprechende Rahmenbedingungen geschaffen werden. Über einzelne Modellvorhaben und den dort vorgenommen Wissenstransfer hinaus, muss jedoch zukünftig noch verstärkt darüber nachgedacht werden wie und unter welchen Rahmenbedingungen es gelingen kann, beide Partner in stetig (auch voneinander) lernende und miteinander austauschende Organisationen zu verwandeln, um über das Bestehen eines konkreten Modellprojektes hinaus Nachhaltigkeit zu erzielen.

Literatur

Bickel, H. (2014). Das Wichtigste - Die Epidemiologie der Demenz. http://www.deutsche-alzheimer.de/fileadmin/alz/pdf/factsheets/infoblatt1_haeufigkeit_demenzerkrankungen_dalzg.pdf. Zugegriffen: 21. Juni 2015.

Bormann, C. & Heller, G. (2007). Bedarf und Verfügbarkeit von Daten der nutzerorientierten Versorgungsforschung in Deutschland. In: C. Janßen, B. Borgetto, & G. Heller (Hrsg.), *Medizinsoziologische Versorgungsforschung - Theoretische Ansätze, Methoden, Instrumente und empirische Befunde* (S. 85-92). Weinheim: Beltz: Juventa.

Bundesärztekammer: Arbeitskreis Versorgungsforschung (2004). *Definition und Abgrenzung der Versorgungsforschung.* Berlin.

Busse, R. (2006). Methoden der Versorgungsforschung. In: M. Hey, & U. Maschewsky-Schneider (Hrsg.), *Kursbuch Versorgungsforschung* (S. 244-251). Berlin: Medizinisch Wissenschaftliche Verlagsgesellschaft.

Ettema, T. P., Dröes, R.-M., de Lange, J., Mellenbergh, G. J., & Ribbe, M. W. (2005). A review of quality of life instruments used in dementia. *Quality of Life Research 14*(3), 675-686.

Garand, L., Lingler, J. H., Conner, K. O.; & Dew, M. A. (2009). Diagnostic labels, stigma, and participation in research related to dementia and mild cognitive impairment. *Research in Gerontological Nursing 2*(2), 112-121.

Gräske, J., Meyer, S., & Wolf-Ostermann, K. (2014). Quality of life ratings in dementia care - a cross-sectional study to identify factors associated with proxy-ratings. *Health and Quality of Life Outcomes 12*(1), 177.

Gräske, J., Meyer, S., Schmidt, A. Schmidt, S., Laporte Uribe, F., Thyrian, J.R., Schäfer-Walkmann, S. & Wolf-Ostermann, K. (2016). Regionale Demenznetzwerke in Deutschland – Ergebnisse der DemNet-D-Studie zur Lebensqualität der Nutzer/innen. *Pflege 29*(2), Epub first.

Gräske, J., Fischer, T., Kuhlmey, A., & Wolf-Ostermann, K. (2012). Quality of life in dementia care - differences in quality of life measurements performed by residents with dementia and by nursing staff. *Aging & Mental Health 16*(7), 818-827.

Grenz-Farenholtz, B., Schmidt, A., Zach, D., Verheyen, F., & Pfaff, H. (2011). Projektdatenbank Versorgungsforschung Deutschland. *Gesundheitswesen 73*(12), 862-864.

Heinen, I., van den Bussche, H., Koller, D., Wiese, B., Hansen, H., Schäfer, I. et al. (2015). Morbiditätsunterschiede bei Pflegebedürftigen in Abhängigkeit von Pflegesektor und Pflegestufe. *Zeitschrift für Gerontologie und Geriatrie 48*(3), 237-245.

Jakob, A., Busse, A., Riedel-Heller, S. G., Pavlicek, M. und Angermeyer, M. C. (2002). Prävalenz und Inzidenz von Demenzerkrankungen in Alten- und Altenpflegeheimen im Vergleich mit Privathaushalten. *Zeitschrift für Gerontologie und Geriatrie 35*(5), 474-481.

Koller, D., Eisele, M., Kaduszkiewicz, H., Schon, G., Steinmann, S., Wiese, B. et al. (2010). Ambulatory health services utilization in patients with dementia - Is there an urban-rural difference? *International Journal of Health Geographics 9*(1), 59.

Luppa, M., Luck, T., Weyerer, S., König, H.-H., Brähler, E., & Riedel-Heller, S. G. (2010). Prediction of institutionalization in the elderly. A systematic review. *Age and Ageing 39*(1), 31-38.

Magaziner, J., Zimmerman, S. I., Gruber-Baldini, A. L., Hebel, J. R., & Fox, K. M. (1997). Proxy reporting in five areas of functional status. *American Journal of Epidemiology 146*(5), 418-428.

Moyle, W., Murfield, J. E., Griffiths, S. G., & Venturato, L. (2012). Assessing quality of life of older people with dementia: a comparison of quantitative self-report and proxy accounts. *Journal of Advanced Nursing 68*(10), 2237-2246.

Pfaff, H., & Schrappe, M. (2011). Einführung in die Versorgungsforschung. In: H. Pfaff, E. A. Neugebauer, G. Glaeske, & Schrappe, M. (Hrsg.), *Lehrbuch Versorgungsforschung Systematik - Methodik - Anwendung*, (S. 2-39). Stuttgart: Schattauer.

Pfaff, H., Abholz, H., Glaeske, G., Icks, A., Klinkhammer-Schalke, M., Nellessen-Martens, G. et al. (2011). Versorgungsforschung: unverzichtbar bei Allokationsentscheidungen – eine Stellungnahme. *Deutsche Medizinische Wochenschrift 136*(48), 2496-2500.

Pfaff, H., Glaeske, G., Neugebauer, E. A. M., & Schrappe, M. (2009). Memorandum III: Methoden für die Versorgungsforschung (Teil I). *Gesundheitswesen 71*(8/9), 505-510.

Quasdorf, T., Hoben, M., Riesner, C., Dichter, M. N., & Halek, M. (2013). Einflussfaktoren in Disseminations- und Implementierungsprozessen. *Pflege & Gesellschaft 18*(3), 235-252.

Rabin, B., & Brownson, R. (2012). Developing the terminology for dissemination and implementation research. In: R. Brownson, G. Colditz, & E. Proctor (Hrsg.) *Dissemintation and implementation research in health* (S. 23-51). New York: Oxford University Press.

Roes, M., Buscher, I., & Riesner, C. (2013). Implementierungs- und Disseminationswissenschaft - Konzeptionelle Analysen von Gaps zwischen Wissenschaft, Politik und Praxis. *Pflege & Gesellschaft 18*(3), 213-235.

Roes, M., de Jong, A., & Wulff, I. (2013). Implementierungs- und Disseminationsforschung - ein notwendiger Diskurs. *Pflege & Gesellschaft 18*(3), 197-213.

Rothgang, H., Müller, R. & Unger, R. (2012). *Themenreport "Pflege 2030" - Was ist zu erwarten - was ist zu tun?* Gütersloh: Bertelsmann Stiftung.

Schäufele, M., Köhler, L., Teufel, S., & Weyerer, S. (2006). Betreuung von demenziell erkrankten Menschen in Privathaushalten: Potenziale und Grenzen. In: U. Schneekloth, & H.-W. Wahl (Hrsg.), *Selbstständigkeit und Hilfebedarf bei älteren Menschen in Privathaushalten. Pflegearrangements, Demenz, Versorgungsangebote* (S. 103-145). Stuttgart: Kohlhammer.

Schmidt, A. (2014). *Analyse der Motivation zur Teilnahme an Studien der Versorgungsforschung am Beispiel der Studie DemNet-D*. Masterarbeit, Alice Salomon Hochschule Berlin.

Schneekloth, U., & Wahl, H.-W. (2006). Schlussfolgerungen, sozialpolitische Implikationen und Ausblick. In: U. Schneekloth, & H.-W. Wahl (Hrsg.), *Selbstständigkeit und Hilfebedarf bei älteren Menschen in Privathaushalten. Pflegearrangements, Demenz, Versorgungsangebote* (S. 243-248). Stuttgart: Kohlhammer.

Schrappe, M., & Pfaff, H. (2011). Versorgungsforschung: Konzept und Methodik. *Deutsche Medizinische Wochenschrift 138*(8), 381-386.

Schwarzkopf, L., Menn, P., Kunz, S., Holle, R., Lauterberg, J., Marx, P. et al. (2011). Costs of care for dementia patients in community setting: an analysis for mild and moderate disease stage. *Value in Health 14*(6), 827-835.

Statistisches Bundesamt (Hrsg.) (2015). *Bevölkerung Deutschlands bis 2060. 13. koordinierte Bevölkerungsvorausberechnung*. Berlin.

Statistisches Bundesamt (Hrsg.) (2015). *Pflegestatistik 2013 - Pflege im Rahmen der Pflegeversicherung. Deutschlandergebnisse*. Wiesbaden.

Streiner, D. L., & Norman, G. R. (2003). *Health measurements scales - a practical guide to their development and use* (3. Aufl.). Oxford: Oxford University Press.

Wimo, A., & Prince, M. (2010). *World Alzheimer report 2010. The global economic impact of dementia*. London: Alzheimer´s Disease International.

Wolf-Ostermann, K., Meyer, S., Schmidt, A., Schritz, A., Holle, B., Wübbeler, M., Schäfer-Walkmann, S., & Gräske, J. (2016). Nutzer und Nutzerinnen regionaler Demenznetzwerke in Deutschland - Erste Ergebnisse der Evaluationsstudie DemNet-D. *Zeitschrift für Gerontologie und Geriatrie, Epub first*.

Wübbeler, M., Thyrian, J. R., Michalowsky, B., Hertel, J., Laporte Uribe, F., Wolf-Ostermann, K. et al. (2015). Nonpharmacological therapies and provision of aids in outpatient dementia networks in Germany: utilization rates and associated factors. *Journal of Multidisciplinary Healthcare 8*, 229-236.

Wurm, S., & Tesch-Römer, C. (2006). Gesundheit, Hilfebedarf und Versorgung. In: C. Tesch-Römer, H. Engstler, & S. Wurm (Hrsg.), *Altwerden in Deutschland. Sozialer Wandel und individuelle Entwicklung in der zweiten Lebenshälfte* (S. 329-383). Wiesbaden: VS.

Inklusion durch interdisziplinäre Netzwerkarbeit im Quartier

Sandra Verhülsdonk & Barbara Höft

1 Einleitung

Vor dem demographischen Hintergrund einer alternden Gesellschaft und damit assoziiert einer Zunahme altersbedingter und vor allem demenzieller Erkrankungen steht die Gesellschaft vor einer Herausforderung: bis 2050 ist von einer Verdoppelung der an Demenz erkrankten Menschen auszugehen (vgl. Bickel 2014, S. 1). „Alle neurodegenerativen Demenzerkrankungen (Alzheimer-Demenz, frontotemporale Demenz, Parkinson-Demenz, Lewy-Körperchen-Demenz) sind progressive Erkrankungen mit Verläufen über mehrere Jahre. Die Dauer der Erkrankungsverläufe ist sehr variabel. (…) Da für keine der degenerativen Demenzerkrankungen bisher eine Therapie zur Verminderung der Progression bzw. zur Heilung existiert, haben alle eine Prognose, die mit weitreichender Pflegebedürftigkeit (...) assoziiert ist" (Deutsche Gesellschaft für Psychiatrie und Psychotherapie, Psychosomatik und Nervenheilkunde 2015, S. 25). Daher kommt der Gestaltung des Versorgungs-Settings herausragende Bedeutung zu.

Die Pflegestatistik (2013) zeigt, dass der Großteil der pflegebedürftigen Personen insgesamt in der eigenen Häuslichkeit versorgt wird, meist durch enge Angehörige wie Ehepartner und Kinder. Betrachtet man die Gruppe der Menschen mit Demenz (MmD) so gilt dies ebenfalls: der Großteil, ca. drei Viertel, wird in der eigenen Wohnung versorgt und betreut (vgl. Grass-Kapanke 2008); die Pflege wird in 58% von den Ehefrauen geleistet, die eigenen Kinder bilden mit 33% die zweitgrößte Gruppe. Insgesamt wurde die Pflege in 75% von Frauen übernommen (vgl. Zank, Schacke & Leipold 2007). In verschiedenen Untersuchungen wurde der Wunsch, möglichst lange in der eigenen Wohnung zu leben und dort versorgt zu werden, vom Großteil der an Demenz erkrankten Menschen geäußert (vgl. Dietl et al. 2010, S. 99; Hauser & Schneider-Schelte 2008).

Eine Versorgung in der Häuslichkeit kann auch in fortgeschrittenen Krankheitsstadien aufrecht erhalten werden, jedoch meist nur, wenn spezifische Hilfeangebote in den Alltag implementiert sind. Somit kommt dem ambulanten und niedrigschwelligen Sektor und der damit verbundenen Bereitstellung von Unterstützungsangeboten eine besondere Bedeutung zu. Da die Hauptlast der Pflege die engen Angehörigen tragen, muss auch diese Gruppe durch spezifische Angebote unterstützt und entlastet werden (vgl. Zank, Schacke & Leipold 2007). Dem Thema Demenz ist nicht nur im Kontext einer medizinischen und pflegerischen Versorgung zu begegnen - auch auf gesellschaftlicher Ebene muss eine Auseinandersetzung stattfinden. Hier steht die Teilhabe am gesellschaftlichen Leben (Inklusion) und Erhaltung einer guten Lebensqualität von Menschen mit Demenz im Mittelpunkt aller Interventionen.

Dazu gehört in einem ersten Schritt die Enttabuisierung des Themas, die dafür eine umfangreiche Öffentlichkeitsarbeit erfordert (vgl. Sütterlin et al. 2011, S. 68). Nur so können Fehlurteile und Ängste abgebaut werden, aber auch Laien für eine mögliche Erkrankung einer Person im Wohnumfeld und den daraus resultierenden Hilfebedarf sensibilisiert werden. Netzwerke für die MmD und ihre Angehörigen bieten über die Bereitstellung verschiedener Angebote eine konkrete Unterstützung und können für eine „gelebte" Inklusion einen wichtigen Beitrag leisten. Der Begriff des „Netzwerkes" beschreibt nach Bennewitz & Sänger (2001, S. 78) „das Zusammenwirken der unterschiedlichsten, exekutiven, legislativen und gesellschaftlichen Institutionen und Gruppen bei der Entstehung und Durchführung einer bestimmten Politik." Die Abgrenzung zu dem Begriff der Kooperation ist vor allem durch das Charakteristikum der Nachhaltigkeit möglich. Auf politischer Ebene greift die Bundesregierung mit dem Motto „ambulant vor stationär" die Haltung der Betroffenen auf und fördert dem entsprechend niedrigschwellige wie auch informelle Hilfen, die eine Versorgung in der Häuslichkeit unterstützen.

Im vorliegenden Beitrag wird die interdisziplinäre Netzwerkarbeit am Beispiel des Demenznetzes Düsseldorf vorgestellt. Im Fokus stehen die Organisationsstruktur, die Netzwerkakteure und die inhaltliche Gestaltung der Arbeit. Auf die Betreuungsgruppen als Kernelement des Netzwerks wird gesondert eingegangen. Abschließend wird erörtert inwiefern ein solches Netzwerk einen Beitrag zum Verbleib in der Häuslichkeit, dem Erhalt einer hohen Lebensqualität und sozialer Teilhabe (Inklusion) leistet.

2 Das Demenznetz Düsseldorf

2.1 Demographischer Hintergrund

Das *Demenznetz Düsseldorf* bietet niedrigschwellige ambulante Hilfeangebote für Menschen mit Demenz und ihre Familien im Stadtgebiet der Landeshauptstadt Düsseldorf, einem großstädtisch-urbanen Raum. Im Einzugsgebiet leben ca. 603.510 Menschen, ca. 151.817 sind älter als 60 Jahre (Einwohnermeldestatistik Landeshauptstadt Düsseldorf, Stand 31.12.2011).

In Düsseldorf wurden im Jahr 2011 insgesamt 69,2% der Pflegebedürftigen in der Häuslichkeit versorgt. Die Zahl der sich in ambulanter Pflege befindenden

Personen belief sich auf 4.075 Personen. Hier ist im Vergleich zum Jahr 2005 eine Zunahme um 26,4% zu verzeichnen (vgl. Landeshauptstadt Düsseldorf, Amt für Wahlen und Statistik 2013). Eine Prognose auf der Basis einer Modellrechnung lautet für Düsseldorf bis 2025: die Zahl der an Demenz erkrankten Personen in der Landeshauptstadt wird sich bei einem Ausgangswert von rund 12.000 Personen im Jahr 2012 bis zum Jahr 2025 voraussichtlich um ca. 2.760 Personen auf dann 14.760 Demenzkranke steigern. Dies bedeutet eine Zunahme um 23%.

Aus Geschlechtersicht sind es vor allem die an Demenz erkrankten Männer, deren Zahl im Vergleich zu den Frauen relativ betrachtet stärker zunehmen wird. Betrug die Zahl der demenzkranken Männer im Basisjahr 2012 (für die Modellrechnung, Anm. d. Verf.) noch 3.710 Personen, so wird diese bis zum Jahr 2025 um voraussichtlich etwas mehr als 31% auf dann 4.870 Personen steigen. Die Frauen erfahren eine Zunahme auf beinahe 9.900 Personen im Jahr 2025, was einer Steigerung um 19% entspricht (vgl. Landeshauptstadt Düsseldorf, Amt für Wahlen und Statistik 2013, S. 62ff).

2.2 Entstehung des Netzwerkes

Im Vorfeld der Einführung des Landespflegegesetzes NRW in 2003 schaffte eine gemeinsame Fachtagung der Gesundheits- und der Pflegekonferenz der Stadt die Basis für die Entstehung von niedrigschwelligen Leistungen im Sinne des §45 SGB XI im Stadtgebiet, die bis zu diesem Zeitpunkt fehlten. Optionen für die inhaltlichen Schwerpunkte und Synergieeffekte möglicher Zusammenarbeit wurden hier deutlich. Zeitnah entstanden dann die zwei „Wurzeln" des heutigen Netzwerkes:

1. Unter der Moderation der Leitung der Institutsambulanz Gerontopsychiatrie, LVR-Klinikum/Kliniken der Heinrich-Heine-Universität Düsseldorf gelang, mit einem Kooperationsprojekt der örtlichen Wohlfahrtsverbände, ein stadtweites und quartiernahes Betreuungsgruppenangebot zur Entlastung pflegender Angehöriger als trägerübergreifende Einrichtung (BEAtE) zu etablieren. Das Modellprojekt wurde seit 01.04.2004 bis zum 31.03.2007 aus Mitteln des Ministeriums für Arbeit, Gesundheit und Soziales NRW und den Landespflegekassen (Landesinitiative Demenz-Service NRW) gefördert. Die Einigung auf ein gemeinsames niedrigschwelliges Angebot in hoher Qualität für die Menschen mit Demenz sicherte einen gelungenen Start der Kooperation. Bei der Konzepterstellung für die Gruppenarbeit wurde auf eine Dokumentation der Deutschen Alzheimer-Gesellschaft zurückgegriffen (Hipp 2009).

2. Parallel entstand in Trägerschaft des Amtes für Soziale Sicherung und Integration der Stadt Düsseldorf und der Alzheimer Gesellschaft Düsseldorf Mettmann e.V. das *Demenz-Servicezentrum Region Düsseldorf,* ebenfalls als Modellförderung der Landesinitiative Demenz-Service NRW.

Der Erfolg in der Implementierung der Leistungen und die gelingende Kooperation begründeten die Fortführung der Arbeit als *Demenznetz Düsseldorf seit 01.04.2007.* Es erfolgte - neben der weiteren gemeinsamen Gewinnung und Schulung Ehrenamtlicher Helfer/-innen die Ausweitung der Zahl der Standorte und der Gruppen mit Optimierung der Anbindung an bereits bestehende Angebote der Altenhilfe der Träger (Vermeidung von Ausgrenzung u. Enttabuisierung) - eine Differenzierung der Leistungen im zugehenden Setting. Etabliert wurde nun:

3. Eine Betreuungsagentur für die stundenweise Einzelbetreuung von Menschen mit Demenz in ihrer gewohnten Umgebung Zuhause, (*D*üsseldorfer *A*gentur für *D*emenzerkrankte in der *H*äuslichkeit, DAfürDicH). Zur bedürfnisorientierten Entlastung der Familien werden durch die Kooperationspartner Ehrenamtliche Helfer speziell für die Betreuung von Menschen mit Demenz in der Häuslichkeit geschult, vermittelt und supervisorisch begleitet.

4. Ein weiterer Schwerpunkt wurde die Implementierung von einmaligen Hausbesuchen mit einer Türöffner-Funktion für eine noch wenig untersuchte Gruppe der Menschen mit Demenz, nämlich von Menschen mit krankheitsbedingt fehlendem Krankheitserleben und konsekutiver Ablehnung von Diagnostik, Behandlung und Hilfeangeboten als „zugehende konsiliarische Begleitung" (Höft et al. 2011) .

Im Sommer 2007 waren die niedrigschwelligen Angebote der Betreuungsgruppen und der Betreuungsagentur stadtweit etabliert. Nach dem Ende der Förderphase durch die Landesinitiative Demenz-Service NRW konnte erreicht werden, dass — auf der Grundlage der Fortschreibung der Kooperationsvereinbarungen und einer Produkt- und Aufgabenbeschreibung (analog bestehender Regelungen in der Altenarbeit der Stadt) — die Personalkosten für die Arbeit der Betreuungsgruppen und der Betreuungsagentur aus Haushaltsmitteln der Landeshauptstadt Düsseldorf finanziert werden. Sie sind derzeit als Teil einer Rahmenvereinbarung bis 2017 zugesagt. Die Finanzierung der Hausbesuche konnte als Modellvorhaben im Rahmen des „Anreizprogramms zur Förderung der Gerontopsychiatrischen Beratung an gerontopsychiatrischen Zentren" des Landschaftsverbands Rheinland und weiteren Mitteln der Landespflegekassen bis 2014 gesichert werden (vgl. Verhülsdonk et al. 2015).

1. *Betreuungsgruppen* finden regelmäßig wöchentlich stadtweit an 31 Standorten statt. BEAtE ist als niedrigschwelliges Angebot nach §45b SGB XI anerkannt. Entsprechend der demographischen Erfordernisse sind seit 2011 zwei Betreuungsgruppen für Männer entstanden. Drei Gruppen betreuen integrativ Menschen mit Demenz und russischem Migrationshintergrund. Eine Gruppe für Menschen mit Demenz und mit Japan als Heimatland befindet sich in der Planung. Ehrenamtliche Helfer/-innen mit Japanisch als Muttersprache wurden bereits geschult. Die Verteilung der Gruppenstandorte über das Stadtgebiet zeigt Abbildung 8.1.

2. Jeweils trägerintern benannte Demenznetzkoordinator/-innen verantworten die Einsatz-Planung und Supervision der ehrenamtlichen Helfer in sogenannten *Tandems in der Häuslichkeit.* DafürDicH ist als niedrigschwelliges Angebot nach §45b SGB XI anerkannt.

3. Die *Gewinnung und Schulung Ehrenamtlicher Helfer* geschieht gemeinsam auf der Grundlage eines demenznetzinternen 30-stündigen Curriculum und findet mit je 20-25 Teilnehmer/-innen 1-2 x jährlich statt.

4. Die *Begleitung der ehrenamtlichen Helfer/-innen* geschieht ebenfalls gemeinsam und sieht Angebote zur Qualifizierung 2-3 x jährlich (Themen sind z.B. Validation, palliative Begleitung, Erste-Hilfe-Maßnahmen) und eine „Dankeschön"-Veranstaltung vor.

5. Seit 2009 wird eine „Urlaubsfahrt mit 2 Übernachtungen - *BEAtE-mobil"* für Teilnehmer der Gruppen und ihre Angehörigen organisiert und begleitet (1x jährlich).

6. *Gesprächskreise für Angehörige* (Eigenleistung der Träger) haben sich derzeit an 4 Standorten etabliert. Psychoedukative Angebote finden, abgestimmt hinsichtlich Ort und Zeit rollierend zwischen den Standorten/Trägern statt.

7. Weiteres Angebot ist ein *Kreatives Arbeiten für früherkrankte* Menschen mit Demenz 1x wöchentlich.

8. Seit Januar 2011 findet ein Angebot zur *Bewegungsförderung* (nach dem Konzept der Sporthochschule Köln, NADiA) wöchentlich an 4 Standorten mit aktuell 15-25 Teilnehmenden statt.

9. Bei Anfragen zu Hausbesuchen beim klinischen Bild einer Demenz und fehlender Krankheitswahrnehmung im Nachgang zum Projekt GerHaRD werden jeweils einzelfallbezogen Lösungen zwischen der Gerontopsychiatrischen Ambulanz und den zuständigen Demenznetzkoordinatorinnen abgestimmt.

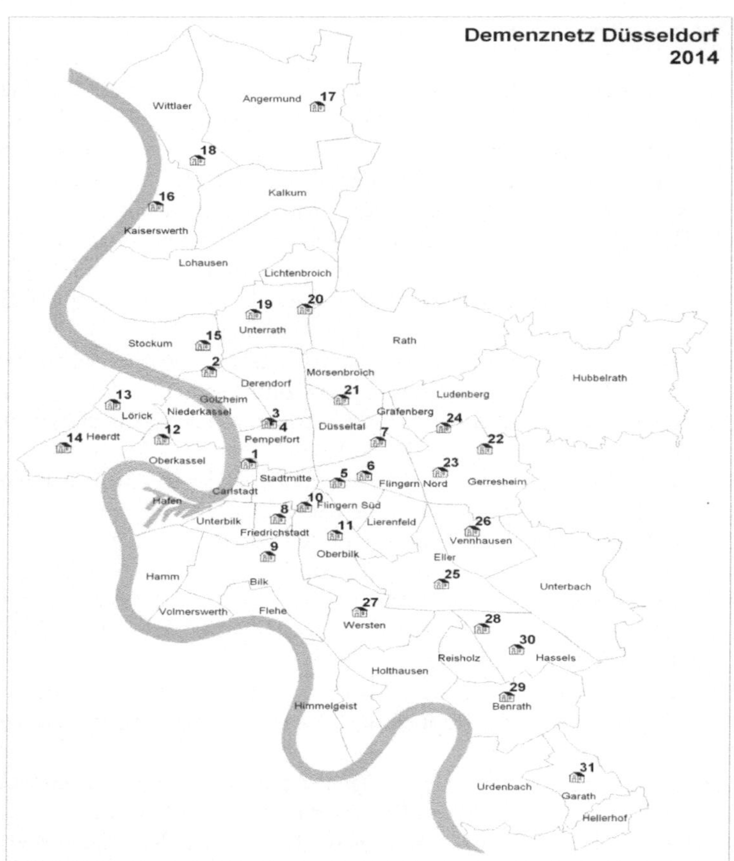

Abb. 8.1: Standorte der Betreuungsgruppen in 2014

2.4 Daten zu den Nutzern im Demenznetz Düsseldorf (Stand August 2015)

Im Rahmen der Berichtslegung gegenüber der Stadtverwaltung und der Bezirksregierung Düsseldorf wird alle 2 Monate die Zahl der Nutzer/-innen in den Angeboten und die Zahl der ehrenamtlich Mitarbeitenden erhoben: Mit Stand vom August 2015 wurden 210-230 Gäste jede Woche in den Betreuungsgruppen und 74 Tandems für die Betreuung in der Häuslichkeit DAfürDicH gezählt. Ca.150 ehrenamtliche Helfer/-innen pro Woche waren aktiv. Im gesamten Jahr 2014 wurde 9084 mal ein Betreuungsgruppenangebot genutzt und 3009mal eine Betreuung in der Häuslichkeit. Die Ehrenamtlichen leisteten 24070 Einsatzstunden.

146

Die Analyse von Daten des unveröffentlichten Projekt-Berichtes BEAtE 2007 zeigte, dass die Gruppen ein niedrigschwelliges Angebot als Einstieg in das Hilfesystem sind. Mehr als 1/3 der Menschen haben zuvor keine anderen Leistungen in Anspruch genommen und müssen der Pflegestufe 0 zugeordnet werden. Der Verbleib in der Gruppe gestaltet sich dann auch über viele Monate, 16,5% waren – einer Auswertung der ersten 3 Jahre zufolge – bereits Gäste der Betreuungsgruppe bis zu ihrem Tod. Im Rahmen einer vom Bundesgesundheitsministerium initiierten und geförderten Evaluationsstudie von 13 Demenznetzwerken in Deutschland (DemNet-D), an der das Demenznetz Düsseldorf teilnahm, wurden umfangreiche Daten zu den Nutzer/-innen – sowohl den Menschen mit Demenz als auch den betreuenden Angehörigen – erhoben. Insgesamt wurden 43 Personen mit Demenz als direkte Nutzer und 43 pflegende bzw. betreuende Angehörige befragt.

Alle Befragten lebten in der eigenen Häuslichkeit und nutzten somit ausschließlich ambulante Angebote. Dabei lebte die Mehrheit der befragten Personen im Haushalt mit dem Ehe-/Lebenspartner zusammen. Das Durchschnittsalter lag bei 78,1 Jahren bei den MmD und bei 66,0 Jahren bei den befragten Bezugspersonen. 43,25% der MmD waren weiblich, bei den Bezugspersonen lag der Anteil an Frauen bei 75%. Als Demenzschweregrad wurde ein überwiegend fortgeschrittenes Krankheitsstadium der Betroffenen (FAST Stufe 6-7) evaluiert.

2.5 Weiterentwicklung

Mit Mitteln des Bundesfamilienministeriums aus dem Projekt „Lokale Allianzen" (Förderzeitraum 1.10.2014 bis 30.09.2016; vgl. www.lokale-allianzen.de/ Wettbewerb2014/Projektliste) wird derzeit an der Festigung der aktuellen Organisationsstruktur gearbeitet. In weiteren Schritten (z.B. moderierten Workshops) werden die aktuell gültigen Regeln der Kooperation im Netzwerk auf die zukünftig zu erwartenden Anforderungen hin geprüft und z.B. Kriterien für die Aufnahme weiterer Kooperationsbeziehungen formuliert.

3 Beschreibung der Art des Netzwerkes (Netzwerktyp)

Das Netzwerk ist im weitesten Sinn ein Versorgungsnetzwerk: Hauptziel eines solchen Versorgungsnetzwerkes ist es, unter Einbindung verschiedener gemeinnütziger oder bürgerschaftlicher Leistungserbringer eine versorgungssichernde Einzelfallhilfe zu betreiben. Diese ist in eine Gesamtversorgungsstrategie der Stadt und der Träger eingebunden. Die zukünftigen Vorhaben werden inhaltlich entscheidend durch den Steuerkreis Demenznetz Düsseldorf entwickelt und gesteuert.

Das Demenznetz Düsseldorf ist somit den auftragsbezogenen Netzwerktypen (vgl. Schäfer-Walkmann, 2014) zuzuordnen. Das Netzwerk ist charakterisiert durch eine hohe Bedarfsorientierung sowie einen hohen Zielerreichungsgrad. Weitere Merkmale sind eine vielfältige und enge Zusammenarbeit mit relevanten sogenannten „Stakeholdern" und ein hoher Formalisierungsgrad, verbunden mit klaren Organisationsstrukturen und hoher Verbindlichkeit (vgl. Schäfer-Walkmann, 2014). Dies wiederum ist eine Schlüsselqualifikation für „Vertrauen", ein Grundelement für gelingendes „Netzwerken".

4 Anzahl und Art der Kooperationspartner

Die Kooperationspartner sind:

- Institutsambulanz Gerontopsychiatrie, LVR-Klinikum Düsseldorf, Klinik und Poliklinik für Psychiatrie und Psychotherapie der Heinrich-Heine-Universität Düsseldorf, Abteilung Gerontopsychiatrie,
- Demenz-Servicezentrum Region Düsseldorf (Amt für soziale Sicherung und Integration der Stadt Düsseldorf)
- Örtliche Wohlfahrtsverbände:
    1. Caritasverband Düsseldorf,
    2. Deutsches Rotes Kreuz Pflegedienste gGmbH, Düsseldorf
    3. Diakonie Düsseldorf und
    4. Kaiserswerther Diakonie
- Alzheimer Gesellschaft Düsseldorf & Kreis Mettmann e.V.

Die Organisationsstruktur ist in Abbildung 8.2 dargestellt.

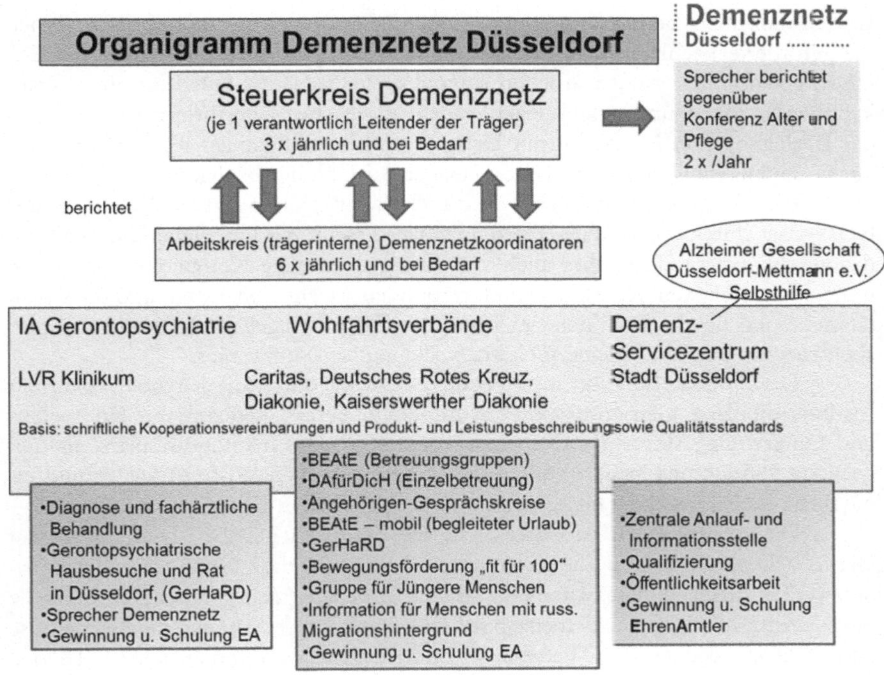

Abb. 8.2: Organisationsstruktur Demenznetz Düsseldorf.

5 Interdisziplinäre Zusammenarbeit im Netzwerk

Im Demenznetz Düsseldorf ist es gelungen, ein hohes Maß an Interdisziplinarität bei den Mitwirkenden zu etablieren.

Wesentlich ist dabei die Einbindung *verantwortlich* Leitender der Träger im Steuerkreis. Fachleute in Leitungspositionen mit Expertise in sozialer Arbeit, Altenpflege, Medizin und/oder betriebswirtschaftlichen bzw. verwaltungstechnischen Fragen kommen regelmäßig zusammen und bringen ihre Kompetenz gleichberechtigt in die Entscheidungs- und Steuerungsprozesse ein. Darüber hinaus ist die politische Perspektive auf der Steuerebene durch die regelmäßigen Berichte in der Konferenz „Alter und Pflege" der Landeshauptstadt Düsseldorf gewährleistet; aktuelle politische Entwicklungen können zeitnah aufgegriffen und integriert werden. Für die Nachhaltigkeit der Netzwerkarbeit und die Verankerung auf kommunalpolitischer Ebene ist diese Verknüpfung unabdingbar.

In den einzelnen Betreuungsgruppen sichern die Demenznetzkoordinator/-innen die geforderte Fachlichkeit in der Leitung der Gruppen. In der Funktion der Demenznetzkoordinatorinnen arbeiten sowohl Sozialpädagog/-innen als auch Krankenpfleger/-innen und Altenpfleger/-innen jeweils mit langjähriger Erfahrung in der Begleitung von Menschen mit Demenz und ihren Familien. Ein hoher Anteil der Gruppenleitungen hat eine Case-Manager-Ausbildung absolviert.

Ein Wissensaustausch, aber auch kollegiale Begleitung ist auf Ebene des Arbeitskreises durch regelmäßige Treffen etabliert; somit wird medizinische, sozialpädagogische, pflegerische, aber auch verwaltungstechnische Kompetenz auf beiden Organisationsebenen vernetzt. Damit verbunden ist ein hoher Standard an Qualitätssicherung (in die Routinen der jeweiligen Träger eingebettet) ebenso wie perspektivisches Denken für eine Weiterentwicklung des Netzwerkes.

Die Sprecherfunktion im Steuerkreis, derzeit durch die leitende Ärztin der Institutsambulanz Gerontopsychiatrie ausgefüllt, liefert medizinische Kompetenz und fungiert als „Motor der Gemeindepsychiatrie". Die Institutsambulanz als universitäre Einrichtung sichert zudem den kontinuierlichen Wissenstransfer und ermöglicht die Entwicklung neuer Angebote nach aktuellem Erkenntnisstand.

Davon profitieren an erster Stelle die Betroffenen selbst. Die Analyse der DemNet-D Evaluationsstudie lieferte erste Hinweise, dass Nutzer von Demenznetzwerken, insbesondere von Netzwerken, in denen (fach-)ärztliche Kompetenz assoziiert ist, häufiger eine demenzspezifische ärztliche Versorgung, medikamentöse und nicht-medikamentöse Therapie, wie z.B. Ergotherapie, erhalten (vgl. Thyrian 2015). Pflegende Angehörige fühlen sich besser informiert als pflegende Angehörige von außerhalb eines Netzwerkes. Zudem scheinen stark formalisierte Netzwerke (wie das Demenznetz Düsseldorf) noch erfolgreicher bzgl. des Wissenstransfers zu sein (vgl. Heinrich & Holle 2015).

6 Formen der Kooperation

6.1 Kooperation innerhalb des Demenznetzes Düsseldorf

Im Verlauf haben sich verschiedene Formen und Ziele der Kooperation manifestiert: neben der klassischen *horizontalen Kooperation* (z.B. unter den Wohlfahrtsverbänden bzgl. der Betreuungsgruppen) steht die *Innovationskooperation* – unter Nutzung von Ressourcen und Synergieeffekten mit dem Ziel neue Leistungen zu entwickeln (z.B. in Projekt GerHaRD) – im Vordergrund.

Seit Beginn der Kooperation wurden Vereinbarungen schriftlich niedergelegt und entsprechend der Entwicklungsschritte erweitert. Diese enthalten Regelungen zu den Inhalten der Leistungen, der Finanzierung und der Organisation der Zusammenarbeit der beteiligten Träger untereinander, zunächst für das Projekt BEAtE

2004-2007; dann fortgeschrieben und ergänzt um die Leistungen für die Betreuungsagentur DAfürDicH und die Hausbesuche im Modellvorhaben „Zugehende konsiliarische Begleitung" 2007-2009.

Zur Weiterfinanzierung mit Haushaltsmitteln der Landeshauptstadt wurden für die Leistungen BEAtE und DAfürDicH in 2007 entsprechende Produkt- und Aufgabenbeschreibungen erstellt. Jeder Träger rechnet eigenverantwortlich die Mittel gegenüber den Mittelgebern ab, eine nicht zu unterschätzende Autonomie im Rahmen der Kooperation. So erhalten auch die Ehrenamtlichen eine Aufwandsentschädigung, die sich nach den jeweiligen Kriterien des Trägers der einzelnen Betreuungsgruppen richtet. Es liegen Leistungsstandards für alle Einzel-Leistungen im Demenznetz Düsseldorf vor. Dieser feste Kooperationsrahmen hat auf Dauer das Auftreten des Demenznetzes als „ein Akteur" im Konzert mit den anderen Stakeholdern der sozialen Arbeit der Landeshauptstadt geprägt. Konkurrierende Interessenslagen zwischen den Kooperationspartnern konnten jeweils zeitnah im Steuerkreis geklärt werden. Nach außen konnte dann das Demenznetz mit *einer* Stimme auftreten. Damit wurde einerseits die Nachhaltigkeit in der Finanzierung durch Haushaltsmittel ermöglicht (durch die Festlegung auf Menge und Qualität der Leistungen wurde der „Einkauf" für die Mittelgeber transparent). Anderseits war die Ausweitung der Leistungen durch Kooperationen, zum Beispiel mit Partner/-innen aus dem Kulturellen Sektor (Tonhalle Düsseldorf, Deutsche Oper am Rhein) für Konzerte für Menschen mit Demenz (Programm „Auf Flügeln der Musik") erst realisierbar.

6.2 Kooperation mit den Partnern außerhalb des Demenznetzes Düsseldorf

Da die Träger des Demenznetz Düsseldorf als „starke" Anbieter für Leistungen im Bereich „Alter und Pflege" der Landeshauptstadt gelten, waren bereits zum Start der spezifischen Kooperation für den niedrigschwelligen Angebotsbereich Kooperationen mit essentiellen Stakeholdern dieses Aufgabenbereiches in der Landeshauptstadt gebahnt und konnten im Verlauf der Zeit ausgebaut werden.

Dies gilt zum Beispiel für die Arbeit im Bereich des bürgerschaftlichen Engagements; alle Träger besaßen bei Start der Demenznetz-Arbeit Agenturen zur Gewinnung und Begleitung Ehrenamtlicher Helfer/-innen, die für die Gewinnung von engagiert mitarbeitenden Bürgerinnen und Bürger genutzt werden konnten und wurden. Dies gilt aber auch für die teilstationären und stationären Pflegeeinrichtungen (überwiegend in Trägerschaft der beteiligten Wohlfahrtsverbände), das Pflegebüro, den Sozialpsychiatrischen Dienst des Gesundheitsamtes oder den Bezirkssozialdienst sowie für die Zusammenarbeit mit den „zentren *plus*", den essentiellen Standorten für die gemeinwesenorientierte Altenarbeit in Düsseldorf im Quartier.

7 Steuerung und Qualitätssicherung des Netzes

Aus der DemNet-D Evaluationsstudie ist die Bedeutung der Governance (Steuerung) für die Nachhaltigkeit der Arbeit bekannt (vgl. Schäfer-Walkmann 2014).

Grundlegende Regeln bilden den Bezugsrahmen im Netzwerk: jeder Kooperationspartner entsendet ein verantwortlich leitendes Mitglied in den Steuerkreis. Alle Mitglieder des Steuerkreises sind gleichberechtigt. Die Treffen des Steuerkreises finden mindestens 2-3 pro Jahr und bei Bedarf statt. Inhalte der Treffen sind: strukturelle und netzwerkpolitische Entscheidungen wie z.B. die Aufnahme weiterer Mitglieder ins Demenznetz oder die strategische Zielsetzung und Sicherung der Finanzierung. 2-mtl. finden Treffen der jeweiligen trägerinternen Demenznetzkoordinatorinnen statt. 2 x jährlich werden Treffen der Standortleitungen der BEAtE-Gruppen organisiert (siehe Organigramm, Abb. 8.2). Auf dieser Ebene erfolgt die kontinuierliche Überprüfung und Anpassung der bestehenden wie auch die Entwicklung neuer, bedarfsorientierter Angebote.

Als essentiell hat sich für das Bestehen des Netzwerkes die Funktion des/der Sprechers/Sprecherin des Steuerkreises herausgestellt. Folgende Schwerpunkt-Aufgaben dieser koordinierenden Funktion sind identifiziert:

- Kooperation und Vernetzung intern und extern wie z.B. die Sicherung des Informationsflusses zwischen Steuerkreis und Arbeitskreis, Organisation und thematische Vorbereitung der Treffen, Erstellen von Protokollen
- Organisation und Mitwirkung bei Schulungsreihen für Ehrenamtliche und/oder einzelnen Fortbildungsveranstaltungen sowie Fachtagungen,
- Öffentlichkeitsarbeit, z.B. die Zusammenarbeit mit den Pressereferaten der Kooperationspartner, die Ausführung von Publikationswünschen oder die Präsentation der praktischen Erfahrungen in der (Fach-)Öffentlichkeit als Referent/-in.
- Gremienarbeit, hier die Vertretung des Demenznetzes in externen Gremien.
- Allgemeine Organisation und Verwaltung, wie die Erstellung von Projekt- und Jahresberichten.

Erste Schritte zur Etablierung dieser Position in der Organisationsstruktur des Netzwerkes sind mit einer Stellenbeschreibung und Planung einer nachhaltigen Finanzierung (bislang „Eigenleistung" der Träger) gemacht.

8 Die besondere Bedeutung der Betreuungsgruppen für die Arbeit im Quartier und für die Inklusion von Menschen mit Demenz

Die BEAtE-Standorte sind Zentren eines erweiterten und differenzierten ambulanten Hilfeangebotes geworden. Grundidee für die Auswahl der Standorte war eine möglichst flächendeckende Verteilung über die Stadt Düsseldorf (vgl. Abb. 8.1). Sie arbeiten eng mit den „zentren *plus*" für gemeinwesen-orientierte offene Altenhilfeangebote zusammen, die Einrichtungen der ambulanten kommunalen Seniorenarbeit sind. Sie bieten Beratung rund um Fragen das Thema „Alter" betreffend, verschiedene Freizeit-, Kultur- und Bildungsangebote und fungieren darüber hinaus als Treffpunkt im Quartier. Die „zentren *plus*" sind in Trägerschaft der Wohlfahrtsverbände.

Als Standorte für die Durchführung der Angebote werden (abgesehen von der ersten Modellphase bis 2007) Räumlichkeiten der „zentren *plus*" genutzt. Das Betreuungsgruppenangebot wurde trägerübergreifend als Standard vereinbart mit folgenden grundlegenden Kriterien: Angebotsdauer 3 Stunden, 1 x wöchentlich für an Demenz erkrankte Menschen in einer Gruppe von 4-9 Personen, geleitet durch eine Fachkraft mit Unterstützung von ehrenamtlichen Helfern, möglichst in einem Verhältnis von 1:1 zu den Gästen. Ziel ist, neben der individuellen Beschäftigung und damit Förderung des Menschen mit Demenz in einer Atmosphäre „der Normalität", die Entlastung und Schaffung von planbaren Freiräumen für die pflegenden Angehörigen. Darüber hinaus können rückblickend folgende weitere Funktionen der Betreuungsgruppen als Knoten des Netzwerkes (vgl. Abb. 8.3) identifiziert werden: Die Arbeit der verantwortlich leitenden Fachkraft etabliert „Kompetenz für Demenz vor Ort" und sichert einen effektiven Beratungserfolg mit Informationen zum Krankheitsbild, zu einzelnen Symptomen oder zum Umgang mit der Symptomatik. Copingverhalten der Angehörigen kann in Einzelfällen gezielt gefördert werden. Nicht zu unterschätzen ist das Selbsthilfepotential durch die Möglichkeit eines regelmäßigen Austauschs und den Kontakt der pflegenden Angehörigen untereinander. Essenziell sind die Standorte in der Gewinnung, Schulung, der sogenannten „Praktikumsphase" und einer langfristigen Begleitung der ehrenamtlichen Helfer. Die „zentren *plus*" und die Betreuungsgruppen im Quartier haben somit eine Funktion als Vermittlerstelle für die Betroffenen zu den geeigneten bzw. benötigten Angeboten. Der Aufhebung der Isolation der betroffenen Familien durch den Besuch der Gruppe ist ein hoher Stellenwert beizumessen. Wie dargestellt, sind die Betreuungsgruppen *Eintrittsstelle* ins Hilfesystem für die Betroffenen und ihre Familien vordergründig *in von „Krankheit losgelösten, unabhängigen" Institutionen* der Altenarbeit. Dies entspricht dem Ideal von Teilhabe und gelebter Inklusion und ist Vernetzung² (zum Quadrat). Ausgehend von den „zentren *plus*" unter Einbeziehung der zuständigen Stadtbezirkskonferenzen sind im Quartier weitere beispielgebende Projekte entwickelt worden.

Abb. 8.3: Betreuungsgruppen als Knotenpunkte der Netzwerkarbeit.

Aktuell wird in einem Stadtbezirk ein Pilotprojekt durchgeführt, in dem Geschäftsleute, Mitarbeiter von Banken und andere Mitglieder der Gemeinde zum Umgang mit demenzerkrankten Menschen geschult werden. „Lotsen" als Begleitung bei Behördengängen oder für Besuche beim Arzt wurden qualifiziert, Stadtspaziergänge etabliert und Hinweise auf Hilfen multimedial, z.B. als Film, aufbereitet. Die ersten Ergebnisse der DemNet-D Studie bestätigten die aus der täglichen Erfahrung abgeleiteten Hinweise, wonach die Nutzer in Demenznetzwerken „soziale Inklusion" erleben und ihre Lebensqualität als moderat bis gut einschätzen (vgl. Wolf-Ostermann 2015 a). Die Zufriedenheit mit den Netzwerkangeboten bleibt über den Untersuchungszeitraum von einem Jahr konstant gut (Wolf-Ostermann 2015 b). Eine Literaturstudie zur Nutzung von Entlastungsangeboten durch pflegende Angehörige (vgl. Schilder & Florian 2012) hat aufgezeigt, dass für eine Nutzung entlastender Angebote ein direkter Kontakt essentiell ist. Kurze Wege und die Anbindung an die offene Altenhilfe leisten somit einen wichtigen Beitrag. In dieser Übersichtsarbeit wurde zudem darauf verwiesen, dass die Nutzung von Entlastungsangeboten sowohl die Gesundheit als auch die Selbstpflege betreuender Angehörigen steigert. Das intrafamiliäre Kommunikations-verhalten kann verbessert, mögliche Konflikte innerhalb des Familiensystems reduziert werden. Hochgraeber et al. (2014) identifizierten zunächst in der Literatur vorhandene Aspekte der Nutzung niedrigschwelliger Angebote und befragten in einem zweiten Schritt Mitarbeiter wie auch Angehörige von solchen Angeboten zu ihrer Einschätzung und Bewertung dieser Aspekte. Als Einschätzungskriterien der niedrigschwelligen Angebote dienen organisatorische Aspekte, inhaltlich relevante Aspekte der Ausgestaltung der Angebote sowie Aspekte der «Niedrigschwelligkeit» (vgl. Hochgraeber 2014, S. 8). Dabei zeigte sich, dass die inhaltliche Ausrichtung der Angebote an den Bedürfnissen der Menschen mit Demenz das wesentliche Kriterium für die Angehörigen ist.

Werden diese Aspekte auf die Betreuungsgruppen des Demenznetz Düsseldorf übertragen, so zeigt sich, dass die Kriterien nach Hochgraeber (2014) erreicht werden: die Betreuungsgruppen sind wohnortnah, die Leistung erfolgt zeitnah und ohne Kostenaufwand (bzw. sind die Kosten nach SGB XI §45b erstattbar), so dass der Forderung nach „Niedrigschwelligkeit" nachgekommen wird. Somit wird auf gesellschaftlicher Ebene der Forderung nach Öffnung ebenso wie einer Sensibilisierung (vgl. Thyrian et al. 2011, S. 466) nachgekommen. Im Demenznetz Düsseldorf ist es gelungen, verschiedene Akteure zu vereinen: diese Form der Arbeit fördert und stärkt die Zusammenarbeit von Fachkräften der unterschiedlichsten Berufsgruppen sowie ehrenamtlich engagierter Menschen. Unterschiedlichste Kompetenzen vor Ort werden gebündelt, Ressourcen werden offen gelegt und vor allem Synergieeffekte können erst entstehen. Doppelstrukturen werden vermieden. Durch die Bündelung der Erfahrung ist eine Weiterentwicklung der Angebotsstruktur abgestimmt auf die Bedürfnisse der Betroffenen erst möglich. Der Verbindung von Fachlichkeit und ehrenamtlichem Engagement kommt ein besonderer Stellenwert zu. Auch zukünftig wird eine niedrigschwellige Unterstützung in weiter steigendem Umfang ohne die Einbindung von Ehrenamt nicht möglich sein. Die Einbindung von ehrenamtlichen Helfern muss systematisch und koordiniert erfolgen. Die Bürger müssen sich eingeladen fühlen (Sütterlin, 2011). Das Bundesgesundheitsministerium (2004) beschreibt zudem, „einen entscheidenden „Nebeneffekt" der Inanspruchnahme von niedrigschwelliger Hilfe: dies resultiert häufig in einer größeren Aufgeschlossenheit pflegender Angehöriger gegenüber weiteren Entlastungsangeboten (vgl. Thyrian 2015). Die Einbindung der einzelnen Angebote in eine Gesamtstruktur bietet für die Nutzer den Vorteil dass verschiedene Hilfsangebote „nah beieinanderliegen". Dabei muss die Netzwerkarbeit auf politischer Ebene fest verankert sein, so dass Verantwortliche und Aktive im Dialog bleiben und ein Abstimmen bedarfsgerecht und zeitnah erfolgen kann. In Düsseldorf konnte dies über die regelmäßige Teilnahme an der Konferenz „Alter und Pflege" realisiert werden. Die Standorte im Quartier tragen dazu bei, dass die erkrankten Menschen eine breit gefächerte Palette verschiedener Hilfen nah am Wohnort vorfinden, die ohne bürokratischen Aufwand genutzt werden können und durch eine Implementierung dieser benötigten Unterstützungsangebote der Verbleib in der Häuslichkeit ermöglicht/verlängert/ erleichtert/gestärkt werden kann. In 10 Jahren Netzwerkarbeit ist es zudem gelungen, nicht nur den Menschen mit Demenz sondern das gesamte familiäre Umfeld in den Blick zu nehmen, so dass den komplexen Pflegearrangements in der Häuslichkeit Rechnung getragen werden kann.

Zusammenfassend lässt sich festhalten, dass der Herausforderung Demenz nicht eindimensional begegnet werden kann – so reicht weder medizinische Diagnostik und Therapie allein noch die isolierte pflegerische Versorgung aus. Wie auch Sütterlin et al. (2011) festhalten, kann dieser Herausforderung nur über ein Netzwerk verschiedener Akteure – unterschiedliche Berufsgruppen, professioneller wie auch ehrenamtlicher Helfer/-innen – gelingen und nur auf diesem Weg ist eine Einbindung der Menschen mit Demenz in die Gesellschaft möglich.

9 Take-Home-Message/Fazit

- Netzwerke sind ein Schlüssel, den Herausforderungen in der Versorgung von Menschen mit Demenz zu begegnen.
- Synergieeffekte nutzen bzgl. *Fachkompetenz*, z.B. Leitung einer Betreuungsgruppe/Case-Manager/-in am Zentrum plus vor Ort im Quartier.
- Synergieeffekte nutzen bzgl. der Mitarbeit ehrenamtlicher Helfer/-innen z.B. Gewinnung, Schulung und mindestens mittelfristiger Adhärenz zum Netzwerk,
- Synergieeffekte nutzen bzgl. Räumlichkeiten und Verwaltungsaufgaben
- Ein Einbezug der politischen Ebene ist essentiell.
- Standardisiertes Vorgehen dient der Qualitätssicherung und sorgt zudem für Transparenz bei den Nutzern und Mittelgebern.
- Die Koppelung an Institutionen der offenen Altenarbeit im Quartier leistet einen wichtigen Beitrag zur Inklusion von Menschen mit Demenz.

Literatur

Bickel, H. (2014). Die Häufigkeit von Demenzerkrankungen. In Deutsche Alzheimer Gesellschaft (Hrsg.), *Das Wichtigste 1*. Berlin.

Bundesministerium für Familie, Senioren, Frauen und Jugend [BMFSFJ] (Hrsg.) (2004). *Altenhilfestrukturen der Zukunft. Abschlussbericht der wissenschaftlichen Begleitforschung zum Bundesmodellprogramm*. Lage: Jacobs.

Bundesregierung (2012). Pflegeversicherung wird reformiert. https://www.bundesregierung.de/ContentArchiv/DE/Archiv17/Artikel/2012/03/2012-03-28-gesetz-zur-pflegereform.html. Zugegriffen: 1. September 2015.

Deutsche Gesellschaft für Psychiatrie und Psychotherapie, Psychosomatik und Nervenheilkunde [DGPPN] (Hrsg.). (2015). S3-Leitlinie „Demenzen" (Langversion – 1. Reversion, August 2015). https://www.dgppn.de/fileadmin/user_upload/_medien/download/pdf/kurzversionleitlinien/REV_S3-leiltlinie-demenzen.pdf. Zugegriffen: 14.Oktober 2015.

Grass-Kapanke, B., Kunczik, T., & Gutzmann, H. (2008). *Studie zur Demenzversorgung im ambulanten Sektor – DIAS*. Berlin: Deutsche Gesellschaft für Gerontopsychiatrie und -psychotherapie.

Hauser, U., & Schneider-Schelte, H. (2008). Allein lebende Demenzkranke. Zu Hause bleiben „so lange es geht". *Alzheimer Info 3*, 1-4.

Heinrich, S., & Holle, B. (2015). *Wissensmanagement in Demenznetzwerken*. Poster auf der Abschlussveranstaltung der Zukunftswerkstatt Demenz, 21.September 2015, Berlin: Bundesgesundheitsministerium.

Hipp, S. (2009). *Betreuungsgruppen für Demenzkranke. Informationen und Tipps zum Aufbau. Praxisreihe der Deutschen Alzheimer Gesellschaft e.V.* (Bd. 1, 4., aktualisierte Aufl.). Berlin: Deutsche Alzheimer Gesellschaft e.V.

Hochgraeber, I., Dortmann, O., Bartholomeyczik, S., & Holle, B. (2014). Niedrigschwellige Betreuungsangebote für Menschen mit Demenz aus Sicht pflegender Angehöriger. *Pflege 21 (1)*, 7-18.

Höft, B., Sadeghi-Seragi, A., List, M., & Supprian, T. (2011). Die Einbindung von Menschen mit Demenz und fehlendem Krankheitserleben in ein ambulantes Hilfesystem durch gerontopsychiatrische Hausbesuche. *Psychiatrische Praxis 38*, 198-200.

Landeshauptstadt Düsseldorf, Amt für Wahlen und Statistik (Hrsg.). (2013). Pflegesituation in Düsseldorf. Kommunale Sozialberichterstattung. http://www.duesseldorf.de/statistik/stadtforschung/download/sb_pflege.pdf. Zugegriffen: 12. Oktober 2015.

Schäfer-Walkmann, S. (2014). *Steuerung von Demenznetzwerken – Schlüssel für Nachhaltigkeit.* Vortrag im Rahmen der Festveranstaltung 10 Jahre Demenznetz Düsseldorf. www.demenz-service-nrw.de/Meldungen aus der Region/Festakt 10 Jahre Demenznetz Düsseldorf. Zugegriffen: 14. Oktober 2015.

Schilder, M., & Florian, S. (2012). Die Entlastung pflegender Angehöriger von Menschen mit Demenz durch niedrigschwellige Betreuungsgruppen aus der Sicht der Nutzer und der Angehörigen, *Pflege & Gesellschaft 17*(3), 248-269.

Sütterlin, S., Hoßmann, I., & Klingholz, R. (2011). *Demenzreport—Wie sich die Regionen in Deutschland, Österreich und der Schweiz auf die Alterung der Gesellschaft vorbereiten können.* Berlin: Berlin-Institut für Bevölkerung und Entwicklung.

Thyrian, J. R. (2015). *Ambulant ärztliche, medikamentöse und nicht-medikamentöse Therapien in Netzwerkstrukturen.* Poster auf der Abschlussveranstaltung der Zukunftswerkstatt Demenz, 21.September 2015, Berlin: Bundesgesundheitsministerium.

Thyrian, J. R., Dreier, A., Fendrich, K., Lueke, S., & Hoffmann, W. (2011). Demenzerkrankungen. Wirksame Konzepte gesucht. *Deutsches Ärzteblatt 108*(38). A 1954-A1956.

Verhülsdonk, S., Supprian, T., & Höft, B. (2016). Gerontopsychiatrische Hausbesuche bei Menschen mit Demenz und Anosognosie - Ergebnisse eines Modellprojektes. *Zeitschrift für Gerontologie und Geriatrie.* Published online 15.01.2016, DOI 10.1007/s00391-015-1018-5.

Wolf-Ostermann, K., Gräske, J., Meyer, S., & Schmidt, A. (2015a). *Inanspruchnahme von Netzwerkleistungen und Versorgungsergebnisse (- Wissenschaft).* Poster auf der Abschlussveranstaltung der Zukunftswerkstatt Demenz, 21. September 2015, Berlin: Bundesgesundheitsministerium.

Wolf-Ostermann, K., Gräske, J., Meyer, S., & Schmidt, A. (2015b). *Inanspruchnahme von Netzwerkleistungen und Versorgungsergebnisse (- Praxis).* Poster auf der Abschlussveranstaltung der Zukunftswerkstatt Demenz, 21. September 2015, Berlin: Bundesgesundheitsministerium.

Zank, S., Schacke, C., & Leipold, B. (2007). Längsschnittstudie zur Belastung pflegender Angehöriger von dementiell Erkrankten (LEANDER): Ergebnisse der Evaluation von Entlastungsangeboten. *Zeitschrift für Gerontopsychologie und –psychiatrie 20*(4), 239-255. (download 09.10.2015: http://econtent.hogrefe.com/doi/full/10.1024/1011-6877.20.4.239)

Auf dem Weg in eine inklusive Gemeinde – Veränderte Versorgungsarrangements im ländlichen Bereich am Beispiel des Modellprojekts „Wir daheim in Graben – Ein Inklusions- und Sozialraumprojekt"

Annette Plankensteiner

1 Modellprojekt „Wir daheim in Graben"

1.1 Konzeption

Die Auseinandersetzung mit den Folgen des demografischen Wandels stellt vor allem Gemeinden im ländlichen Raum vor neue Herausforderungen. Neben der Frage, wie das Gemeindeleben vor dem Hintergrund einer schrumpfenden und alternden Dorfbevölkerung noch weiter aufrechterhalten bzw. wie eine Gemeinde auch für Familien wieder attraktiv gemacht werden kann, ist die Frage einer adäquaten Versorgung und Teilhabe von alternden und älteren Menschen zu beantworten, um diesem Personenkreis möglichst lange ein Leben in der vertrauten Wohnumgebung zu ermöglichen. Eine Reduktion der Problemlage auf die Schaffung von altersgerechtem Wohnraum, Barrierefreiheit im öffentlichen Raum oder die Implementierung von Seniorentreffs erweist sich für die Lösung des Problems als wenig hilfreich. Vielmehr wird die Frage virulent, wie sich Hilfen und Angebote für ältere Menschen mit Unterstützungs- und Teilhabebedarfen innerhalb ihrer gewohnten Lebenswelt anders als bisher organisierten lassen, um nicht nur bestehende Defizite zu kompensieren, sondern zugleich Lebensqualität zu erhalten.

Das hier vorgestellte Inklusionsprojekt in „Wir daheim in Graben"[21] stellt einen Versuch dar, der geschilderten Herausforderung zu begegnen. Im Rahmen des auf drei Jahre angelegten Pilotprojekts (2014-2016) wurde und wird modellhaft erprobt, wie unterschiedliche inklusions- und sozialraumorientierte Hilfearrangements – verstanden als flankierendes bzw. ergänzendes Angebot zu sozialstaatlichen und professionell erbrachten Leistungen – gestaltet werden können, um Menschen mit einem wie auch immer gearteten Spektrum an Hilfe-, Teilhabe- und Unterstützungsbedarfen einen Verbleib in ihrer gewohnten Wohnumgebung zu ermöglichen. Ziel ist es, aus den lokalen Strukturen des Gemeinwesens und der Gemeinde her-

---

21 Nähere Informationen zum Projekt finden sich auf der Homepage der Gemeinde Graben abzurufen unter http://www.graben.de/index.php?id=0,147.

aus, d.h. aus der Praxis vor Ort, verschiedene Ansätze der Kooperations- und Vernetzungsarbeit zwischen haupt-, neben- und ehrenamtlichen Ressourcen zu erproben bzw. bei Bedarf neue Angebote aufzubauen, um die Unterstützung von bzw. für hilfe- und unterstützungsbedürftige Menschen entsprechend der Leitmaxime „ambulant vor stationär" dauerhaft und nachhaltig zu verändern. Die gegebene Problemstellung, eine Gemeinde so zu gestalten, dass ein Verbleib aller Bürger/ -innen in ihrer Heimatgemeinde, sofern dies gewünscht ist, auch verwirklicht werden kann, erfordert ein ganzheitliches ausgerichtetes Teilhabekonzept. Deshalb ist das Projekt „Wir – Daheim in Graben!" – wie sein Beisatz ‚Inklusion- und Sozialraumprojekt' bereits verdeutlicht – in die aktuelle Programmatik eines konzeptionell weit gefassten Inklusionsbegriffs einzustellen. Die zentrale Leitidee dieser Programmatik zeichnet sich durch die Vorstellung einer Gesellschaft aus, deren Merkmal die Gewährung einer selbstbestimmten, unbedingten Teilhabe aller Bürgerinnen und Bürger an relevanten gesellschaftlichen Bereichen ist.

Die Programmatik der Inklusion, wie sie aus den UN-Behindertenrechtskonventionen abgeleitet wurde, mahnt nicht nur die bedingungslose Gewährung von Teilhabechancen an, vielmehr setzt sie zugleich ein verändertes Verständnis von Hilfe- und Unterstützungsleistungen voraus. Letzteres verweist auf eine Priorisierung von Regelstrukturen und auf eine Vermeidung der Unterbringung in separierenden Einrichtungen. Ein auf Inklusion ausgerichteter Handlungsansatz ist deshalb prinzipiell teilhabefördernd, d.h. es gilt institutionelle, soziale und kulturelle Ausgrenzungen systematisch zu vermeiden (vgl. Lampke et al. 2011, S. 14).

1.2 Vorgehen der wissenschaftlichen Begleitforschung

Für die dreijährige Implementierungsphase des Inklusionsbüros wurde eine wissenschaftliche Begleitung beauftragt, deren Auftrag es ist, die Wirkung der zur Umsetzung der Projektidee unternommenen Schritte und Maßnahmen aus Sicht aller Beteiligten einzufangen, den Projektverlauf umfassend zu dokumentieren und die gewonnenen Erfahrungen sowie Erkenntnisse anderen Gemeinden zugänglich zu machen. Die Begleitforschung zeichnet sich im Wesentlichen durch drei Gruppen von Fragen aus, die sämtlich auf den explorativen Modellcharakter des Pilotprojekts zugeschnitten sind. Bezogen auf die Ebene der Praxis ist danach zu fragen, wie das Inklusionsbüro als „niederschwellige" Anlaufstelle etabliert werden kann, sodass hilfebedürftige Personen ihre Anfragen bzw. Bedarfslagen als kommunizierbar erachten und wie sich eine Akzeptanz für das Projekt erreichen lässt. Welche praktischen Anliegen werden von den Bürgerinnen und Bürgern an das Inklusionsbüro herangetragen und wie gelingt es, geeignete Maßnahmen zur Verfügung zu stellen?

Bezogen auf die Ebene der Strukturen gilt es zu beobachten, ob und wie sich die bestehenden Gemeindestrukturen verändern und ob es gelingt, ein umfängliches Versorgungsnetzwerk verfügbar zu machen.

Schließlich gilt es sog. „Gelingensfaktoren" zu identifizieren, die Auskunft darüber geben, welcher Grad an Institutionalisierung notwendig ist und wie Organisationsabläufe für die Herausbildung eines inklusiven Gemeinwesens optimiert werden können.

Die wissenschaftliche Begleitforschung ist an der qualitativen, nicht-standardisierten Forschungstradition ausgerichtet und sieht eine formative Evaluation des Modellprojekts auf drei Ebenen vor. Auf der Ebene des Inklusionsbüros wird systematisch Wissen zur Dokumentation der Praxis des Inklusionsbüros gesammelt und für die weitere Planung aufbereitet. Diese Wissenssammlung geschieht in Form regelmäßiger Austauschgespräche mit der zuständigen Fachkraft. Die zweite Beobachtungsebene stellt das Gemeinwesen selbst dar. Hier gilt es Veränderungen, die mit der Projektidee korrespondieren, zu identifizieren und zu beschreiben. Zu diesem Zweck wurden entsprechende Veranstaltungen besucht und beobachtet sowie Interviews mit relevanten Akteuren im Feld geführt.

2 Befunde aus der wissenschaftlichen Begleitforschung

2.1 Inklusionsverständnis im Kontext des Projekts

Die Programmatik der Inklusion als handlungsleitendes Konzept des Modellprojekts stellt auf die Abkehr einer Praxis, die sich vorrangig auf die Zusammenfassung von Bedarfslagen in Maßnahmen und dem Wesen nach separierenden Einrichtungen spezialisiert hat, ab. Im Zentrum des Konzepts steht die Vorstellung einer inklusiven Gesellschaft, die sich durch eine Gemeinschaft der Bürgerinnen und Bürger im Sinne einer weitgehenden Verantwortungsübernahme aller Bürger für alle Bürger auszeichnet. Bürgerschaftliches Engagement wird dabei als Schlüsselfunktion eines inklusiven Gemeinwesens gesehen. Soziale Arbeit hat in diesem Kontext den Auftrag Beteiligungskulturen zu etablieren, bürgerschaftliches Engagement anzuleiten und Regelangebote zu erschließen.

Leitbegriffe der Profession, die unter dem Konzept der Inklusion zu subsumieren wären, sind Teilhabe und Selbstbestimmung, sozialräumliche Arbeit, Gemeinwesen-orientierung und Community Care. Letzteres verweist auf die bereits angedeutete Verantwortungsübernahme aller für alle, also die Sorge einer Gemeinde für alle ihre Bürger/-innen. Spezialisierte und dem Wesen nach separierende Angebote sind nur dann einzusetzen, wenn dies die Bedürfnislage der Betroffenen erfordert bzw. der Wunsch explizit geäußert wird. Angesprochen ist ein Welfare-Mix, der einer spezifischen Priorisierung folgt. Durch die Bürgerinnen und Bürger sowie die Gemeinschaft erbrachte Unterstützungsleistungen werden unter dem Dach inklusiver Gemeindestrukturen als vorrangig verstanden, während spezialisierte Angebote nachrangig, aber nicht weniger bedeutsam sind. An dieser Stelle wird deutlich, dass Inklusion keine Abkehr von professioneller Hilfe meint, sondern diese mit alternativen Angeboten flankiert und demnach ergänzt. Ziel ist es Unterstützungsnetzwerke zu implementieren, die einen möglichst langen Verbleib in der gewohnten Wohnumgebung sicherstellen, ohne dabei professionell erbrachte Dienstleistungen zu unterlaufen. Dazu bedarf es vorrangig einer veränderten Haltung, sowohl gegenüber den Menschen mit Unterstützungsbedarf (Recht auf Teilhabe und Selbstbestimmung), als auch gegenüber separierenden und ‚besondernden' Einrichtungen (vgl. Hinz et al. 2012, S. 22f.). Damit ist Inklusion nicht länger nur eine Frage der Barrierefreiheit, sondern vor allem der Einstellung im Umgang mit Bedarfen, Bedürfnissen und Belangen unterstützungsbedürftiger Menschen.

Dem Anspruch nach richtet sich das Inklusionskonzept in diesem Modellprojekt dezidiert an jeden Bürger und jede Bürgerin. So wurden auch vorab keine Beschränkungen der potenziellen Adressaten unter Kriterien wie Grad der Behinderung, Alter, Pflege- oder (formaler) Hilfebedürftigkeit vorgenommen, auch wenn beeinträchtigte und/oder (pflegebedürftige) ältere Menschen als primäre Zielgruppe des Projekts benannt werden.

Mit diesem breit angelegten Inklusionsverständnis, das – im Gegensatz zu vielen anderen Inklusionsprojekten, die vor allem als Reaktion auf die UN-Behindertenrechtskonvention deutschlandweit entstanden (vgl. Lampke et al. 2011, S. 9) und sich oftmals vor allem auf die Herstellung einer barrierefreien öffentlichen Infrastruktur konzentrieren[22] – ist Inklusion hier nicht auf Menschen mit Behinderung beschränkt. Damit verändert sich auch die Stoßrichtung der Inklusionsbemühungen. Während Menschen mit Behinderung aufgrund der bestehenden Praxis bereits von Ausschließung betroffen sind und Inklusion darauf abzielt, verschiedenste Formen der Besonderung und Separierung sukzessive abzubauen, um diesem Personenkreis Teilhabechancen zu eröffnen, hat der im Modellprojekt verfolgte Inklusionsgedanke vorrangig präventiven Charakter. Menschen soll, so die Maßgabe des Projekts, möglichst lange und trotz einer eventuellen Potenzierung des dann u.U. dauerhaften Unterstützungsbedarfs ein Leben in der Gemeinde ermöglicht werden. Es gilt also nicht, Menschen aus der Besonderung herauszuholen,

---

22 Als prototypisches Beispiel ließe sich etwa der „Aktionsplan Inklusion" anführen, der auch im Landkreis Augsburg umgesetzt wird. Eine erste Übersicht der zahlreichen anderen ins Leben gerufenen Projekte liefert die aus einer Initiative der Beauftragten der Bundesregierung für Belange behinderter Menschen 2014 hervorgegangene sog. „Inklusionslandkarte" unter www.inklusionslandkarte.de / IKL/Startseite / Startseite _node.html (Abruf: 02.04.2015).

sondern vor Besonderung, Separation und sozialer Isolation zu bewahren. Eine inklusive Gemeinde zeichnet sich dadurch aus, allen Bürgerinnen und Bürgern einen Verbleib in der Gemeinde zu garantieren. Dazu ist es jedoch nicht nur notwendig Bürgerinnen und Bürger für die Gestaltung und Erprobung einer inklusiven Gemeinde zu gewinnen, vielmehr müssen entsprechende Bedarfslagen identifiziert werden. In der konkreten Praxis heißt dies, Bürger/-innen, deren Unterstützungsbedarf noch so gering ist, dass sie noch keiner professionellen Unterstützung bedürfen, muss dieser mit Hinblick auf mögliche Exklusionsgefahren bewusst gemacht werden. Damit ergibt sich eine andere Qualität der Herausforderung der Zumutungen für die alltäglichen Handlungsbezüge, als dies bei Menschen mit Behinderung der Fall wäre. Statt verwehrte Teilhabechancen wieder zu eröffnen, muss in präventiven Inklusionsprozessen eine mögliche Exklusionsgefahr antizipiert und das Handeln darauf ausgerichtet werden.

Dieses erweiterte Inklusionsverständnis adressiert deshalb auch noch nicht ausgeschlossene Personen. Der Anspruch des Projekts ist es, Exklusionsprozesse – im Sinne eines ungewollten Verlassens der Gemeinde – systematisch zu vermeiden. Menschen soll der Verbleib in ihrer Heimatgemeinde ermöglicht werden, für die Gewährung dieses Versprechens ist es völlig unerheblich, worauf der Unterstützungsbedarf beruht. Im Mittelpunkt einer inklusiven Gemeinde steht die Sorge einer ungewollten Ausgrenzung von Gemeindemitgliedern.

2.2 Koordination und Begleitung präventiver Inklusionsarbeit

Um diesem „präventiven" Inklusionsverständnis gerecht zu werden, wurde ein sogenanntes Inklusionsbüro, als Beratungs-, Koordinations- und Kooperationsstelle in den Räumen der Gemeindeverwaltung eingerichtet. Organisatorisch wurde das Inklusionsbüro mit der Seniorenbeauftragten der Gemeinde Graben verknüpft und mit einer sozialpädagogischen Fachkraft besetzt.

Die strukturelle Kopplung des Inklusionsbüros an die Stelle der Seniorenbeauftragten erweist sich mit Hinblick auf die dargestellte Aufgabenstellung als hilfreich. Die Stelle des Seniorenbeauftragten fungiert – qua Tätigkeitsprofil – als eine zentrale ‚Vermittlerstelle' zu den unterschiedlichen relevanten Akteursebenen (Einrichtungen und Dienste, ehrenamtliche Helferinnen und Helfer, Kirchengemeinden und Seniorenvereinigungen) und kann selbst als bereits vorhandene Ressource genutzt werden.

Das Inklusionsbüro als zentrale Anlaufstelle in der Gemeinde hat vorrangig die Funktion sämtliche Belange, die mit der Umsetzung eines inklusiven Gemeinwesens in Verbindung zu bringen sind, zu bündeln. Die Aufgaben reichen von Vernetzung, Moderation, Strukturierung von Prozessen bis hin zur Belebung und Aufrechterhaltung bereits implementierter Projekte. Bezogen auf Inklusionsanfragen fungiert das Büro einerseits als eine Art ‚clearing-Stelle‘, da hier Anliegen formuliert werden, für die es in der Gemeinde sonst keinen klaren Ansprechpartner bzw. keine eindeutigen Zuständigkeiten gibt, andererseits müssen im Rahmen einer Einzelfallberatung Inklusionsbedarfe identifiziert und mit einem entsprechenden Unterstützungsnetzwerk befriedigt werden. Im Einzelnen bedeutet dies, dass die im Inklusionsbüro tätige Fachkraft konkrete Einzelanfragen bearbeitet, wobei es selbstverständlich nicht um die Durchführung der jeweils erforderlichen Interventionsmaßnahmen gehen kann, sondern die Beratung bzw. Weitervermittlung an das (semi-) professionelle Helfersystem oder an die Bereiche Nachbarschaftshilfe, Ehrenamt und Selbsthilfe im Zentrum steht. Gleichwohl gilt es im Rahmen einer Einzelfallberatung typische Inklusionsbedarfe zu identifizieren, auf deren Basis der bereits angesprochene Welfare-Mix implementiert werden kann. Dabei wird deutlich, dass gerade der Bereich nebenamtlich erbrachter haushaltsnaher Dienstleistungen, welcher zwischen professionellen Pflege-/Dienstleistungen und ehrenamtlich erbrachter Unterstützungsleistungen zu verorten ist, einer intensiven Bearbeitung bedarf. Gerade die Verknappung familialer Ressourcen lässt Versorgungsdefizite entstehen, die weder durch Pflegedienste noch durch bürgerschaftliches Engagement gedeckt werden können, weil Pflegedienste den adressierten Tätigkeitsbereich nicht abdecken und Ehrenamt damit prinzipiell überfordert würde. Angesprochen ist eine Verschränkung von Care und Haushaltsdienstleistungen, welche mit einem besonderen Tätigkeitsprofil verbunden ist, das wiederum eine Reihe von Herausforderungen an das Nebenamt impliziert. Zum einen muss die Leistung im Privaten erbracht werden, damit wird ein Einblick in die Intimsphäre der Auftraggeberinnen und Auftraggeber notwendig, der sowohl auf Seiten des Auftraggebers als auch des Auftragnehmers eine Überschreitung von Schamgrenzen nach sich zieht. Zum anderen können die Leistungen nicht ausschließlich zu den Normalarbeitszeiten erbracht werden, sodass eine Nähe zu unbezahlter Arbeit, wie sie von Familienmitgliedern geleistet wird, assoziiert wird (vgl. Kreimer 2014, S. 199) Aus diesem Grund werden derartige Unterstützungsleistungen auch vorrangig im Bereich nebenamtlich oder ehrenamtlich erbrachter Dienstleistungen verortet. Darüber hinaus bestehen subjektive Grenzen für die eingesetzte Person, weil auch Anteile affektiver Arbeit anzunehmen sind und der Umgang mit Krankheit, Gebrechlichkeit und ggf. Tod eine individuelle Abgrenzung erschwert (vgl. ebd.). Neben diesen, der Tätigkeit immanenten Hürden, gilt es geeignete Finanzierungsformen zu finden, um den nebenamtlich Tätigen arbeitsrechtliche Sicherheit zu gewährleisten. Die Gewinnung von Nebenamtlichen erweist sich vor dem Hintergrund der genannten Aspekte als besondere Herausforderung auf dem Weg in eine inklusive Gemeinde.

Neben der Beratung von Bürger/innen mit besonderem Unterstützungsbedarf stellt die Begleitung von Laienhelfer/-innen und Selbsthilfegruppen eine weitere Säule der Arbeit dar, da bürgerschaftliches Engagement nicht sich selbst überlassen werden kann. Um Bürger/-innen zu befähigen, ist professionelle Beratung und Unterstützung notwendiger Bestandteil der Förderung von Bürgerbeteiligung. Zu den auf diesem Feld anfallenden Tätigkeiten zählen Auskünfte zu Versicherungs- und rechtlichen Fragen ebenso wie Unterstützung der Öffentlichkeitsarbeit oder organisatorische Tätigkeiten wie die Vermittlung von Räumlichkeiten, die Zusammenführung von Interessierten, die Anbindung an eine Freiwilligenagentur oder die Anmeldung zu ehrenamtlichen Schulungen. Darüber hinaus werden Bürgerinnen und Bürger, die Interesse an einem bürgerschaftlichen Engagement bekunden, auf mögliche Betätigungsfelder hingewiesen und bei Bedarf in ihrem Ehrenamt begleitet.

Einen weiteren Tätigkeitsbereich stellen präventive Maßnahmen, bspw. in Form der Entwicklung von Lebensplänen für das Alter, dar. Auf diesem Gebiet wurden bspw. im Laufe der drei Projektjahre zusammen mit der Gemeinde Informationsveranstaltungen zu verschiedenen Themenschwerpunkten wie ‚altersgerechtes Wohnen', ‚Kostenträgerschaften' oder ‚Patientenverfügungen' organisiert.

Eine anders gelagerte Aufgabenstellung zur Erreichung einer nachhaltigen Wirksamkeit des Projekts im Sinne einer Übertragung dieser Aufgabe in das Gemeinwesen, stellt die Implementierung eines tragfähigen Unterstützungsnetzwerks dar. Auf der Basis dieses Netzwerkes, welches Regelangebote (Vereine, Seniorenclubs), bürgerschaftliches Engagement, professionelle Dienstleister, Einrichtungen und Institutionen sowie nebenamtliche Helfer/-innen beinhaltet, kann es gelingen passgenaue Unterstützungsangebote für unterschiedlichste Bedarfslagen zur Verfügung zu stellen. Die Tätigkeit des Inklusionsbüros kann in diesem Zusammenhang dazu genutzt werden, modellhaft zu testen, wie unterschiedliche inklusions- und sozialraumorientierte Hilfen – in Übereinstimmung mit der eingangs betonten Flankierung bzw. Ergänzung sozialstaatlicher Leistungen – gestaltet werden könn(t)en, um Menschen mit einem wie auch immer gearteten Spektrum an Hilfe- und Unterstützungsbedarfen zu ermöglichen, in ihrer Heimat selbstbestimmt wohnen zu bleiben. Die zentrale Aufgabe des Inklusionsbüros besteht in dem Zusammenhang darin, Teilhabechancen an Regelangeboten und Regelbezügen zu erschließen und in der Folge dauerhaft zu eröffnen sowie eine ganzheitliche Versorgung in der gewohnten Wohnumgebung sicherzustellen.

2.3 Befunde aus der Praxis des Inklusionsbüros

Als zentrale Instrumente zur Umsetzung inklusiver Gemeinwesenarbeit haben sich der sog. ‚Helferpool' und die ‚Themengruppe' herauskristallisiert, die seither das bürgerschaftliche Engagement in Graben koordinieren, kanalisieren, unterstützen und fördern.

Der Helferpool versteht sich als eine Form der organisierten Nachbarschaftshilfe. Er stellt ein funktionales und zweckgerichtetes Netzwerk dar, welches langfristig eine generationenübergreifende Zusammenarbeit entlang identifizierter Unterstützungsbedarfe garantieren soll. Als niederschwelliges Angebot ist er fest in die Gemeindestrukturen eingebunden. Die Trägerschaft (inklusive der Gesamtverantwortung) für den Helferpool hat die Gemeindeverwaltung übernommen, sodass die Helfenden während ihrer ehrenamtlichen Tätigkeiten durch die Unfall, Haftpflicht- und Rabattverlustversicherung der Gemeinde abgesichert sind. Zudem steht für Einkaufs- oder Arztfahrten ein siebensitziges Gemeindefahrzeug zur Verfügung.

Der Helferpool besteht aus 57 gemeldeten freiwilligen Helferinnen und Helfer, die den Alltag unterstützungsbedürftiger Menschen mit „kleinen Gefallen" erleichtern wollen. Die Unterstützungsangebote des Helferpools richten sich prinzipiell an jeden Mitbürger von Graben. Die Leistungen werden unabhängig vom Alter der Anfragenden und unentgeltlich erbracht. Eine finanzielle Aufwandsentschädigung besteht derzeit nicht und wird von den Akteuren als eine Art Tabu gerahmt. So berichtete eine Bürgerin, nachdem sie an einer Schulung teilgenommen und dort Erfahrungsberichte aus anderen Gemeinden gehört hatte, zu ihrer Wahrnehmung entgeltlicher Leistungen im Ehrenamt:

> „Da sind wir schon erschrocken. Also ich finde halt, die haben auch die Dauerleute muss ich sagen, die gehen in der Früh und tun abspülen, die machen den ganzen Haushalt für die älteren Leute und sie sagt halt, das war eine Anwältin, war das, die Leute, wo das beanspruchen, die können das auch bezahlen und *dann habe ich mir gedacht, was ist da ehrenamtlich. [...] Dann brauche ich nicht Nachbarschaftshilfe machen und ehrenamtlich das machen,* weil da kann *ich dann auch sagen, ich gehe jetzt in einen Haushalt und lasse es mir zahlen. [...] Aber das ist ja nicht der Sinn der Sache,* ja das ist ja wieder Druck, finde ich."

An dieser Stelle wird das weiter oben erwähnte Spannungsfeld zwischen professionellen Dienstleistern, nebenamtlich erbrachten Unterstützungsleistungen und ehrenamtlichen Helfern deutlich. Die Implementierung eines Welfare-Mix kann nur gelingen, wenn alle drei Bereiche der Erbringung von Unterstützungsleistungen als gleichrangig verstanden werden. Erfolgt eine Bezahlung der erbrachten Leistung, wird damit die Möglichkeit der Entstehung eines Konkurrenzverhältnisses mitgedacht. Diese Bedeutungszuschreibung vermindert die Akzeptanz nebenamtlich erbrachter Leistungen in zweifacher Hinsicht. Zum einen wird damit eine Konkurrenz z.B. zu Pflegediensten antizipiert, zum anderen die Grenze von Nachbarschaftshilfe überschritten. Es ist deshalb notwendig, eine klare Abgrenzung zwischen diesen Formen der Hilfeerbringung vorzunehmen.

Für den Helferpool fungiert die Seniorenbeauftragte der Gemeinde als Ansprechpartnerin vor Ort. Sie koordiniert und dokumentiert die Anfragen, d.h. sämtliche private Hilfeanfragen laufen an dieser Stelle zusammen. Die Beauftragung der Helferinnen und Helfer erfolgt zentral, zeitnah und unbürokratisch durch die Seniorenbeauftragte und damit über Strukturen der Gemeindeverwaltung. Letzteres ist wichtig, da so die Unterstützung offiziell beauftragt werden kann (vgl. Abb. 9.1).

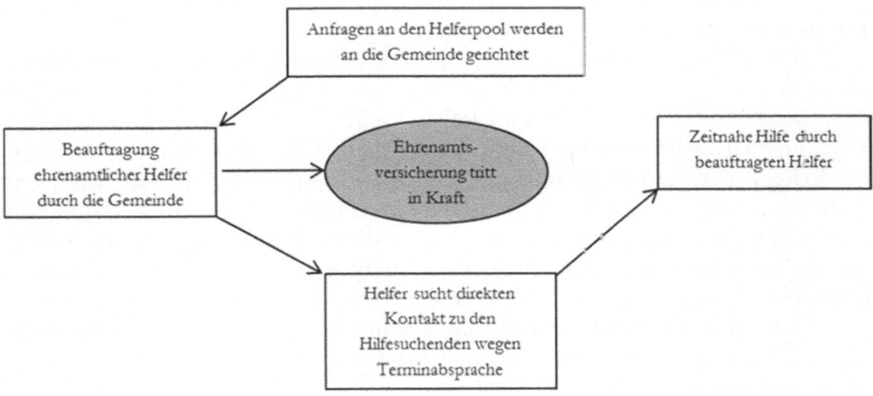

Abb. 9.1: Umsetzungsschema der Hilfeanfragen.

Zu den Angeboten des Helferpools zählen bspw. Fahrdienste, Fahrkartenausgabe für den öffentlichen Nahverkehr, Betreuung von älteren Menschen mit Hinblick auf soziale Teilhabe, gelegentliche Schneeräumdienste, Besuchsdienste, kleinere Gartenarbeiten oder Begleitung zu Arztbesuchen. Für alle genannten Aktivitäten gilt der Grundsatz einer „solidarischen Gegenseitigkeit auf Augenhöhe" der das Handeln der Helfenden orientieren soll.

Mit der Ausstellung eines offiziellen Helferausweises, der die Berechtigung der Helfenden seitens des Auftraggebers (Gemeinde Graben) legitimiert, wird das Helfen als Bestandteil der Verwirklichung von Teilhabebedarfen legitimiert und so in den Kontext einer inklusiven Gemeinde eingestellt. Das Auftauchen der Helfer in der Lebenswelt der Bürgerinnen und Bürger kann als Bestandteil des inklusiven Gemeinwesens gerahmt und von beiden Seiten entsprechend bewertet werden.

Eine öffentlichkeitswirksame Verbreitung der Unterstützungsleistungen des Helferpools erfolgte über die Verteilung von Flyern und dem Aufhängen großer Plakate im Gemeindegebiet. Außerdem erhielt der Helferpool einen sog. ‚Button' auf der Gemeindehomepage (*http://www.graben.de/index.php?id=0,157*). Hier wird über die Arbeit und Angebote des Helferpools informiert. Als bedeutsam für die Kontaktvermittlung erwiesen sich gut vernetzte Multiplikatoren, wie bspw. Leiter/-innen der Seniorenclubs, Seniorenbeauftragte oder langjährig im Vereinswesen engagierte Bürgerinnen und Bürger, die im persönlichen Gespräch mit ausgewählten Personen für die Inanspruchnahme der angebotenen Hilfen warben. Zudem konnte das Inklusionsbüro im Rahmen der Sprechstunden Personen mit ihren Anliegen an den Helferpool weitervermitteln.

Ein Auftritt bei Facebook unter *www.facebook.com/helfer.pool.graben*, komplementiert die Sichtbarmachung.

Der Helferpool ist organisatorisch in die Gemeindeverwaltung eingebunden und wird durch das Inklusionsbüro in Form von sog. Helfertreffen betreut. Die Helfertreffen bieten der sozialpädagogischen Fachkraft Raum für die Anleitung und Begleitung der Helfenden. Im Rahmen eines Helfer-Coachings, das als eine Form der kollegialen Beratung gerahmt ist, wird den Helfenden Gelegenheit zu einem angeleiteten und systematischen Austausch über Praxisprobleme und Erfahrungen gegeben. Das Reflexionsvermögen der ehrenamtlichen Helfer/-innen kann als zentrales Gelingenskriterium für die Arbeit des Helferpools identifiziert werden, weil ein Scheitern der Helfer/-innen ein Scheitern der Nachbarschaftshilfe bedeutet.

Die Helfenden sind für mögliche Spannungsfelder im Rahmen ihrer Tätigkeit zu sensibilisieren, auch um ein mögliches Konkurrenzdenken zu anderen relevanten Akteuren gar nicht erst zu etablieren.

Im Zeitverlauf sollen die Tätigkeiten des Helferpools dazu führen, dass sich in Graben eine ‚Kultur der Nachbarschaftshilfe' etabliert, die für ein funktionierendes inklusives Gemeinwesen geradezu konstitutiv ist. Helfen und das Annehmen von Hilfe ist ein kommunikativer Herstellungsprozess, dessen Ergebnis durch Haltungen im Sinne angenommener Barrieren und Hemmschwellen bestimmt wird: Wenn Bürgerinnen und Bürger denken, dass gegenseitige Unterstützungsleistungen Bestandteil der lokalen Identität sind, dann ist gelebte Inklusion möglich.

Die Themengruppe stellt das inhaltliche Ausdrucksgremium bürgerschaftlichen Engagements in Graben dar, in dem die Bürger/-innen selbst bestimmen, welche Schritte zur Entwicklung ihres Gemeinwesens unternommen werden. An dieser Stelle konkretisiert sich die Programmatik einer inklusiven Gemeinde, in dem thematisch-praktisch an konkreten Maßnahmen gearbeitet wird. Zu den bereits umgesetzten Maßnahmen zählt z. B. die Erstellung einer Unterstützungsbroschüre. Unter dem Titel „Wir – Daheim in Graben-Lagerlechfeld. Hilft in vielen Lebenslagen" informiert die Broschüre unter den Rubriken „Rund um die Gemeinde", „Rund um die Familie", „Rund um Menschen mit chronischen Erkrankungen und Behinderungen" sowie „Rund ums Altwerden" über Hilfedienste aller Art.

In dieser materialisierten Form stellt die Unterstützungsbroschüre den ersten sichtbaren Effekt aus der Arbeit der Themengruppe dar. Das Angebot zum Online-Download unter *http://www.graben.de/index.php?id=0,149* eröffnet den Zugriff auf die kontinuierlich aktualisierten und erweiterten Versionen der Broschüre.

Auch das Thema Nahversorgung wurde von der Themengruppe aufgegriffen. Statt auf politische Entscheidungen zu bauen, versuchen die Bürgerinnen und Bürger die Befriedigung ihrer Bedürfnisse selbst in die Hand zu nehmen und entwickeln eigeninitiativ Handlungsstrategien zur Verbesserung der Situation. Aus dieser Auseinandersetzung heraus konnte in Kooperation mit der Gemeinde ein Wochenmarkt ins Leben gerufen werden.

Ein weiteres Projekt der Themengruppe war die Organisation einer Wohnraumausstellung. Unter dem Titel „„Wir – Daheim zu Hause!' Klug gebaut für alle Generationen?!" arrangierten die Bürgerinnen und Bürger ein Programm, welches Fachvorträge zur barrierefreien Wohnraumanpassung ebenso beinhaltete, wie bereits verwirklichte ‚best-practice-Beispielen' aus der Gemeinde. Daneben konnten Besucherinnen und Besucher die Wanderausstellung der Bayerischen Architektenkammer „Barrierefrei Bauen" besichtigen oder sich am ‚Alltags-Hindernisparcours' im Rollstuhl bzw. mit Kinderwagen versuchen. Ein Alterssimulationsanzug sollte für altersbedingte Einschränkungen sensibilisieren. Die Auseinandersetzung mit den genannten Problemstellungen trägt maßgeblich zur Identifikation mit der Idee einer inklusiven Gemeinde bei. So vertritt die Themengruppe die Auffassung, dass Teilhabe nicht alleine die Frage von Barrierefreiheit bleiben kann, vielmehr bedarf es zudem einer Kultur der wechselseitigen Hilfsbereitschaft. Diese Haltungsänderung korrespondiert mit der Programmatik der Inklusion und kann als Effekt des Projekts gewertet werden. Das Inklusionsbüro übernimmt mit Hinblick auf die Themengruppe eine moderierende und steuernde Funktion. Zentral ist die Aufrechterhaltung der Motivation der engagierten Bürgerinnen und Bürger sowie die Steuerung des Gruppengeschehens. Die Themengruppe kann seit ihrer Gründung einen beständigen Mitgliederzulauf verzeichnen. Dies ist ein Indikator für die Akzeptanz und Bereitschaft zum bürgerschaftlichen Engagement.

2.4 Zentrale Herausforderungen

Die Gewährung präventiver, inklusiver Unterstützungsleistungen stellt die größte Herausforderung dieses Projekts dar. Dies gilt einerseits für die Menschen mit Unterstützungsbedarf, die in einen frühen Stadium angehender Hilfebedürftigkeit ihre Bedarfe und Bedürfnisse nicht oder nicht ausreichend geltend machen, entweder weil eine Antizipation späterer Bedürftigkeit noch nicht erfolgt ist oder die Formulierung des Unterstützungsbedarfs als persönliches Versagen gerahmt wird. Somit wird die rechtzeitige Implementierung eines Versorgungsnetzwerks erschwert bzw. bestehende Teilhabebedarfe treten als solche gar nicht in Erscheinung. Andererseits ist es für die engagierten Bürgerinnen und Bürger kaum möglich, den Gedanken einer präventiven Inklusion alltagsweltlich aufzufüllen. Inklusion kann von den Befragten nur gedacht werden, wenn ein Ausschluss angenommen wird. Senioren, die vom öffentlichen Leben abgeschieden leben, so die Vorstellung der Befragten, sollen wieder einen Platz in der Öffentlichkeit erhalten. Nur durch das Bestehen eines Ausschlusses kann das Ziel inklusiven Handelns verstehbar werden.

> „Dass wir einfach einen Ort der Begegnung schaffen, um, ja, *den Senioren auch wieder die Möglichkeit zu geben sich wieder in das öffentliche Leben so einen Zugang zu verschaffen, also das ist ja so, dass die Senioren oftmals so ein bisschen abgeschieden sind* und es gibt in der Öffentlichkeit wenig Raum mehr für Senioren und da wäre aber ein fester Platz quasi wieder, *auch in der Öffentlichkeit und nicht nur in dem Seniorenstammtisch, wo sie unter sich wieder sind"*

Ebenso ist es für die engagierten Bürger/-innen schwierig Teilhabewünsche, die nicht auf einer erkennbaren Notlage basieren zu akzeptieren.

> „Ich habe jetzt die letzten Monate so ein bisschen Angst gehabt, dass sogar dieser Helferpool ein bisschen ausgenutzt wird von manchen Leuten. *Dass da gar nicht die wahren Probleme behoben werden, sondern dass manche das eigentlich auch mit den Angehörigen abdecken könnten. Aber dann zu oft auf diesen Helferpool zugreifen. Das ist mir jetzt ein paarmal schon zu Ohren gekommen.* Zum Beispiel Fahrdienste bei Leuten, die das nicht unbedingt nötig hätten, wo man das auch anders lösen kann."

Im Prinzip werden nur Hilfebedarfe anerkannt, die von den Betroffenen nicht selbst beseitigt werden können. Zu dem Vermögen sich selbst zu helfen, zählt auch der Rückgriff auf verfügbare Verwandte oder die Inanspruchnahme einer entsprechenden Dienstleistung. Besteht eine derartige Notlage nicht, ist das Helfen aus der Perspektive der Befragten nicht gerechtfertigt. Eine inklusive Gemeinde würde sich aber dadurch auszeichnen, dass die Hilfe nicht an Bedingungen geknüpft wird. Vor dem Hintergrund präventiver Inklusion wäre die Frage zu beantworten, ob durch die Hilfe ein Verbleib in der Gemeinde ermöglicht werden kann, dieser Aspekt würde ausreichen, um die Hilfeleistung zu legitimieren. Die Hilfe hat vorrangig präventiven Charakter, denn sie dient dazu, einen dauerhaften Ausschluss aus der Gemeinde zu vermeiden oder zu verzögern.

Um den Anspruch des Inklusionsprojekts gerecht zu werden und bspw. eine Unterbringung in einem Alten- oder Pflegeheim zu vermeiden, ist es notwendig, nicht nur kurzfristige Bedarfe abzudecken, sondern auch haushaltsnahe und pflegerische Tätigkeiten sicherzustellen. Der qualitative Unterschied zwischen einer Dienstleistung z.B. eines Schneeräumdienstes und einer von Bürger/-innen erbrachten Leistung liegt in der Beziehung, die zwischen den beiden Akteuren besteht. Während mit einem Räumdienst ein Kaufvertrag zustande kommt, also eine bezahlte Leistung erbracht wird, ist die Leistung durch Ehrenamtliche nicht nur auf das Schneeräumen beschränkt, sondern zielt vorrangig auf das Soziale. Die Beziehung zwischen den Bürgern/-innen konstituiert sich durch den Anspruch eine inklusive Gemeinde zu werden. Neben dem Räumen von Schnee, kann die Entstehung bzw. Herstellung einer sozialen Beziehung erwartet werden, indem z. B. persönliche Gespräche geführt werden. Die von den Befragten benannte Angst vor Missbrauch ist der Dominanz der Vorstellung hier eine klassische, aber eben kostenfreie Dienstleistung zu erbringen geschuldet. Diese ist jedoch eigentlich nicht adressiert. Die Menschen orientieren sich bei der Bewertung ihrer Tätigkeit jedoch an den gesellschaftlich verfügbaren Orientierungsmustern und bewerten die von ihnen erbrachten Leistungen vorrangig als eine Art klassische aber kostenfreie Dienstleistung, der Gedanke einer präventiven Inklusion fließt in diese Bewertung nicht oder noch nicht ein. Die Idee der Umsetzung der ‚Inklusiven Gemeinde' verbindet sich für die beteiligten Akteure mit Widersprüchen und Spannungsfeldern. Einerseits ist Inklusion nicht auf einen bestimmten Personenkreis zu reduzieren, schließlich gilt es alle Bürgerinnen und Bürger am Gemeindeleben teilhaben zu lassen, andererseits kann die Hilfe bzw. Unterstützungsleistung nur durch wie auch immer geartete Notlagen begründet werden.

Aus diesem Dilemma heraus speisen sich die Praxis und das Bedürfnis, Menschen mit Bedarfslagen zu identifizieren, um denen zu helfen, die die Hilfe wirklich brauchen und unbegründete Hilfeansprüche zurückzuweisen.

Die Legitimation für die erbrachte Hilfe erfolgt über die Annahme einer Notlage, die mit der Hilfe überwunden werden kann. Das Helfen an sich, sofern es aus der Perspektive der Befragten legitim erscheint, beschränkt sich dann aber nicht auf die Unterstützungsleistung, vielmehr wird der soziale Aspekt der Hilfe betont.

Die Frage, welche Anliegen der Bürgerinnen und Bürger vom Helferpool bearbeitet werden können und sollen, stellt einen zentralen Kristallisationspunkt der Zusammenarbeit dar. Deshalb finden im Rahmen der regelmäßigen Treffen kontroverse Diskussionen über das Selbstverständnis und die Ausrichtung der Angebote statt. Virulent ist die Frage, was geleistet werden kann und soll und wie sich die Helfenden dazu in Beziehung setzen. Dieser weitgehend ungeklärte Definitionsprozess hat nachhaltigen Einfluss auf die Zusammenarbeit und die Bereitschaft, Hilfe anzubieten.

Offen bleibt, welche Personen überhaupt Adressaten der Hilfeleistungen sein sollen. Legt man das – dem Modellprojekt zugrunde liegende Inklusionsverständnis – als Maßstab für die Klärung dieser Frage an, wird schnell deutlich, dass hier prinzipiell keine Eingrenzung vorgesehen ist. Aus der Perspektive der Helfer ist die Anspruchsberechtigung jedoch ein wichtiger Faktor, der auch das eigene Helfen legitimiert. Die Frage nach dem „Bedürftigkeitskriterium" eröffnet zwei, auf die jeweiligen Extreme verweisende, Diskussionsstränge. Zum einen sind Personen bzw. Bedarfslagen zu identifizieren, die nach Ansicht der Helferinnen und Helfer, durch die ‚Maschen' bestehender Unterstützungsnetzwerke fallen, also Menschen, die Hilfe benötigen, aber bislang nicht oder nur marginal erreicht werden. Zum anderen gilt es auszuschließen, dass sog. „Sozialschmarotzer" an den Strukturen des Helferpools partizipieren, um – so die Annahme – kostenpflichtige Dienstleistungen einzusparen. Diese Befürchtung beruht allerdings nicht auf eigenen Erfahrungswerten der Mitglieder, vielmehr wird diese Diskussion auf der Basis gängiger Klischees und Stereotypen geführt. Hier wird die Sorge formuliert, dass die Dienste des Helferpools ausgenützt werden könnten, d. h. dass Hilfebezieher einen ‚unzulässigen Mehrwert' aus den Hilfedienstleistungen ziehen, indem sie diese entgegen nehmen ohne sie wirklich ‚verdient' zu haben. Wer aus welchen Gründen was verdient, bleibt dabei weitgehend unbestimmt.

Offen ist ebenfalls, welches Maß an Akzeptanz gegenüber welchen Hilfeanfragen besteht. Aktuell legitimiert sich das Aktiv-Werden des Helferpools ausschließlich über den Nachweis der eigenen Bedürftigkeit, d. h., eine Person ist dann hilfeberechtigt, wenn sie bestimmte Dinge einfach nicht mehr alleine kann und sie auch keine jüngeren Verwandten in der Nähe hat, die ihr helfen könnten. Diese Auffassung von Hilfe steht der Projektidee entgegen, da Inklusion hier als Exklusionsvermeidung verstanden wird und somit das Bedürfnis der Bürgerinnen und Bürger in der Gemeinde verbleiben zu können in den Mittelpunkt der Teilhabewünsche rückt. Eine auf nachweisbare Bedarfslagen reduzierte Sichtweise von Hilfebedürfnissen oder Teilhabewünschen droht den sozialen Aspekt einer inklusiven Gemeinde aus dem Blick zu verlieren. Aktuell dominiert unter den engagierten Bürgerinnen und Bürgern die Befürchtung ausgenutzt zu werden sowie die Auseinandersetzung mit legitimen respektive illegitimen Hilfeansprüchen – und das, obwohl die Hilfeanfragen hinter den Hilfeangeboten weit zurückbleiben.

Neben der Frage der Legitimation ehrenamtlich erbrachter Hilfen stellt die Erbringung haushaltsnaher Dienstleistungen eine reale Überforderung von Ehrenamt dar. Das erbrachte Engagement muss kalkulierbar bleiben und vor allem jederzeit beendet werden können. Dauerhafte Verpflichtungen widersprechen dieser Vorstellung. Die Einbindung von Nebenamtlichen kann dieses Dilemma auflösen, allerdings müssen hierfür noch geeignete Strukturen etabliert werden. Um die spezifischen Teilhabebedarfe der Bürgerinnen und Bürger abzudecken, sind Kombinationen aus ehrenamtlichen, nebenamtlichen und professionell erbrachten Leistungen notwendig. Nur so kann ein dauerhafter Verbleib in der gewohnten Wohnumgebung sichergestellt werden. Die Koordination der Hilfearrangements kann durch das eingerichtete Inklusionsbüro erbracht, eine entsprechende Praxis muss jedoch noch erprobt und etabliert werden.

3 Resümee

Inklusion wird im Rahmen des Modellprojekts als eine Art ‚mind-set' oder in Gang zu setzender Bewusstseinswandel verstanden, dessen erweiterter Blickwinkel eine selbstbestimmte Teilhabe im umfassenden Sinne für alle Menschen verwirklichen will. Damit wird der adressierte Personenkreis, aber auch die Frage nach der Verwirklichung von Teilhabe deutlich erweitert. Trotz dieser gedanklichen Erweiterung des zu adressierenden Personenkreises über die Behindertenhilfe hinaus, fungiert die aktuell zu beobachtende Schwerpunktsetzung auf Menschen mit Behinderung oder ältere Personen als Vehikel, um auf die Notwendigkeit eines inklusiven Gemeinwesens aufmerksam zu machen. Durch die bestehende Separation bzw. Exklusion des Adressatenkreises, erscheint die zu bearbeitende Aufgabe eher bewältigbar, da hier die Folgen der Praxis deutlich erkennbar und benennbar sind, d.h. die Gewährung von Teilhabe in sog. sekundären Normalitäten erleichtert die Wahrnehmung der Ausgrenzung (vgl. hierzu Böhnisch 1994).

Inklusion bedeutet aber vor allem eine Abkehr von erstmodernen Bewältigungsstrategien, die sich dadurch auszeichnen, Problemlagen mit standardisierten und nach Bedarfslagen spezialisierten Maßnahmen in künstlich geschaffenen Sonderwelten zu begegnen, und diese durch die Zumutung an die Bürgerinnen und Bürger zu ersetzen, sich im Alltag mit Problemlagen zu beschäftigen, die bislang in Einrichtungen bearbeitet wurden. Eine inklusive Gemeinde setzt demnach nicht länger auf erstmoderne ‚entweder-oder'-Lösungen, sondern schafft als Ergänzung (explizit nicht als Konkurrenz) zum bislang Bestehenden Komplementärangebote, die es ermöglichen sollen, dass die Menschen, wenn sie es denn wollen, in ihrem bislang gewohnten Lebensumfeld verbleiben können.

Soll jedoch in der konkreten Praxis des Gemeindelebens ein Miteinander etabliert werden, das darauf zielt, kein Gemeindemitglied auszuschließen bzw. Bürgerinnen und Bürger vor Ausschluss zu bewahren, so ist danach zu fragen, woran das soziale Handeln der Bürgerinnen und Bürger orientiert werden kann, war es doch in der Vergangenheit so, dass die Teilhabe benachteiligter Personen nicht vom Bürger selbst, sondern über entsprechende Institutionen und Einrichtungen sichergestellt wurde. Ein inklusives Gemeinwesen, so ließe sich zum jetzigen Stand der Forschung antworten, basiert auf der Zumutung an den Bürger, sich im Alltag mit Benachteiligungslagen auseinanderzusetzen. Zugleich ist mit der Forderung der unbedingten selbstbestimmten Teilhabe aller Bürger am Gemeinwesen die Zumutung an Menschen mit Teilhabebedarfen verbunden, ihrerseits auf jede Form der Besonderung zu verzichten und ihre Teilhabewünsche zu formulieren. Es geht also um ein wechselseitiges Geben und Nehmen, um Teilhabe und Teilgabe. In unserer Gesellschaft wird ein derartiges Geben und Nehmen im Sinne eines Gabenaustausches durch die Reziprozitätsnorm bestimmt. Dabei ist es völlig unerheblich, ob von einer der beiden Seiten keine Gegengabe erwartet wird, im Mittelpunkt steht die Etablierung eines nachhaltigen sozialen Beziehungsgefüges, das sich durch eine Kultur des Respekts und der Mitverantwortung auszeichnet (vgl. Stegbauer 2011). Dieser Prozess ist von Wechselseitigkeit geprägt, die Beziehung zwischen den Akteuren ist prinzipiell gleichberechtigt und basiert auf der Verpflichtung, sich auf diese Form der Austauschbeziehung einzulassen, ohne dass das daraus resultierende Handeln durch eine übergeordnete Instanz legitimiert oder der Austausch der Gaben bewertet werden muss. Damit wird auch deutlich, dass Inklusion weder verschrieben noch kontrolliert werden kann und muss. Allein die Selbstverpflichtung, das Handeln an der Normierung der reziproken Zumutungsverpflichtung zu orientierten, kann diesen Prozess befördern und letztlich auf Dauer stellen. Mit dem eigenen Handeln sind auch Erwartungen an das Handeln des Anderen verbunden, z.B. Hilfe anzubieten und Hilfebedarfe zu formulieren.

Die Auswertung der Daten zeigte, dass die Hilfen bislang nicht konsequent bedingungslos gedacht werden. Problematisch in der Umsetzung des „Wir – Daheim in Graben!“-Projekts erweist sich für die Bürgerinnen und Bürger der Zweck der Hilfen, die dem Wesen nach präventiv sind. Schließlich soll sozialen Exklusionsprozessen entgegengewirkt werden. Statt „Ausgeschlossenen" Teilhabechancen zu eröffnen, gilt es die noch bestehende Teilhabe aufrechtzuerhalten. Als Bedingung zur Gewährung einer Hilfeleistung fungiert derzeit aber nicht der Teilhabewunsch, sondern der Nachweis der Notwendigkeit, eine Hilfe von der Gemeinschaft zu beanspruchen. Fehlt dieser, so erscheint die Hilfe aus der Perspektive der Helfenden als ungerechtfertigt.

Eine unbedingte und selbstbestimmte Teilhabe an gesellschaftlich relevanten Bereichen kann prinzipiell nicht geregelt werden, insofern steht jede Regelung von Hilfebedingungen im Widerspruch zur Intention von Inklusionsprojekten. „Menschliche Belastungen oder Ressourcen lassen sich mit objektiven Parametern wie Höhe des verfügbaren Einkommens, gesundheitliche Einschränkungen, Anzahl der Sozialkontakte, Höhe des Sozialstatus oder belastende Umweltbedingungen beschreiben. Unklar bleibt jedoch, wie sich diese für das menschliche Wohlbefinden empirisch belegten Stellschrauben in einem konkreten Individuum auf dessen tatsächlich erlebte subjektive Lebensqualität auswirken" (Leopold, Pohlmann, & Heinecker, 2012, S. 44). Insofern können subjektive Teilhabewünsche nicht auf objektivierbare Parameter reduziert werden.

Wenn Inklusion sich gegen die Besonderung oder negative Kategorisierung bestimmter Personenkreise richtet, dann müssen in der Folge inklusive Unterstützungsleistungen nonkategorial organisiert, entspezialisiert und sozialräumlich ausgerichtet sein (vgl. Hinz 2010, S. 43). Das Modellprojekt weist mit seinem umfassenden Inklusionsverständnis und der sozialräumlichen Ausrichtung des Inklusionsbüros konzeptionell in diese Richtung.

Der Wert einer inklusiven Gemeinde bzw. eines inklusiven Gemeinwesens zeigt sich gerade in der situativen Eröffnung von Teilhabechancen. Es gilt in der jeweiligen Situation unkonventionelle Lösungen zu finden, die Teilhabe weiterhin ermöglichen. Die Verantwortung für die Bereitstellung dieser Lösungen liegt auch bei den Bürgerinnen und Bürgern.

Literatur

Böhnisch, L. (1994). *Gespaltene Normalität*. Weinheim: Beltz Juventa.
Hinz, A. (2012). *Von der Integration zur Inklusion*. Marburg: Bundesvereinigung Lebenshilfe.
Kreimer, M. (2014). Haushaltsnahe Dienstleistungen. In B. Aulenbacher, & M. Dammayr (Hrsg.), *Für sich und andere sorgen. Krise und Zukunft von Care in der modernen Gesellschaft* (S. 194-204). Weinheim: Beltz Juventa.
Lampke, D., Rohrmann, A., & Schädler, J. (2011). *Örtliche Teilhabeplanung für Menschen mit Behinderung*. Wiesbaden: VS.
Leopold, C., Pohlmann, S., & Heinecker, P. (2012). Lebenqualität in der Altenarbeit. In C. Pohlmann (Hrsg.), *Altern mit Zukunft* (S. 43-71). Wiesbaden: VS.
Stegbauer, C. (2011). *Reziprozität*. Wiesbaden: VS.

Bürgerbeteiligung und Versorgungsgestaltung im Alter – „Gut und aktiv älter werden in Schorndorf"

Geraldine Höbel

1 Hintergrund

„Aktive Bürgerbeteiligung ist ein Stück gestaltete Stadtentwicklung und soll neue Wege eröffnen statt nur Interessen zu vertreten" (Hummel 2015, S. 31).

Diesen Anspruch formuliert Konrad Hummel jüngst in seinem Buch „Demokratie in den Städten" und empfiehlt die Neuvermessung der Bürgerbeteiligung, in deren Zentrum er kooperative Prozesse sieht, die das Verlassen ortsüblicher Handlungsmuster unterstützen. Das ist eine hoher Anspruch und schwierig auf kommunaler Ebene umzusetzen. Trotzdem hat die nahe bei Stuttgart gelegene Stadt Schorndorf den Schritt getan und einen langfristig angelegten, komplexen Bürgerbeteiligungsprozess angestoßen. Zielsetzung war es, dem demografischen Wandel und seinen Herausforderungen als Kommune, gemeinsam mit den Bürgerinnen und Bürgern, zu begegnen. Im folgenden Artikel werden Ziele, Methoden und Ergebnisse beschrieben, die im Vorhaben „Gut und aktiv älter werden in Schorndorf" relevant waren. Aus Perspektive der wissenschaftlichen Begleitung, die das Vorhaben von 2013-2015 begleitete, werden die Erfahrungen aus der Praxis im Hinblick auf folgende Frage reflektiert: Ist Bürgerbeteiligung ein geeigneter Beitrag zur Versorgungsgestaltung im Alter?

1.1 Die Lebensphase Alter und ihre Beteiligungspotentiale

Seit Jahren ist die Lebensphase Alter, verbunden mit dem Wunsch gut und aktiv älter zu werden, ein gesellschaftliches und politisch viel diskutiertes Thema. „Sie sind nicht nur gesünder, sondern auch aktiver" (Bundesministerium für Familien, Senioren, Frauen und Jugend 2011, S. 4), so der Monitor Engagement über die Seniorinnen und Senioren von heute. Auch der Sechste Bericht zur Lage der älteren Generation in der Bundesrepublik stellt veränderte Altersbilder fest und beschreibt diese in Bezug auf Zivilgesellschaft und bürgerschaftliches Engagement. Es geht um die Selbstbestimmtheit des Alters sowie das Miteinander von Jung und Alt (vgl. Bundesministerium für Familien, Senioren, Frauen und Jugend 2010, S. 113f). Auch das 2012 ausgerufene Europäische Jahr für aktives Altern und Solidarität zwischen den Generationen zielt in diese Richtung (vgl. Ministerium für Arbeit, Sozialordnung, Familie, Frauen und Senioren 2015, S. 3). In seniorenpolitischen Konzepten, Leitlinien für Bürgerbeteiligung und vielen anderen Vorhaben wird bundesweit versucht, den demografischen Wandel aktiv zu gestalten. Die Generation 50+ stellt sich neu auf. Die Altersphasen unterscheiden sich zunehmend bezüglich ihrer Bedürfnisse und Potentiale und das nicht nur im alltäglichen Leben, sondern auch in den Bereichen des bürgerschaftlichen Engagements. Ein zentraler Aspekt, der für alle Altersphasen gleichermaßen gilt, ist der Wunsch nach einer Zusammenarbeit auf Augenhöhe zwischen Engagierten und Professionellen. Hierarchische Strukturen und formale Autoritätsansprüche in Beteiligungsprozessen werden als wenig konstruktiv beurteilt. Weitere wichtige Voraussetzungen für die Engagementbereitschaft der Seniorinnen und Senioren sind neben dem gesundheitlichen Befinden der Grad der Bildung. Da das Bildungsniveau der älteren Generation in den letzten Jahren kontinuierlich gestiegen ist, werden die Voraussetzungen für die Engagementbereitschaft so günstig wie nie eingeschätzt (vgl. FöBE 2014).

Die Absicht, Seniorinnen und Senioren aktiv in die Verbesserung der Rahmenbedingungen für ein gutes Älterwerden einzubeziehen, ist kein neues Anliegen der kommunalen Politik. Schon in den 90er Jahren wurde die Notwendigkeit der Einbeziehung des bürgerschaftlichen Engagements zur Unterstützung des Wohlfahrtssystems diskutiert und ein Wohlfahrtsmix angestrebt (vgl. Roß 2012, S. 312f). Der frische generationsübergreifende Wind, für den die ältere Generation schon damals sorgte, wurde geschätzt und ließ viele neue Netzwerke entstehen (vgl. Hummel 2015, S. 29). Seit dieser Zeit hat sich ein Leitbildwandel in den Kommunen vollzogen. Mit dem Wandel von der Ordnungskommune über die Dienstleistungskommune zur Bürgerkommune ist die Umgestaltung des bürgerschaftlichen Engagements zur Bürgerbeteiligung und dem Ruf nach Partizipation einhergegangen (vgl. Roß 2012, S.248ff). Das Anliegen, die ältere Generation für die Unterstützung der Versorgungsstrukturen im Alter zu gewinnen, ist das gleich geblieben.

1.2 Anlass und Zielsetzung des Schorndorfer Vorhabens

Aktuell entstehen Senioren- und Generationennetzwerke in vielen Kommunen und sollen ein lebendiges Miteinander von Verwaltung, Institutionen sowie engagierten Bürgerinnen und Bürgern ermöglichen. Angeregt durch diese Beispiele verabschiedete die Stadt Schorndorf 2013 das konkrete Vorhaben „Gut und aktiv älter werden in Schorndorf" im Gemeinderat, dabei spielte die Initiative des Seniorenforums eine zentrale Rolle. Das Seniorenforum Schorndorf e.V. (Stadtseniorenrat) vertritt seit dem Jahr 2000 die Interessen der älteren Generation und vereint in der Seniorenarbeit tätige Organisationen, Institutionen, kirchliche Gruppen und Vereine (vgl.

Seniorenforum Schorndorf e.V. 2015). Das Institut für angewandte Sozialwissenschaften aus Stuttgart (IfaS) wurde mit der Konzeption des Vorhabens beauftragt und hat den aktivierenden Beteiligungsprozess begleitet. Eine Steuerungsgruppe mit Vertreter/innen von Stadtverwaltung, Seniorenforum und IfaS erarbeitete im Vorfeld folgende Ziele für den Gesamtprozess und begleitete diesen kontinuierlich.

> ➤ Strukturen für ein gutes Älterwerden in Schorndorf sind angestoßen worden.
> ➤ Das Zusammenleben der Generationen ist gefördert.
> ➤ Die Bürgerschaft ist einbezogen und zur aktiven Beteiligung ermutigt.

In Bezug auf den demografischen Wandel wird besonders die Veränderung der Altersstruktur als das zentrale Problem Schorndorfs beschrieben. Man geht von einer sinkenden Zahl der 0-bis 55-Jährigen aus, dabei wird mit dem stärksten Einbruch bei den Erwerbstätigen mittleren Alters gerechnet. Der zahlenmäßig höchste Anstieg wird bei den 60- bis 70-Jährigen und den Hochbetagten ab 80 Jahren erwartet (vgl. LBBW Immobilien Kommunalentwicklung 2013, S. 21f). Eine adäquate Versorgung der älteren Generation bringt schon heute die Kommune und die sozialen Dienste an ihre Grenzen. Das Mitdenken von alternativen Versorgungsstrukturen, um ein längeres Verbleiben in den eigenen vier Wänden zu ermöglichen, war im gesamten Prozess eines der zentralen Anliegen der Bürgerschaft.

2 Methodisches Vorgehen

„Aktivierung ist, wenn über mehrere Schritte hinweg die Erfahrung gemacht werden kann, es lohnt sich aktiv zu werden (…)" (Richers 2003, S. 58).

Partizipation und Beteiligung können nicht vom Staat oder der Kommune verordnet werden. Wird ein Beteiligungsprozess wie das Vorhaben „Gut und aktiv älter werden in Schorndorf" kommunal inszeniert, ist es wichtig, die Motivation der Bürgerschaft im Vorfeld durch aktivierende Verfahren zu fördern (vgl. ebd. 2003, S. 58). Die Auswahl solcher Verfahren ist groß, ein zentrales Arbeitsprinzip kann jedoch der Gemeinwesen- und Jugendarbeit entliehen werden, die aufsuchende Arbeit. Zur Umsetzung dieses Prinzips eignete sich besonders die Aktivierende Befragung, diese hatte im Schorndorfer Prozess, vor dem Umsetzen konkreter Projektideen, folgende Ziele: Bürgerinnen und Bürger miteinander ins Gespräch bringen, das Formulieren der eigenen Interessen zu unterstützen sowie Personen zu erreichen und zu beteiligen, die bisher nicht aktiv geworden waren.

An dieser Stelle soll darauf hingewiesen werden, dass das Initiieren eines aktivierenden sozialraumorientierten Beteiligungsprozesses, wie in Schorndorf geschehen, andere Ziele verfolgt als ein repräsentatives Forschungsvorhaben. So können die Ergebnisse der angewandten Methoden nicht generalisiert, sondern nur als Momentaufnahmen und Einschätzung der Beteiligten selbst bewertet werden. „Steht das Verstehen und die Interpretation der Ergebnisse der Beobachtungen im Vordergrund des Interesses, dann können auch Bedenken hinsichtlich Repräsentativität und Größe der Stichprobe überwunden werden" (Deinet 2009, S. 50).

Als Folge einer Neukonzeptionierung der Gemeinwesenarbeit, hin zur aktivierend-katalytischen Gemeinwesenarbeit, wurde die Aktivierende Befragung als Methode von Hinte und Karas konzipiert und von Richers & Lüttringhaus weiterentwickelt (vgl. Richers 2003, S. 57-63). Die zentralen Arbeitsprinzipien der aktivierend-katalytischen Gemeinwesenarbeit gelten dementsprechend auch für die Aktivierende Befragung. Sie stellen den Menschen, seine Betroffenheit und seine Bedürfnisse in den Mittelpunkt des Interesses. Wichtige Prinzipien sind:

> Die Offenheit der Zielsetzung
> Die Peergroups als Ansatzpunkt
> Der Konflikt als Ansatzpunkt und Mittel
> Eine ganzheitliche Sicht auf alle Akteure des Sozialraums

Ziel der aktivierend-katalytischen Gemeinwesenarbeit und ihrer Methoden ist es primär nicht, Menschen zu verändern, sondern Räume zu gestalten und Energien zu kanalisieren. Die Aktivierende Befragung hat als Standardmethode der aktivierenden-katalytischen Gemeinwesenarbeit das Anregen von Veränderungsprozessen im Gemeinwesen zum Ziel (vgl. ebd. 2003, S. 59). Ein weiteres Ziel ist es, Menschen als Gleichgesinnte in Kontakt zu bringen, Öffentlichkeit herzustellen und die Bildung neuer Netzwerke zu unterstützen. Auch dient sie dazu, soziales Kapital zu schaffen (vgl. Früchtel & Budde 2013, S. 297ff). Besonders im Rahmen der Governance als Reformkonzept und ihrer Steuerungslogiken gewinnt die Aktivierende Befragung als partizipativ angelegte Methode wieder an Bedeutung (vgl. Schubert 2011), dazu siehe auch den Text von Paul-Stefan Roß in diesem Band. Kritische Stimmen warnen allerdings vor einer unüberlegten Wiederbelebung der ursprünglichen Gemeinwesenarbeit, „die als methodisches Prinzip wesentlich darauf zielte, die politischen Ursachen individueller Ausgegrenztheit deutlich zu machen." Sie hätte mit der neu auflebenden kommunalen Sozialpolitik, „die man besser eine Sozialarbeitspolitik nennen müsste (…)" nicht mehr viel zu tun. Man bediene sich einer „radikaldemokratischen Semantik" um für eine „klientenorientierte Sozialarbeit" (Dahme & Wohlfahrt 2010, S. 283) anschlussfähig zu bleiben.

Bevor die Methode der Aktivierenden Befragung und deren Umsetzung im Schorndorfer Vorhaben näher beschrieben wird, sollen zwei Modelle zur Förderung der Partizipation vorgestellt werden. Um einer Verschärfung der „Spirale der Benachteiligung" (Lüttringhaus 2003a, S. 1ff) entgegenzuwirken, hat Lüttringhaus folgende Modelle entwickelt: Das Stufenmodell der Partizipation (vgl. Abb. 10.1), in Anlehnung an Wickrath (1992) und das Modell der Determinanten politischer Partizipation, in Anlehnung an Buse et al. (1977, S. 22). Mit dem Stufenmodell der Partizipation legt Lüttringhaus ein Modell vor, das die Einordung des Ist-Zustandes eines Sozialraums im Vorfeld einer systematischen Planung von partizipativen Beteiligungsprozessen ermöglicht. Lüttringhaus verweist auf die Wichtigkeit, schon vor dem eigentlichen Vorhaben Überlegungen anzustellen und Entscheidungen darüber zu treffen, wer bis zu welcher Stufe im Prozess partizipiert werden soll. Weiter plädiert sie dafür, von Beginn des Prozesses an Transparenz für alle Beteiligten herzustellen und Voraussetzungen und Ziele des Beteiligungsprozesses darzustellen. (vgl. ebd. 2003a, S.2).

Staatssystem/Teilhabe	BürgerInnen/ Teilnahme
	5. Eigenständigkeit
4. Delegation von Entscheidungen	4. Selbstverantwortung
3. Partnerschaftliche Kooperation	3. Mitentscheidung
2. Austausch, Dialog, Erörterung	2. Mitwirkung
1. Informieren	1. Beobachtung, Information

Nichtbeteiligung

Manipulation	Desinteresse

Abb. 10.1: Stufenmodell der Partizipation nach Lüttringhaus (a.a.O.).

Mit dem zweiten Modell, Determinanten politischer Partizipation, erläutert sie die Komplexität der Faktoren, die Einfluss auf die partizipativen Potentiale in Beteiligungsprozessen haben und von der Kommunalpolitik positiv beeinflusst werden können. In diesem Modell bauen vier Partizipationsstufen, Informieren, Mitwirken, Mitentscheiden und Selbstverwalten, aufeinander auf. Das setzt verschiedene Fähigkeiten der Bürgerschaft sowie geeignete strukturelle Bedingungen in den Kommunen voraus. Diese Grundvoraussetzungen bezeichnet Lüttringhaus als subjektive und objektiv-strukturelle Determinanten, dabei geht sie davon aus, dass sich die Effekte positiver Erfahrungen verstärkend auswirken, grundsätzlich aber auch Bedingung dafür sind, dass zur nächsten Teilnahmeform übergegangen werden kann. Als Determinanten für die erste Partizipationsstufe werden die Betroffenheit der Bürgerschaft als Beweggrund sowie deren persönliche Voraussetzungen und Fähigkeiten genannt. Dabei spielen die ökonomische Lage und das Milieu der Bürgerschaft eine wesentliche Rolle. Partizipationsbarrieren ergeben sich vor allem durch einen niedrigen Bildungsgrad und/oder sprachliche Defizite. Auch kulturelle Unterschiede und fehlende Integration der Bürgerinnen und Bürger in die Gesellschaft können zum Misslingen der Partizipationsbestrebungen führen. Die Kommunen tragen die Verantwortung für eine geeignete Form der Informationsaufbereitung und Informationsverbreitung im Beteiligungsprozess, sprachliche Barrieren sollten mitgedacht und überwunden werden.

Die zweite Partizipationsstufe wird durch die Determinanten Selbst-, Sozial- und Systemvertrauen unterstützt. Diese sind grundlegende Voraussetzungen für die Bereitschaft der Bürgerschaft mitzuwirken. Auch positive Erfahrungen in früheren partizipativen Zusammenhängen werden als hilfreich beschrieben. Die Kommune kann jedoch fehlenden Voraussetzungen in der Bürgerschaft mit besonderen Strategien der Aktivierung die Bereitschaft zum Mitwirken fördern. Dazu wird empfohlen, den Dialog mit der Bürgerschaft so zu gestalten, dass er den Gewohnheiten der zu partizipierenden Bürgerinnen und Bürgern entspricht. Die Treffen sind flexibel und zwanglos zu planen und die Kommune sollte im gesamten Beteiligungsprozess kontinuierlichen Austausch und Dialog mit den Engagierten pflegen.

Als Determinanten für die dritte und vierte Partizipationsstufe, dass Mitentscheiden und Selbstverwalten, werden vor allem gesellschaftliche und politische Strukturen in der Kommune genannt. Abhängigkeiten wie beispielsweise Macht-und Eigentumsverhältnisse und/oder Gesetze wirken ebenso wie das Demokratieverständnis derjenigen, die die Entscheidungen treffen. Auch die Bereitschaft der Verwaltungsangestellten zur Kooperation und Delegation von Entscheidungen ist zentral für den nachhaltigen Erfolg des Prozesses (vgl. Lüttringhaus 2003a, S. 2-5).

 Die Kommunen gehen mit dem Initiieren von partizipativen Beteiligungsprozessen eine große Verantwortung ein. Aktivierung zur Zierde verspricht keinen

Erfolg. Wird beispielsweise eine Aktivierende Befragung nur zur Imagepflege der Politik benutzt, bewirkt sie mit sehr hoher Wahrscheinlichkeit das Gegenteil. Selle beschreibt als Folge einer solchen Planung: „Statt substanzieller Diskurse im Kontext einer lebendigen lokalen Demokratie wird eine Bürgerbeteiligung inszeniert, die Teilhabe an Meinungsbildung und Entscheidungen suggeriert, ohne diese einlösen zu können. Schlimmstenfalls wir die Politikverdrossenheit durch solche Vorhaben noch verstärkt" (ebd. 2013, S. 3/19). Auch geht es seiner Ansicht nach bei der Verbesserung von Bürgerbeteiligung nicht um das Finden neuer Verfahren, sondern um deren Inhalte. Stadtentwicklung ist vom Handeln vieler Akteure geprägt und dass die behördliche Bemühung der Steuerung sehr viel mehr einschließen muss, als das gelegentliche Aufstellen von Leitkonzeptionen und/oder Rahmenplänen, sei unverkennbar. Miteinander im Gespräch zu sein, Zuzuhören und das Gehörte ernst zu nehmen, sei zentral (vgl. ebd. 2013, S. 3; 19ff).

Die von Lüttringhaus erarbeiteten Modelle können dabei unterstützen, partizipative Prozesse gut vorzubereiten und die Voraussetzungen für eine gelingende Partizipation im gesamten Beteiligungsprozess immer wieder zu reflektieren. „Eine aktivierende Befragung ist immer ein Tropfen auf den heißen Stein. Sie muss eingebettet sein, in ein solides, langfristig angelegtes Konzept zur Unterstützung eines Quartiers, das weit über den sozialen Bereich hinausgehende Faktoren beinhaltet und auf Bedingungen Einfluss nimmt, die sich dem unmittelbaren Engagement selbst hochgradig aktiver Bürger/innen entziehen" (ebd. 2003a, S. 5). Im Folgenden wird die konkrete Umsetzung des Prozesses in Schorndorf beschrieben.

2.2 „Wichtig ist, dass man gehört wird!" - Aussage einer Befragten in Schorndorf zum Abschluss der aktivierenden Befragung

Besonders in Erinnerung geblieben ist diese Aussage einer älteren Dame, die sich zum Ende der Aktivierenden Befragung zu Wort meldete. Gehört werden hat viel mit Menschenwürde und Respekt zu tun. „Man sollte im ständigen Gespräch sein" (Selle 2013, S. 13/19), zitiert Selle die Aussage eines Bürgermeisters und weist damit auf ein notwendiges Maß der „Politik des Gehörtwerdens" (a.a.O.) hin. In Schorndorf waren von Mai 2013 bis 2016 ca. 1400 Bürger/innen am Vorhaben beteiligt und sind gehört worden. In unterschiedlichsten Arbeitszusammenhängen, wie Gruppendiskussionen, Aktivierender Befragung und Bürgerforen, hatten die Bürgerinnen und Bürger 55+ die Möglichkeit, ihre Einschätzungen zu den Rahmenbedingungen für ein gutes Älterwerden in Schorndorf abzugeben (vgl. Abb. 10.2).

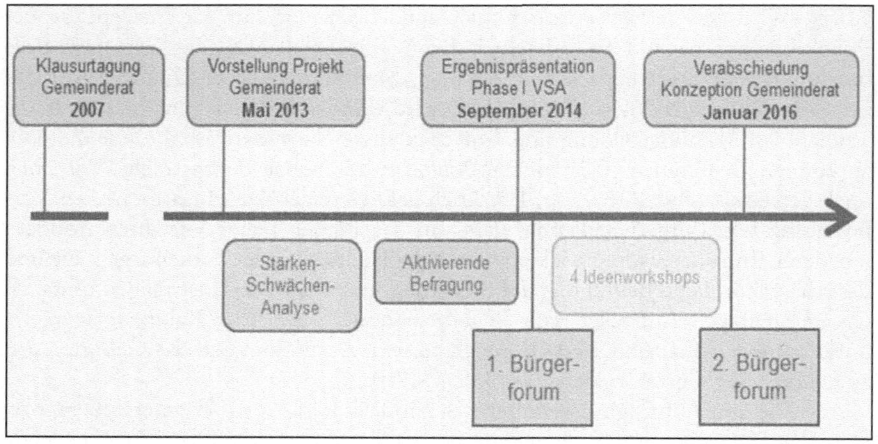

Abb. 10.2: Prozessablauf „Gut und aktiv älter werden in Schorndorf".

Wie im dargestellten Prozessablauf dargestellt, wurde besonderer Wert auf die Rückbindung des Vorhabens auf verschiedenen Ebenen der Stadtgesellschaft gelegt. Dazu gehörten politische Gremien wie Gemeinderat und Verwaltungs- und Sozialausschuss (VSA) ebenso wie die Vertreter von Vereinen, Institutionen und Kirchengemeinden, die aktive Bürgerschaft und die gesamte Stadtgesellschaft. Alle Akteure wurden immer wieder zu unterschiedlichen Veranstaltungen eingeladen. Damit sollte eine möglichst breite Diskussion des Themas in der Stadtgesellschaft erreicht werden. Neben den politischen Abstimmungsprozessen waren Vertreterinnen und Vertreter aller Fraktionen aktiv an verschiedenen Phasen des Projektverlaufs beteiligt. Tabelle 10.1 stellt die acht Phasen der Aktivierenden Befragung dar und ordnet die Durchführung der aktivierenden Befragung in Schorndorf entsprechend ein.

Tab. 10.1: Umsetzung der „Aktivierenden Befragung" (vgl. Früchtel & Budde 2013, S. 297ff) in Schorndorf.

Acht Phasen der Aktivierenden Befragung		Umsetzung in Schorndorf
Phase 1	Formulierung des Vorhabens	Abstimmung der Ziele des Vorhabens/ Projektantrag
Phase 2	Voruntersuchung	**Dialogwerkstätten** mit 160 Vertreterinnen und Vertretern von Institutionen, Vereinen und Kirchengemeinden in Form einer **Stärken-Schwächen-Analyse**
Phase 3	Bewertung, Entscheidung, Konsequenzen	Auswertung der Stärken-Schwächen-Analyse → Entwicklung des Fragebogens für die Aktivierende Befragung
Phase 4	Training der Befrager	Schulung von 34 Befrager/innen
Phase 5	Hauptuntersuchung (Befragung)	**Aktivierende Befragung** „Bürger befragen Bürger", ca. 40 Bürgerinnen und Bürger führten die Aktivierende Befragung durch
Phase 6	Auswertung der Befragung	737 Fragebögen lagen zur Auswertung vor → Entwicklung von Schwerpunktthemen für die Ideenworkshops
Phase 7	Versammlung/ Aktionsgruppen	**Präsentation der Ergebnisse** der Aktivierenden Befragung im **Verwaltungs- und Sozialausschuss** (VSA) und im **ersten Bürgerforum**, 120 Bürgerinnen und Bürger nahmen teil Vier **Ideenworkshops** zu Schwerpunktthemen, 150 Teilnehmerinnen und Teilnehmer **Präsentation der Ergebnisse** der Ideenworkshops im **zweiten Bürgerforum**, 120 Bürgerinnen und Bürger nahmen teil → Priorisierung der Projektideen
Phase 8	Beratung und Begleitung der Gruppen	**Verabschiedung der Projektideen** im Gemeinderat und **Umsetzung** stehen noch aus

In vielerlei Hinsicht war die Aktivierende Befragung die Methode der Wahl für das Vorhaben „Gut und aktiv älter werden in Schorndorf". Zum einen wurde die Bürgerschaft gehört und um Ihre Einschätzung als Expertinnen und Experten ihrer Lebenswelt gebeten, zum anderen wurden die Engagierten zur Entwicklung von Ideen für die zukünftige Versorgung der älteren Generation in Schorndorf ermutigt und konnten ihre individuellen Vorstellungen miteinbringen. Doch nicht nur die ‚immer Aktiven' sollte angesprochen und erreicht werden, Ziel war es, die gesamte Bürgerschaft für das Thema Älterwerden zu sensibilisieren und das Zusammenleben der Generationen zu fördern. Im Folgenden werden die einzelnen Phasen der Aktivierenden Befragung näher beschrieben: Phase 2 – die Dialogwerkstätten, Phase 4 – die Schulungen zur Aktivierenden Befragung, Phase 5 – die Durchführung der Aktivierenden Befragung und Phase 7 – die Präsentationen der Ergebnisse und die Ideenworkshops.

Zu Beginn des Vorhabens wurden Vertreterinnen und Vertreter von Institutionen, Vereinen und Kirchengemeinden Schorndorfs zu vier *Dialogwerkstätten* eingeladen. Sie sollten vor allem als Multiplikatorinnen und Multiplikatoren für das weitere Vorgehen gewonnen werden. Eine Mitarbeit im Vorhaben konnte auf verschiedenen Wegen erfolgen: Die Idee „Gut und aktiv älter werden in Schorndorf" sollte in die eigenen Institutionen und Vereine getragen werden und engagierte Bürgerinnen und Bürger für die Durchführung der Aktivierenden Befragung gewonnen werden. Auch waren die Multiplikatorinnen und Multiplikatoren selber aufgerufen, Befragungen durchzuführen. Zusätzlich wurden ihre Einschätzungen zu den Stärken und Schwächen Schorndorfs in Bezug auf ein gutes und aktives Älterwerden in Arbeitsgruppen erhoben. Schon während der ersten Dialogwerkstätten wurde jedoch deutlich, dass besonders ausländische Vereine nur selten vertreten waren. Der deutschitalienische Verein, der griechische Verein und der Moscheeverein wurden persönlich angesprochen und in ihrem gewohnten Umfeld aufgesucht. Auch wurden die Bewohnerinnen und Bewohner eines betreuten Wohnens in Schorndorf besucht, diese hatten sich gemeldet, um auf Defizite der Barrierefreiheit im Bereich ihrer Einrichtung hinzuweisen. In dieser Phase der Aktivierenden Befragung ist deutlich geworden, wie wichtig das Element der aufsuchenden Arbeit ist, um schwer erreichbare Personengruppen anzusprechen und zu beteiligen.

Ziel des Befragungsdesigns „Bürger befragen Bürger" war, Bürgerinnen und Bürger miteinander ins Gespräch zu bringen. In fünf *Schulungen für die Befragerinnen und Befrager* sind die Engagierten auf die Befragungssituation vorbereitet worden. Es wurden Einzelbefragungen im Familien und Freundeskreis besprochen, aber auch ältere Menschen in der Nachbarschaft oder fremde Schorndorferinnen und Schorndorfer sollten befragt werden. Dieses Vorgehen sollte besonders die Bürgerinnen und Bürger Schorndorfs ansprechen, die sonst durch öffentliche Aufrufe nur schwer zu erreichen sind. Während der Schulungen bildete sich eine feste Gruppe Engagierter, die die Befragungen gemeinsam durchführten. Nach dem ersten Bürgerforum und der Bekanntgabe der Ergebnisse, brachen die Kontakte jedoch ab. Im späteren Projektverlauf stellte sich heraus, dass die Verteilerliste für die Weitergabe von Informationen im Projekt lückenhaft geführt und die Engagierten nicht über die weiteren Schritte im Prozess informiert worden waren. Dieses Beispiel macht deutlich, dass ein zuverlässiges Informationsmanagement über die gesamte Dauer des Vorhabens und darüber hinausgehen sollte, will man die mühsam aktivierten Bürgerinnen und Bürger nicht gleich wieder verlieren.

Die Aktivierende Befragung wurde in der Kernstadt Schorndorfs und den sieben Teilorten ausgeführt. Als ein besonderer Aspekt ist die Beteiligung der Teilorte zu nennen. Diese fühlten sich von dem Vorhaben nicht angesprochen. Es wurde zurückgemeldet, dass ja nur die Interessen der Bewohnerinnen und Bewohner der Kernstadt von Interesse seien, und die Belange der Teilorte sowieso kein Gehör finden würden. Trotz Klärungsversuchen und unermüdlichem Einsatz einiger Ortsvorsteher, war es nur schwer möglich, Bewohnerinnen und Bewohner der Teilorte einzubeziehen. Einzelne Teilorte wurden von den Engagierten extra aufgesucht, trotzdem konnte die Beteiligung nur in wenigen Teilorten verbessert werden. Hier wirkt wahrscheinlich noch die Gebietsreform der 70er Jahre nach, in deren Rahmen kleinere Gemeinden eingemeindet und unter die Verwaltung größerer Städte gestellt worden waren. Deutlich wird, dass Partizipation und Beteiligung nicht von oben herab verordnet werden können. Weitere aktivierende Verfahren und aufsuchende Arbeit wären an dieser Stelle möglicherweise erfolgreich gewesen, doch begrenzte Ressourcen setzten hier eine Grenze. Es stellt sich die Frage, ob ein aktivierender Beteiligungsprozess über eine gesamte Stadt in der Größe von Schorndorf nicht zu groß angelegt gewesen ist. Die Aktivierende Befragung als Methode der Gemeinwesenarbeit sollte sich eigentlich auf übersichtliche Sozialräume und Quartiere konzentrieren.

Die Ergebnisse der Aktivierenden Befragung sind in einem ersten *Bürgerforum* vorgestellt worden. Neben der Ergebnispräsentation war auch Raum für Fragen und Anmerkungen der Bürgerschaft. Die gesammelten und ausgewerteten Ergebnisse wurden der Bürgerschaft als Datenreport zur Verfügung gestellt, im Weiteren bildeten die Ergebnisse die Grundlage für die Planung der Ideenworkshops und wurden zu vier Themenschwerpunkten zusammengefasst:

➢ Soziales Miteinander, Begegnung, Sport und Kultur
➢ Gestaltung öffentlicher Raum/Öffentlicher Personennahverkehr/ Infrastruktur
➢ Information, Beratung zu seniorenspezifischen Themen/Strukturen der Seniorenarbeit
➢ Wohnen im Alter, Pflege

Auf Grundlage dieser Themenschwerpunkte wurde zu vier *Ideenworkshops* eingeladen. Insgesamt wurden 33 Ideen für Projekte und Vorhaben von den Bürgerinnen und Bürgern erarbeitet. Um Doppelstrukturen zu vermeiden, waren im Vorfeld Projektideen durch die Stadtverwaltung identifiziert worden, die schon in anderen Prozessen der Stadt umgesetzt wurden oder in Planung waren. Dieser Prozess wurde in einem *zweiten Bürgerforum* transparent gemacht und die übrigen Ideen und Vorhaben der Bürgerschaft zur Priorisierung vorgestellt.

Die erarbeiteten Projektideen werden voraussichtlich im Februar 2016 dem Verwaltungs- und Sozialausschuss sowie dem Gemeinderat vorgestellt. Dieser wird die endgültige Entscheidung darüber treffen, welche Projekte und Vorhaben gemeinsam von der Stadt Schorndorf und der Bürgerschaft umgesetzt werden sollen. Die Umsetzungsphase wird ohne wissenschaftliche Begleitung, in Eigenregie der Stadtverwaltung weitergeführt.

2.3 Wohnen im Alter und Pflege, ein zentrales Thema – Priorisierte Ideen für Projekte und
    Vorhaben in Schorndorf

Das Ergebnis des zweiten Bürgerforums zeigte deutlich, dass der Themenschwerpunkt Wohnen im Alter und Pflege für die Schorndorfer Bürgerinnen und Bürger eine hohe Relevanz hatte. Der Wunsch, gemeinsam mit der Stadt und der Städtischen Wohnbaugesellschaft Ideen für neue Wohnprojekte zu entwickeln, wurde besonders von den jungen Alten vorgetragen. Das bestätigt Hummels aktuelle Einschätzung: „Aktive Bürgerbeteiligung ist ein Stück gestaltete Stadtentwicklung und soll neue Wege eröffnen statt nur Interessen zu vertreten" (Hummel 2015, S. 31). Doch das Interesse für eine Zusammenarbeit mit der Bürgerschaft auf Seiten von Institutionen nicht immer vorhanden. Zu keiner Veranstaltung im Rahmen von „Gut und aktiv älter werden in Schorndorf" waren Vertreterinnen oder Vertreter der Schorndorfer Wohnbaugesellschaft gesandt worden, um mit der Bürgerschaft das Gespräch zu suchen. Laut Klaus Selle sind aktuell „in fast allen Handlungsfeldern viele verschiedene Akteure notwendig, um ein gestecktes Ziel zu erreichen. Viele Marktprozesse vollziehen sich zudem, ohne dass die Kommunen auch nur kleine Chancen an der Mitwirkung hätten. Und selbst auf den verschiedenen Ebenen öffentlichen Handelns wirken Eigenlogiken, die Kommunen vor vollendete Tatsachen stellen können" (Selle 2013, S. 14/19). Welche Möglichkeiten hat die Kommune, alle relevanten Akteure zu einem Mitwirken an einem Vorhaben wie „Gut und aktiv älter werden in Schorndorf" zu bewegen, um die Ideen der Bürgerschaft dann auch umsetzen zu können?

Im Folgenden werden die priorisierten Ideen vorgestellt. Diese wurden drei verschiedenen Projekttypen zugeordnet:

Projekttyp I: Zeitlich begrenzte Projekte

Projekttyp II: Auf Dauer angelegte Projekte, die geeignet sind, Versorgungslücken zu schließen

Projekttyp III: Projekte, die gemeinsam von Stadt und Bürgerinnen und Bürgern konkretisiert und weiterentwickelt werden

Folgende Ideen für Projekte und Vorhaben sind von der Bürgerschaft für eine weitere Umsetzung als besonders wichtig erachtet worden. An dieser Stelle ist noch einmal darauf hinzuweisen, dass die Priorisierung nicht mit einem repräsentativen Abbild der Wünsche der gesamten Bürgerschaft Schorndorfs gleichgesetzt werden kann. Die Priorisierung kann also höchstens als Trend gewertet werden.

Ergebnisse der Priorisierung auf einen Blick:

Projekttyp I: Zeitlich begrenzte Projekte

> Verbesserung der Beschilderung des ZOB (Zentraler Omnibusbahnhof) und Ausbau von zehn Bushaltestellen
> Denken im Quartier, Nachbarschaft kennenlernen und miteinander ins Gespräch kommen
> Gestaltung der Friedhöfe und mobile Lautsprecheranlagen. Mehr öffentliche Toiletten

Diese Projektideen erlangten eine ähnliche Anzahl von Stimmen, sodass beschlossen wurde, die Projektideen im Projekttyp I ohne Platzierung darzustellen.

Projekttyp II: Auf Dauer angelegte Projekte, die geeignet sind, Versorgungslücken zu schließen

1. Betreutes Wohnen, in der eigenen Wohnung alt werden und sterben, Quartiersdenken.
2. Hauptamtliche Vermittlungsstelle der Stadt für Seniorenbelange
3. Hol- und Bringdienste für Senioren, z.B. Anschaffung eines Shuttle Kleinbusses

Projekttyp III: Projekte, die gemeinsam von Stadt und Bürgerinnen und Bürgern konkretisiert und weiterentwickelt werden

1. Neue Wohnformen. Eine Gruppe Bürger entwickelt gemeinsam mit der Stadtverwaltung ein Konzept zur Förderung „neuer Wohnformen".
2. Günstige Wohn- und Lebensräume für in Not geratene Menschen, Flüchtlinge, alte und hilfsbedürftige Menschen (Altersarmut) – auch Deutsche.
3. Seniorengerechte Wohngemeinschaft.

Eine Gruppe aktiver Bürgerinnen und Bürger Schorndorfs hat sich entschlossen, ein priorisiertes Vorhaben umzusetzen (Projekttyp II, 1. Betreutes Wohnen, in der eigenen Wohnung alt werden und sterben, Quartiersdenken). „Gute Nachbarschaft im Mühlbachviertel" heißt der kürzlich gegründete Verein, dessen Ziel es ist, unterstützende Strukturen zu schaffen, die es älteren Menschen ermöglichen, in der eigenen Wohnung alt zu werden und sterben. Diese Strukturen sollen modellhaft in einem Quartier erprobt werden. Spannend bleibt, wie die Stadt Schorndorf dieses Projekt unterstützen wird.

3 Fazit

Betrachtet man die Ergebnisse des Prozesses im Vorhaben „Gut und aktiv älter werden in Schorndorf" bis zum heutigen Tag, sind die Ergebnisse in vielen Bereichen als zufriedenstellend zu bewerten. Die Einschätzungen, Bedarfe und Anregungen der Bürgerinnen und Bürger sind erhoben, praktikable Ideen für Vorhaben und Projekte entwickelt und die Beteiligung war gut; lediglich die Umsetzung steht noch aus. Aktuell ist die Flüchtlingskrise vorherrschendes Thema in Politik und Verwaltung und bindet zeitliche und finanzielle Ressourcen. Die Verabschiedung der Projektideen im Gemeinderat ist aus diesem Grund in Schorndorf mehrmals verschoben worden. Oftmals werden Beteiligungsprozessen zur Planung auf gesamtstädtischer Ebene wenig Wirkkraft zugeschrieben, aktivierte Potentiale gehen verloren und partizipative Prozesse verlaufen im Sand.

Die Wünsche und Anliegen der Bürgerinnen und Bürger, die Gestaltung ihrer letzten Lebensjahre betreffend, sind heutzutage sehr individuell und die öffentliche Auseinandersetzung mit diesem Thema findet allerorts statt. Möglichst lange in den eigenen vier Wänden bleiben zu können, die Kinder im Alter nicht belasten zu müssen oder lieber in eine Senioren-WG zu ziehen, als im Altersheim zu wohnen, sind Anliegen, die immer wieder geäußert wurden. Dazu werden Strukturen benötigt, die der Staat zukünftig nicht alleine zur Verfügung stellen kann. Auch Bürgerinnen und Bürger tragen hier Verantwortung.

Ist Bürgerbeteiligung ein geeigneter Beitrag zur Versorgungsgestaltung im Alter? Ja, Bürgerbeteiligung sollte ein wichtiger Baustein der Versorgungsgestaltung im Alter sein. Vor dem Hintergrund der in Schorndorf gesammelten Erfahrungen sind jedoch wichtige Voraussetzungen auf kommunalpolitischer Ebene deutlich geworden, damit Bürgerbeteiligung sinnvoll umgesetzt werden kann.

> ➢ Das Initiieren und Umsetzen von Beteiligungsprozessen bedarf klare Regeln und Verbindlichkeiten.
> ➢ Die neue Rolle der Kommune als Verantwortliche im Moderationsprozess ist anspruchsvoll und braucht ausreichende personelle und fachlich kompetente Ausstattung.

Und auch die Bürgerinnen und Bürger sind gefordert, Verantwortung zu übernehmen und „am Ball zu bleiben". Solidarische Netzwerke, die heute aufgebaut werden, können allen Bürgerinnen und Bürgern morgen helfen, einen möglichst selbstbestimmten Lebensabend zu verbringen. Besonders die Bürgerinnen und Bürger, die im Alter über nur wenige Ressourcen verfügen oder gesundheitliche Probleme haben, dürfen dabei nicht vergessen werden.

Literatur

Bundesministerium für Familien, Senioren, Frauen und Jugend [BMFSFJ] (2011). Wofür engagieren sich ältere Menschen? *Monitor Engagement 4.*

Bundesministerium für Familien, Senioren, Frauen und Jugend [BMFSFJ] (2010). *Sechster Bericht zur Lage der älteren Generation in der Bundesrepublik Deutschland. Altersbilder in der Gesellschaft. Bericht der Sachverständigenkommission an das Bundesministerium für Familie, Senioren, Frauen und Jugend.* Berlin.

Buse, M. / Nelles, W. / Oppermann, R. (1977). *Determinanten politischer Partizipation: Studien zum politischen System der Bundesrepublik Deutschland.* Meisenheim 1977.

Dahme, H.-J., Wohlfahrt, N. (2010). *Systemanalyse als strittige Reformstrategie.* Wiesbaden: VS.

Deinet, U. (2009). Sozialräumliche Haltungen und Arbeitsprinzipien. In U. Deinet (Hrsg.), *Methodenbuch Sozialraum* (S. 45-62). Wiesbaden: VS.

FöBE, Förderstelle für Bürgerschaftliches Engagement (Hrsg.). (2014). *Aktive Seniorinnen und Senioren im freiwilligen Engagement. Ein Handlungsleitfaden für Freiwilligenkoordinatorinnen und –koordinatoren. In München alt werden – ja gerne.* München.

Früchtel, F., & Budde, W. (2013). *Sozialer Raum und Soziale Arbeit Fieldbook: Methoden und Techniken.* Wiesbaden: VS.

Hinte, W., & Karas, F. (1989). *Studienbuch Gruppen- und Gemeinwesenarbeit. Eine Einführung für Ausbildung und Praxis.* Frankfurt: Luchterhand.

Hummel, K. (2015): *Demokratie in den Städten. Neuvermessung der Bürgerbeteiligung – Stadtentwicklung und Konversion.* Baden Baden: Nomos.

Institut für angewandte Sozialwissenschaften (2014). Gut und aktiv älter werden in Schorndorf. http://www.ifas-stuttgart.de/index.php/projekte1/aktuelle-projekte1/102-gut-und-aktiv-aelter-werden-in-schorndorf. Zugegriffen: 29. Oktober 2015.

LBBW Immobilien Kommunalentwicklung GmbH (2013). *Fortschreibung Demografisches Profil 2027, Studie der Kommunalentwicklung Baden-Württemberg zur Entwicklung in Schorndorf.*

Lüttringhaus, M. (2003a). Eine Schwalbe macht noch keinen Sommer. Grundvoraussetzungen für Aktivierung und Partizipation. In M. Lüttringhaus, & H. Richers (Hrsg.), *Handbuch Aktivierende Befragung. Konzepte, Erfahrungen, Tipps für die Praxis.* Bonn: Stiftung Mitarbeit.

Lüttringhaus, M. (2003b). Voraussetzungen für Aktivierung und Partizipation. In M. Lüttringhaus, & H. Richers (Hrsg.), *Handbuch Aktivierende Befragung. Konzepte, Erfahrungen, Tipps für die Praxis.* Bonn: Stiftung Mitarbeit.

Ministerium für Arbeit und Sozialordnung, Familie, Frauen und Senioren Baden-Württemberg (2015). *Seniorenpolitische Werkstattgespräche.* Dokumentation https://sozialministerium.baden-wuerttemberg.de/fileadmin/redaktion/m-sm/intern/downloads/Publikationen/Seniorenpolitische_Werkstattgespraeche_Doku_Internet.pdf. Zugegriffen: 25. Oktober 2015.

Richers, H.(2003). Aktivierende Befragungen - Ziele, kritische Punkte und ihre Mindeststandards. In M. Lüttringhaus, & H. Richers (Hrsg.), *Handbuch Aktivierende Befragung* (S. 57-63). Bonn: Verlag Stiftung Mitarbeit.

Roß, P.-S. (2012). *Demokratie weiter denken. Reflexion zur Weiterentwicklung bürgerschaftlichem Engagements in der Bürgerkommune.* Baden-Baden: Nomos.

Schubert, H. (2011). Die GWA im sozialräumlichen „Governancekonzert". *sozialraum.de 3*(1). http://www.sozialraum.de/die-gwa-im-sozialraeumlichen-governancekonzert.php. Zugegriffen: 08. November 2015.

Selle, K. (2013). *„Particitainment" oder: Beteiligen wir uns zu Tode?* http://www.planung-neu-denken.de/images/stories/pnd/dokumente/3_2011/selle_particitainment.pdf. Zugegriffen: 13. Januar 2016.

Seniorenforum Schorndorf e.V. – Stadtseniorenrat (2015). Über uns. Aufgaben und Ziele. http://www.seniorenforum-schorndorf.de/content/ueberuns/aufgaben.shtml. Zugegriffen: 29. Oktober 2015.

Wickrath, S. (1992). *Bürgerbeteiligung im Recht der Raumordnung und Landesplanung.* Münster.

Die Autorinnen und Autoren

Katja Dierich, Dipl. Pflegewirtin (FH), Geschäftsführerin des Qualitätsverbunds Netzwerk im Alter in Pankow e.V. in Berlin.

Adina Dreier, Dr. rer. med., Wissenschaftliche Mitarbeiterin am Institut für Community Medicine, Abt. Versorgungsepidemiologie und Community Health, Universitätsmedizin Greifswald.

Tilly Eichler, Dr. rer. med., Wissenschaftliche Mitarbeiterin am Deutschen Zentrum für Neurodegenerative Erkrankungen (DZNE) in Rostock/Greifswald.

Johannes Gräske, Dr. rer. cur., Wissenschaftlicher Mitarbeiter an der Universität Bremen, Fachbereich 11: Human- und Gesundheitswissenschaften, Institut für Public Health und Pflegeforschung.

Klaus Grunwald, Prof. Dr. rer. soc., Leiter des Studiengangs „Soziale Arbeit in Pflege und Rehabilitation" und Prodekan an der Dualen Hochschule Baden-Württemberg Stuttgart, Fakultät Sozialwesen.

Geraldine Höbel, Sozialpädagogin (B.A.), Wissenschaftliche Mitarbeiterin am Institut für angewandte Sozialwissenschaften (IfaS), Zentrum für kooperative Forschung an der Dualen Hochschule Baden-Württemberg Stuttgart, Fakultät Sozialwesen.

Wolfgang Hoffmann, Prof. Dr. med., Standortsprecher und Gruppenleiter der Abt. Versorgungsepidemiologie und Community Health des Instituts für Community Medicine an der Universitätsmedizin Greifswald. Deutsches Zentrum für Neurodegenerative Erkrankungen (DZNE), Rostock/Greifswald.

Barbara Höft, Dr. med. Dipl.-Psych., Leitung der Institutsambulanz Gerontopsychiatrie, LVR-Klinikum/Klinik und Poliklinik für Psychiatrie und Psychotherapie der Heinrich-Heine-Universität Düsseldorf, LVR-Tagesklinik-/Ambulanzzentrum, Universitätsklinikum Düsseldorf.

Christina Kuhn, Pädagogin beim Demenz Support Stuttgart, Arbeitsfeld Menschen mit weit fortgeschrittener Demenz.

Thomas Meyer, Prof. Dr. phil., Professor für Praxisforschung in der Sozialen Arbeit und Leitung des Studiengangs „Kinder -und Jugendarbeit" an der Dualen Hochschule Baden-Württemberg Stuttgart, Fakultät Sozialwesen.

Alessa Peitz, Sozialpädagogin (B.A.), Wissenschaftliche Mitarbeiterin am Institut für angewandte Sozialwissenschaften (IfaS), Zentrum für kooperative Forschung an der Dualen Hochschule Baden-Württemberg Stuttgart, Fakultät Sozialwesen.

Annette Plankensteiner, Prof. Dr. phil., Professorin für Theorien und Methoden Sozialer Arbeit an der Dualen Hochschule Baden-Württemberg Stuttgart, Fakultät Sozialwesen.

Paul-Stefan Roß, Prof. Dr. rer. soc., Professor für Sozialarbeitswissenschaft und Leiter des Masterstudiengangs „Governance Sozialer Arbeit" sowie des Instituts für angewandte Sozialwissenschaften (IfaS) an der Dualen Hochschule Baden-Württemberg Stuttgart, Fakultät Sozialwesen. Dekan der Fakultät Sozialwesen am DHBW Center for Advanced Studies.

Susanne Schäfer-Walkmann, Prof. Dr. rer. pol., Professorin für Sozialarbeitswissenschaft und Sozialarbeitsforschung an der Dualen Hochschule Baden-Württemberg Stuttgart, Fakultät Sozialwesen und wissenschaftliche Leitung des Instituts für angewandte Sozialwissenschaften (IfaS).

Liane Schirra-Weirich, Prof. Dr. phil., Prorektorin für Forschung und Weiterbildung an der Katholische Hochschule Nordrhein-Westfalen.

Annika Schmidt, MSc, Wissenschaftliche Mitarbeiterin an der Universität Bremen, Fachbereich 11: Human- und Gesundheitswissenschaften, Institut für Public Health und Pflegeforschung.

Jochen René Thyrian, PD Dr. rer. med., Gruppenleiter am Deutschen Zentrum für Neurodegenerative Erkrankungen (DZNE) in Rostock/Greifswald.

Franziska Traub, Erziehungswissenschaftlerin (M.A.), Wissenschaftliche Mitarbeiterin am Institut für angewandte Sozialwissenschaften (IfaS), Zentrum für kooperative Forschung an der Dualen Hochschule Baden-Württemberg Stuttgart, Fakultät Sozialwesen.

Henrik Wiegelmann, Soziologe (M.A.), Wissenschaftlicher Mitarbeiter im Forschungsschwerpunkt Teilhabeforschung der Katholische Hochschule Nordrhein-Westfalen, Kompetenzfeld Generationenteilhabe.

Karin Wolf-Ostermann, Prof. Dr., Professorin an der Universität Bremen, Fachbereich 11: Human- und Gesundheitswissenschaften, Institut für Public Health und Pflegeforschung.

Sandra Verhülsdonk, Gerontologin MSc, Wissenschaftliche Mitarbeiterin an der Institutsambulanz Gerontopsychiatrie, LVR-Klinikum/Klinik und Poliklinik für Psychiatrie und Psychotherapie der Heinrich-Heine-Universität Düsseldorf, LVR-Tagesklinik-/Ambulanzzentrum, Universitätsklinikum Düsseldorf.